U0307553

中文翻译版

智能人工光植物工厂

Smart Plant Factory: The Next Generation Indoor Vertical Farms

〔日〕古在丰树（Toyoki Kozai） 著

缪剑华 主译

科学出版社

北 京

图字：01-2022-5808 号

内 容 简 介

本书是日本著名权威学者古在丰树教授（Toyoki Kozai）著作 *Smart Plant Factory: The Next Generation Indoor Vertical Farms* 的翻译版本，由广西壮族自治区药用植物园、云南农业大学、福建省中科生物股份有限公司与东华大学联合翻译。本书介绍了人工光植物工厂的概念、特征、发展现状、业务成果，以及 LED 光源与其他先进技术等内容，涵盖了人工光植物工厂研发和业务的各个方面。

本书可供从事植物育苗生产、栽植设计以及园林绿化施工、设计、管理等工作的植物工程师、园艺师、政策制定者、商业投资者，以及专业研究人员和学生阅读。

图书在版编目（CIP）数据

智能人工光植物工厂 /（日）古在丰树（Toyoki Kozai）著；缪剑华主译. —北京：科学出版社，2023.1
书名原文：Smart Plant Factory：The Next Generation Indoor Vertical Farms
ISBN 978-7-03-073627-7

Ⅰ.①智… Ⅱ.①古… ②缪… Ⅲ.①人工光照明–应用–园艺–研究 Ⅳ.①S6

中国版本图书馆 CIP 数据核字（2022）第 201079 号

责任编辑：李 杰 刘 亚 / 责任校对：刘 芳
责任印制：肖 兴 / 封面设计：蓝正设计

First published in English under the title
Smart Plant Factory: The Next Generation Indoor Vertical Farms
edited by Toyoki Kozai
Copyright © Springer Nature Singapore Pte Ltd., 2018
This edition has been translated and published under licence from
Springer Nature Singapore Pte Ltd.
Springer Nature Singapore Pte Ltd. takes no responsibility and
shall not be made liable for the accuracy of the translation.

科学出版社 出版
北京东黄城根北街 16 号
邮政编码：100717
http://www.sciencep.com
北京九天鸿程印刷有限责任公司 印刷
科学出版社发行 各地新华书店经销
*

2023 年 1 月第 一 版 开本：889×1194 1/16
2023 年 1 月第一次印刷 印张：19 1/2
字数：563 000

定价：218.00 元
（如有印装质量问题，我社负责调换）

翻译人员

主　译　缪剑华

副主译　郭晓云　董　扬　韦坤华　郁进明

译　者（以姓氏笔画排序）

万　斯（广西壮族自治区药用植物园）　　谷筱玉（广西壮族自治区药用植物园）

马　啸（云南农业大学）　　　　　　　　邹　凌（云南农业大学）

王　晶（云南农业大学）　　　　　　　　汪婷婷（云南农业大学）

王继华（云南农业大学）　　　　　　　　张　瑞（云南农业大学）

韦坤华（广西壮族自治区药用植物园）　　张占江（广西壮族自治区药用植物园）

韦筱媚（广西壮族自治区药用植物园）　　郁进明（东华大学）

曲　鹏（广西壮族自治区药用植物园）　　胡　萱（广西壮族自治区药用植物园）

朱艳霞（广西壮族自治区药用植物园）　　查　萍（福建省中科生物股份有限公司）

乔　柱（广西壮族自治区药用植物园）　　钟　楚（广西壮族自治区药用植物园）

全昌乾（广西壮族自治区药用植物园）　　秦双双（广西壮族自治区药用植物园）

许武军（东华大学）　　　　　　　　　　倪志刚（东华大学）

许建初（云南农业大学）　　　　　　　　郭建伟（云南农业大学）

许建萍（云南农业大学）　　　　　　　　郭晓云（广西壮族自治区药用植物园）

纪　旭（云南农业大学）　　　　　　　　黄燕芬（广西壮族自治区药用植物园）

李　帆（云南农业大学）　　　　　　　　梁　莹（广西壮族自治区药用植物园）

李　阳（福建省中科生物股份有限公司）　董　扬（云南农业大学）

李　翠（广西壮族自治区药用植物园）　　覃　犇（广西壮族自治区药用植物园）

李大伟（云南农业大学）　　　　　　　　傅丰贝（广西壮族自治区药用植物园）

杨晓男（广西壮族自治区药用植物园）　　缪剑华（广西壮族自治区药用植物园）

前　言

　　全球"环境‐粮食‐能源"问题日益严峻，植物工厂有助于同时解决这三大问题，近年发展迅速。在美国、以荷兰为代表的欧洲国家、日本及我国，不断有很多大型企业与科研机构进入植物工厂商业生产及技术研发领域，植物工厂产品也已进入"寻常百姓家"。结合新兴技术，如何在合理规划运营的前提下培育高价值作物，满足人们对高品质食物和功能性食品的需求，是植物工厂保持盈利与发展的重要问题。药用植物、高附加值转基因植物、名贵花卉水果及具有特殊性状植物的生产以及植物育种工作的应用极有可能推动植物工厂的发展。

　　面向未来植物工厂发展的需要，广西壮族自治区药用植物园、云南农业大学、福建省中科生物股份有限公司、东华大学联合翻译了日本著名权威学者古在丰树教授的著作。全书共 5 篇，分别为当前和下一代植物工厂的特征，植物工厂近期发展与业务成果，对光合作用、LED、相关单位和术语的再认识，LED 光源的研究进展，未来将应用到智能植物工厂的先进技术。既有植物工厂的基本知识，如组成、技术、设计等，也有商业运行相关分析、生产管理软件等的分析介绍，同时对主要组分植物、光源、营养液的相关特征及术语、单位进行介绍并讨论。未来将应用到智能植物工厂的先进技术在本书占据最大篇幅，该篇从多方面介绍了相关生物技术、可视化及生产管理、大数据挖掘、表型分析等提高生产效率、改变商业模式的新技术研究及应用现状。本书内容丰富，既可以作为普及植物工厂基础知识的入门用书，也可以作为研究者、从业者的参考书。

　　因译者水平所限，本书的疏漏之处敬请读者朋友批评指正。我们希望本书的出版，能够对我国植物工厂的发展有一定的助益。

《智能人工光植物工厂》翻译组

2022 年 8 月

目　录

第一篇　当前和下一代植物工厂的特征

第二篇　植物工厂近期发展与业务成果

第三篇　对光合作用、LED、相关单位和术语的再认识

第四篇 LED 光源的研究进展

第五篇 未来将应用到智能植物工厂的先进技术

第一篇
当前和下一代植物工厂的特征

第1章
人工光植物工厂的现状与智能人工光植物工厂

Toyoki Kozai　著

万　斯，缪剑华，郭晓云，韦坤华　译

摘　要: 本章讨论了人工光植物工厂（plant factory with artificial lighting, PFAL）在解决食物、资源与环境三大问题中的重要性，描述了人工光植物工厂的定义及主要组成部分，简要介绍了世界上人工光植物工厂的数量、生产成本，产品生产批发价及适合人工光植物工厂种植的植物。另外，还介绍了撰写本书的主要目的，并讨论了下一代智能人工光植物工厂的构想及预期的最终功能。

关键词: 全球技术；本土技术；人工光植物工厂；智能人工光植物工厂；三大问题

1.1　引言：食物、资源与环境的三大问题

1.1.1　人工光植物工厂在解决三大问题中的作用

目前，人类正面临着三个无可替代、同等棘手且需要并行解决的问题：①食物供给短缺和（或）不稳定；②资源短缺；③环境退化（图1.1）。随着城市人口的持续增长和（或）农业人口的老龄化，这三大问题不仅在地区、国家层面发生，而且将进一步发展成为全球性的问题。

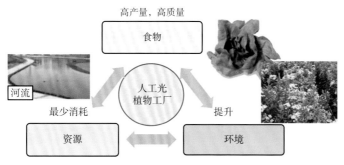

图1.1　人工光植物工厂被认为在解决食物、资源、环境三大问题中起到重大作用

短缺的资源包括可耕种土地、灌溉用水、肥料、化石燃料及劳动力。环境退化包括土壤、大气和水的污染，土壤表面盐碱化、沙漠化，以及近期气候变化造成的干旱、高（低）温、强（弱）光照、暴雨、洪涝、强风及害虫传播。这些问题都导致了蔬菜市场价格的不稳定。

为了解决食物、资源、环境这三大问题，人们需要开发基于全新理念的跨学科生产方式来大幅度提

高食物的产量和质量，同时与现今的植物生产系统相比，这种新的生产方式能够大幅度地缓解资源消耗和环境退化。人工光植物工厂（PFAL）就是这样一种有望完成这个使命的系统（图1.2）。人工光植物工厂的优势包括资源利用效率高、单位面积年产量高、不施用杀虫剂、产出植物品质高等（Kozai et al.，2015）。目前需要解决的主要问题是高昂的初期投入、电费及劳务费。

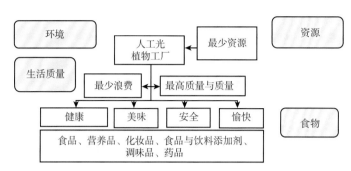

图 1.2　人工光植物工厂的任务与目标

下一代的智能人工光植物工厂有望显著降低初期投入与运营成本，从而同时解决食物、资源与环境的问题。

生活在城市的人们每天要消耗大量的食物。与此同时，他们会产生大量的垃圾，包括 CO_2、生物质垃圾、废水与热量。结果，为了保持干净的城市环境，大量的资源被用于处理这些垃圾（Despommier，2010）。这是食物、资源与环境三大问题中另外一个需要解决的方面。

1.1.2　利用植物工厂减少城市地区的新鲜蔬菜损耗

全世界每年为人类消费而生产的食物大约有1/3被浪费，数量约13亿吨，在各种食物中，浪费率最高的是蔬菜。在发展中国家，采后与处理环节造成的损耗占其总浪费量的40%，而在工业化国家，超过总浪费量40%的损耗发生在零售店与消费者层面。食物的损耗与浪费背后是一连串的资源消耗，这些资源包括水、土地、能源、劳动力、资金，而不必要的温室气体排放则加重了全球变暖与气候变化（http://www.fao.org/save-food/resources/keyfindings/en/）。新鲜蔬菜含水量约为90%，不仅质量重，在运输过程中还极易受损。因此，就近生产、就近消费（地产地销）是减少蔬菜损耗与节约资源的重要手段。

1.1.3　城市地区产生的垃圾可作为植物生产的必需资源

众所周知，绿色植物的生长依赖光合作用，而光合作用除了需要适当的温度，还需要水、CO_2、光能，以及由13种营养元素（包括 N、P、Ca 和 Mg）组成的无机肥等资源。

需要指出的是，城市地区产生的相当大的一部分垃圾在理论上可以转变为植物光合与生长的必需资源。城市排放的 CO_2 可用作光合作用的碳源；废水在经过正确处理之后，可比河水、湖水及地下水更干净，故可作为灌溉用水；生活垃圾（有机肥的原料）可通过特定微生物分解转变为无机肥；餐厅、写字楼和不同类型的工厂释放的热能（30～60℃）可作为热源用于冬天温室保温、食品与材料干燥等方面。因此，种植食品类植物等资源再利用方式可以显著减少城市地区资源消耗量与垃圾产量。

人工光植物工厂生产中唯一不足且昂贵的资源是光能，需要利用灯具并消耗电能产生人工光补足。

不过，城市地区夜间常有过剩的电能，价格通常低于白天，可以降低人工光植物工厂中用于光照与空调的花费。

与使用荧光灯相比，人工光植物工厂的用电量与电费在使用发光二极管（light-emitting diode，LED）时减少了 30% ~ 40% 或者更多。随着智能 LED 光照系统的发展，这项费用会进一步降低。此外，利用自然能源如太阳能、风能、生物质能发电的成本也在逐年降低。人工光植物工厂，尤其是智能人工光植物工厂，就可以成为城市地区中一种资源节约型与环境友好型的高产量植物生产系统，并有望帮助解决食物、资源与环境三大问题。

1.2　人工光植物工厂的特征与主要组成部分

在多数亚洲国家，植物工厂同时包括人工光植物工厂和太阳光植物工厂（plant factory with solar lighting，PFSL）。由于太阳光植物工厂仅在本章 1.2.2 小节中有所述及讨论，故本书中"植物工厂"专指"人工光植物工厂（PFAL）"，不包括太阳光植物工厂。植物生产系统中，人工光植物工厂也被称为垂直农场（Despommier，2010）、室内农场或封闭式植物生产系统。

1.2.1　人工光植物工厂的特征

人工光植物工厂，而非智能人工光植物工厂，在本书中被定义为一类使用人工光源的封闭式植物生产系统（closed plant production system，CPPS；Kozai et al.，2015）。人工光植物工厂的栽培室（或培养室）有良好的隔热性与气密性，并且需要保持洁净。由于良好的气密性与隔热性，人工光植物工厂内部不受天气影响，只要控制单元经过良好的设计并正确运行，其环境便可控制在预期的设定值上。

1.2.2　人工光植物工厂与太阳光植物工厂的区别

由于人工光植物工厂栽培室的墙面是不透光、隔热且气密的，环境控制设备如加热器、遮光帘、隔热屏、防虫网及天花板风扇通风设备或蒸发降温系统都是不需要的。但是，太阳光植物工厂与环控温室内则需要这些控制设备。在人工光植物工厂中，灯具产生的热量需要利用空调制冷抵消，以保持空气温度在设定值，即便在冬天的夜晚也是如此。这意味着人工光植物工厂不需要加热系统。因此，人工光植物工厂的主要成本是光照和降温所需的电费，太阳光植物工厂的主要成本是加热、降温、防虫的消费，这二者的区别是环境控制的其中一个因素。其他因素在第 2 章中叙述。

1.2.3　人工光植物工厂的主要组成部分

人工光植物工厂栽培室的主要组成部分（或系统）列于表 1.1 中，并以图的形式展示在图 1.3 中（更多细节见 Kozai et al.，2015）。

表 1.1　商业化生产的典型人工光植物工厂的主要组成部分（或系统）（左列序号与图 1.3 中的序号一致）

序号	植物栽培的主要组成部分
1	隔热、气密且干净的栽培室
2	栽培室中有水平多层栽培架。水培栽培床放置在每一层的表面（层间垂直距离为 40 ~ 100 cm）（近期已开发出具有垂直、可移动栽培板或管道的人工光植物工厂）
3	栽培空间被夹在栽培床与每层顶部之间
4	光照系统（含反光片）装在每层顶部
5	栽培床使用的营养液输送与循环系统，由水泵、带过滤器的营养液消毒器、营养液槽、营养液存储箱与管道组成
6	带空气混合与过滤风扇的空调（除湿）系统
7	由纯 CO_2 容器、气阀与风管组成的 CO_2 供给系统
8	所有控制变量的数据采集与控制系统

厂房和设备操作及工人福利的主要组成部分

用于播种、移栽、运输、采收、修剪、称重、装袋、装盒、储藏、运送等的机器和（或）空间

入口，放储物柜／更衣，风淋，洗手，各式操作如修剪、储藏、开会、预冷、医疗保健等的房间

现在，大多数占地面积在 5 000 m² 及以上的大规模人工光植物工厂都配备了自动进行播种、移栽、运输及包装操作的机器或设备。占地面积在 1 000 m² 及以下的人工光植物工厂未装备自动化机器，而占地面积在 1 000 ~ 5 000 m² 的人工光植物工厂则是部分自动化的。因此，自动化技术并非人工光植物工厂的必要条件。在任何人工光植物工厂中，发现生理紊乱的叶片并将其去除（修剪）仍是靠人工操作的。工具或机器通常用于清理栽培板和栽培床，以及栽培室的地面，但这些操作也不是完全自动化的。

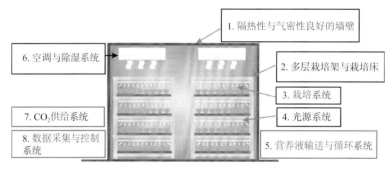

图 1.3　人工光植物工厂（PFAL）中的栽培室结构由 8 个主要部分（系统）组成。自动化机器未在图中展示。多数电能消耗在光照与空调系统。图中序号与表 1.1 中的一致。此图是 Kozai 等（2015）所著文献第 4 章中图 4.1 的修订版

1.3　人工光植物工厂的现状

1.3.1　人工光植物工厂的数量估计

截至 2018 年 9 月，粗略估计商业化生产的人工光植物工厂在日本超过 200 个，在中国台湾约 100 个，在全世界超过 500 个。中国、美国与韩国的人工光植物工厂数量自 2015 年来有显著增长。2013 ~ 2017 年，多个人工光植物工厂在新加坡、巴拿马、蒙古国、俄罗斯、法国、越南、荷兰、印度、英国、马来西亚与一些包括阿联酋在内的中东国家建成。泰国与其他多个东南亚国家也计划在 2020 年左右建成一个或更

多人工光植物工厂。人工光植物工厂行业正蓬勃发展，并将在未来几年中持续增长。然而，它还没有大到足以被称为人工光植物工厂产业的地步。

1.3.2　生产能力、生产成本与产品批发价格

截至 2018 年，据称，美国与中国最大的人工光植物工厂每天可生产鲜重约 5 000 kg 的绿叶蔬菜。日本最大的人工光植物工厂公司每天可生产大约 4 000 kg 的生菜（种植在两个单独的人工光植物工厂中）。

在日本，各组成部分在生产成本中的占比约为 30% 的初期投入折旧，20% 的电费（光照与空调），20% 的劳务费，20% 的物资供应 [种子、水、支架（基质）、肥料、CO₂、塑料袋、运输用包装盒等]，以及 10% 的维护和安全管理。各组成部分在生产成本中的占比及其批发价很大程度上依赖于当地经济、社会、文化与技术情况。

日本绿叶蔬菜的批发价在每千克 10 ～ 20 美元。据估计需要售出占最大生产能力约 90% 的产品才能在 5 ～ 6 年内收回初期投入。

1.3.3　适合人工光植物工厂的植物

多数商业化生产的人工光植物工厂生产的是功能性或特色植物。现在，叶类蔬菜如生菜、火箭菜（或芝麻菜，*Eruca sativa*）、羽衣甘蓝和药草植物（如紫苏）通常都是在人工光植物工厂中生产。美国更是广泛生产微型蔬菜（几种播种 20 天后即采收的小绿叶蔬菜混合物）。药用植物、可食用花卉、水果蔬菜如圣女果和草莓，以及矮块根作物如迷你胡萝卜的商业化生产则仍是小规模或试验性的。另外，对人工光植物工厂生产的草本植物的需求持续增长，这些植物被用作药物、调味品，以及食品、饮料、化妆品、保健品等的添加剂和配料。

在日本，有专门设计的人工光植物工厂或封闭式植物生产系统广泛生产不同种类的移植体，包括嫁接的番茄、黄瓜、西瓜和茄子（Kozai et al.，2015）。一类专门设计的人工光植物工厂最近被用于从基因修饰植物中生产药物（如针对牙周疾病的药物）。

人工光植物工厂不用于主要农作物如小麦、水稻和玉米的商业化生产。这是因为功能性植物每千克（干重）的市场价通常是主要农作物的 10 ～ 100 倍，而生产 1 kg（干重）功能性植物的成本却与主要农作物相差无几。马铃薯和红薯等植物可以有计划地生产，因为其大部分叶片、叶柄、茎和根是可用且畅销的。另外，人工光植物工厂将会同时用于功能性植物和主要农作物的育种，以缩短育种所需时间。

衡量植物对人工光植物工厂的经济适用性的一个简单指标是电能产率，记作 P_E，单位为 kg·（kW·h）$^{-1}$，是指（在光照和空调上）每消耗 1 单位电能（1kW·h=1 000W×3 600 s=3.6 MJ）所收获的可销售产量（kg）。电能产率的资金基础 P_M 可用（P_E/U_E）来粗略估计，其中 U_E 表示单位电费 [美元（kW·h）$^{-1}$]。电能产率大致与栽培天数、光周期（每天的光照小时数）及光合有效光量子通量密度（photosynthetic photon flux density，PPFD）成比例。

1.4　本书主要目的和大纲

本书的第一个目的是为建设运行智能人工光植物工厂提供构想、概念、方法、技术及近期研究现状

与发展趋势，并讨论人工光植物工厂潜在的与现有的益处，以及需要解决的问题与面临的挑战。

第二个目的是提供下一代智能人工光植物工厂的具体构想。本书也解释了为什么相比现在的人工光植物工厂，智能人工光植物工厂有望降低资源消耗和环境污染，使用更低的生产成本，实现植物更高的产量和品质。此外，本书还讨论了智能人工光植物工厂用于加快植物育种与种子繁殖进程及作为学校、家庭和社区中心的教育和自学工具的可能性。

第三个目的是介绍近期关于人工光植物工厂的研究、发展、管理与营销的趋势，并提出从现在的人工光植物工厂向智能人工光植物工厂发展的路线图（图1.4）。

图 1.4　向智能人工光植物工厂发展的简化路线图，关于路线图的细节在本书有描述

1.5　下一代智能人工光植物工厂的构想

"智能人工光植物工厂"一词指的是智能或计算机识别的人工光植物工厂，具有无需人为干预即可做出几乎所有决定并解决几乎所有问题的能力。智能人工光植物工厂必须具备以下条件：①基于经验（学习）使行为适应情况；②不全盘依赖人的指示（自我学习）；③有能力响应意外事件（https://www.gartner.com/it-glossary/smart-machines）。

参照以上几点，截至2017年，世界上没有智能人工光植物工厂在运营。在本书中，智能人工光植物工厂被宽泛地定义为一种使用人工智能（artificial intelligence，AI）及云端大数据库、物联网（internet of things，IoT）、发光二极管（LED），利用照相机的无创伤性植物性状表型测量分析系统、机器人等的具有智能特性的人工光植物工厂（图1.5）。

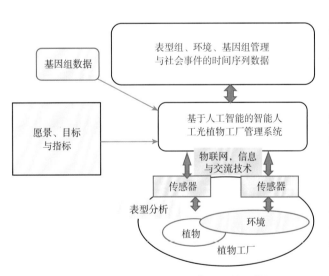

图 1.5　智能人工光植物工厂管理系统的构想

注：使用了具有大数据库的人工智能（AI）、物联网（IoT）、发光二极管（LED），以及表型分析单元。一个表型组就是一个物种在细胞、组织、器官、个体上的所有表型的集合

相对于其他农业形式，人工光植物工厂研究与发展的历史还很短，还不够成熟。农业的历史起始于10 000年前，温室园艺产业的历史约有1个世纪，而作为温室产业的一部分，人工光植物工厂的历史只有半个世纪，而使用LED的第三次植物工厂浪潮从2010年左右开始，在2020年左右会被第四次浪潮接替（图1.6）。尽管LED仍会继续作为主要的光源，但第四代植物工厂引入的技术与现在第三代相比会有许多方面的不同。

图 1.6　人工光植物工厂研究发展及产业的第四次浪潮于 2020 年左右开始

1.6　智能人工光植物工厂预期的最终功能

智能人工光植物工厂预期的最终功能在表 1.2 中列出。如果相关研究与发展在清晰的愿景、任务、目标与量化指标下实施，这些功能将会逐步实现，其中主要功能会在 5 ～ 10 年内实现。一些具体目标和指标在第 5 章提出。

表 1.2　智能人工光植物工厂预期的最终功能

序号	智能人工光植物工厂预期的最终功能
1	有利于在个人、当地、区域、国家和全球层面上解决食物、资源和环境三大问题
2	有利于保证食品安全，稳定供应营养且安全的食品，保障人民健康，并在生理、心理与精神方面提升生活质量
3	能源自给、生态可持续，以及经济可行的人工光植物工厂，用最少的资源消耗且最大限度利用太阳能、生物质能、水能、热能和机械能，实现最高产量和质量，实现最低生产成本和最少废弃物排放
4	由栽培系统模块（cultivation system module，CSM）构成的智能人工光植物工厂通过网络彼此连接，并通过互联网向大多数用户开放。CSM 的软 / 硬件次级系统标准化以适应不同类型
5	对工人和用户友好，可供任何人在任何地点用于任何植物种类生产。用户可以根据使用目的、兴趣、技能等级等来选择生产过程控制模式
6	易于融合其他生物系统，如蘑菇栽培与水培系统，也易于融合利用当地易得自然能源的发电系统
7	协助用户建立服务、产品与市场的新构想。这些产品不会与市面上已经生产并销售的商品形成竞争
8	以教育和自学为目的，协助用户理解封闭生态系统中植物生长、植物生产过程控制和能源或物质平衡的原理与机制
9	培养人们使用设备种植植物的技能、陶冶情操，促进人们系统化思维发展，把植物、食物、思维、身体作为一体看待

1.7　利用全球的技术加强本土的文化与技术

为了提升食品安全，利用人工光植物工厂进行食物的地产地销在城市地区逐渐流行起来。地产地销不仅有助于加强食品安全，也有助于强化本地农业，进一步影响本土的文化思想、生活方式、历史和景观等方面（图 1.7）。本地农业与技术都会受本土气候、土壤、景观、传统和历史的影响，尽管人工光植物工厂本身正利用全球范围内的技术不断发展，但在生产食品和其他植物源产品上所发挥的作用却是满

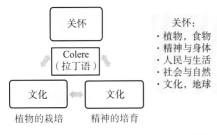

图 1.7　智能人工光植物工厂的哲学背景：Colere(拉丁语，意为培育)是关怀的本源，文化是植物的栽培，文化是精神的培育

足本土文化与本地人的需求，必然要与本土相融合。

利用近期先进但不昂贵的全球技术，如带摄像头的智能手机、全球定位系统、互联网、人工智能等，本土的文化与技术可以得到强化、提升与进化（图 1.8）。尽管智能手机的基本功能是使用全球技术开发的，但用户可以通过下载他们喜欢的应用软件录入他们自己的数据来自定义手机，以适应他们个人与本地的需求。我们能够下载许多类型的免费应用软件使我们的智能手机内容个性化。类似地，人工光植物工厂用户可以利用全球技术为他们特殊的个人与本地需求定制服务。

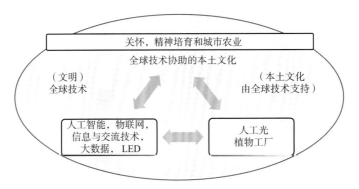

图 1.8　展示在全球科技支持下本土文化复兴计划

这些提升本土（个人）生活质量和利用全球技术来提高本土技术的手段仅需一小笔个人投资。为了实现表 1.2 中列出的预期最终功能，需要适当地引进近期先进而不昂贵的技术，如在智能手机上应用的科技。

1.8　结　论

发展下一代智能人工光植物工厂的关键因素包括：①创造性与创新的思维；②深刻理解植物生理学、能源与材料的动态平衡，以及管理的概念；③掌握大数据收集、分析与系统融合分析结果的技能；④在清晰的愿景、任务、目标和量化指标下启用近期先进的技术。发展智能人工光植物工厂是一个巨大但有价值的挑战，这将在解决未来几十年内多元化社会中的食物、资源与环境三大问题上发挥关键作用。

参 考 文 献

Dcspommicr D（2010）The vertical farm. St. Martin's Press，New York，p305

Kozai T，Niu G，Takagaki M（eds）（2015）Plant factory：an indoor vertical farming system for efficient quality food production. Academic，Amsterdam，405pages

第2章

人工光植物工厂：优势、问题和挑战

Toyoki Kozai　著

傅丰贝，郭晓云，韦坤华，缪剑华　译

摘　要：本章讨论人工光植物工厂的优势、问题和面临的挑战。人工光植物工厂突出的优势是资源利用率高，单位面积的年生产力高，以及不使用农药生产高品质植物。目前，尚待解决的问题是高投入、高电力成本和高劳动力成本。而智能人工光植物工厂面临的主要挑战是先进技术的引入，如人工智能、大数据、基因组学和表型组学（或与植物结构和功能相关的植物特异性状的无创测量方法）。

关键词：人工智能；年均产能；栽培系统模块（CSM）；表型分析；资源利用效率（resource use efficiency，RUE）；智能 LED 光源系统；标准化

2.1　引　言

荷兰玻璃温室技术是目前世界上最先进的温室技术（2018 年），温室番茄平均产量在 2008 年为 60 kg·m⁻²，2017 年约为 70 kg·m⁻²，在不久的将来通过充分利用先进技术，如发光二极管（LED）进行补光，将达到 100 kg·m⁻²。回顾过去，荷兰的温室番茄产量在 1960 年为 9.5 kg·m⁻²，1970 年为 20 kg·m⁻²，1980 年为 29 kg·m⁻²，1990 年为 44 kg·m⁻²，2000 年为 55 kg·m⁻²（Heuvelink，2006），到了 2017 年，产量约为 1960 年的 7 倍。在过去的 50 年中，通过荷兰工业界、公共机构和政府，以及丹麦、瑞典、比利时和德国等邻国的私营公司的积极合作，荷兰温室技术的发展日新月异。

参照荷兰温室技术的发展，如果能实现潜在的效益、解决现存的问题，并能很好地应对下一代智能人工光植物工厂的挑战，产量将会翻 1 倍、2 倍或更多。

自 2010 年以来，使用 LED 的人工光植物工厂技术主要在亚洲的东部地区（中国、日本和韩国）、美国和荷兰等国家或地区实现了广泛的发展。值得注意的是，信息技术（IT）、电子、机电、住房、食品、环境控制工程、化学工程和风险投资等领域的许多私营公司最近都参与到人工光植物工厂的研究与开发（R&D）及相关业务中。因此，如果主要技术良好记录、规范化、开放共享，那么未来 10 年左右人工光植物工厂技术的发展可能与荷兰温室技术在过去 40 年或 50 年内的发展一样快。

2.2　人工光植物工厂实际的和潜在的效益

人工光植物工厂已实现了效益，正在盈利并扩大其生产能力；但是，目前此类盈利的植物工厂数量

是有限的。为了实现植物工厂的潜在效益，在设计和运营之前，必须了解效益背后的理念及其实现方法。同时，必须让团队明确建立人工光植物工厂设计、运营和业务模式的愿景、使命和目标。

（1）高资源利用效率，低消耗与成本。RUE 定义为工厂中使用的资源量（F）除以提供给植物工厂的资源量（S）。即，RUE=F/S 或 $(S-R)/S$，其中 R 是通过植物工厂逃逸而释放和浪费的资源量（Kozai et al，2015）。为植物工厂定期供应的基本资源是光能、CO_2、水、肥料、播种/移栽所需劳动力等。

水分利用效率（water use efficiency，WUE）是植物中固定水量或保持的水量除以供应到培养床并被植物根系吸收的净水量。由于植物吸收的大约 5% 的水被固定在植物中，剩下的大约 95% 是通过叶片蒸腾，或者没有被根吸收而排出，因此温室灌溉的 WUE 是 0.05 或更低。

然而，在密闭人工光植物工厂中，几乎所有蒸腾的水都被冷凝并收集在空调的冷却板上并返回到营养液罐中。因此，水的净消耗量是灌溉水和返回营养液罐的水之间的差值。人工光植物工厂的 WUE 约为 0.95（植物鲜重的 1/4 除以灌溉水和返回营养液罐的水之间的重量差），前提是培养床或营养液罐中没有漏水（Kozai et al.，2015）。高 WUE 是人工光植物工厂在干旱地区使用的一大优势。

相较于 CO_2 富集和通风机关闭的土壤栽培温室的 CO_2 利用率和肥料利用率（上述两者均为 0.5～0.6），人工光植物工厂的 CO_2 利用率和肥料利用率也相对较高（0.80～0.90）（Kozai et al.，2015）。在植物工厂中，黑暗时期植物呼吸所释放的 CO_2 在栽培室的空气中积累，并在光周期期间被植物吸收。除了紧急情况，如植物不能很好地吸收的离子（Cl^-，Na^+ 等）富集的情况下，营养液一般不会排放到排水管。

虽然人工光植物工厂的能源利用效率高于温室（0.017），但其仍然非常低（0.032～0.043）（Kozai et al.，2015）。未来通过应用 LED、智能光源系统，更好地控制环境及引入能够在低光合有效光量子通量密度（PPFD）下生长的优良新品种，才能在下一代人工光植物工厂中大大提高电能、光能、空间和劳动力的使用效率。

最近，荷兰和另外两个气候类型地区的人工光植物工厂和温室中生菜生产的资源利用模型提供了非常有用的学术和实践参考（Graamans et al.，2018）。这类研究对于有效利用资源及在特定地区选择植物工厂或温室进行生产具有重要的参考价值。

（2）单位土地面积生产力高。与露地栽培单位土地面积的年均生产力相比，植物工厂在不使用农药的情况下提高了逾 100 倍，主要优势在于多层立体栽培、通过环境调控缩短生长周期（通常缩短一半）、土地面积使用效率高（全年无休生产）、种植密度高，几乎不受天气和害虫的影响。15 层的人工光植物工厂的年均生产力约为 200 kg·m^{-2}（可用于销售的产品鲜重）。利用模型估算人工光植物工厂在最佳环境下的最大年均生产率是有意义的。

土地面积利用效率定义为（$A_u \times n \times N$）除以（$365 \times A_t$），其中，A_u 为单位耕作空间的面积；n 为人工光植物工厂的单位数；N 为平均每年单位栽培空间被栽培植物占据的天数；A_t 为人工光植物工厂地板占据的土地面积。单位栽培空间可以是栽培板、层或多于一层的架子。在水平放置的栽培板的情况下，"空间"的单位是 m^2，但在垂直放置的栽培板/层的情况下，单位可以是 m^3。

人工光植物工厂生产成本的主要组成部分是电力、人工和初始投资折旧（这三个成本要素的总和占总生产成本的 75%～80%）。因此，电能生产率（消耗每千瓦时电力的产量）、劳动生产率（单位工作时间的产量）和空间生产力（单位面积或耕种面积的产量）是分析和提高人工光植物工厂生产率的重要指标。

（3）高可利用率。换句话说，修剪/损坏的植物部分占整个植物生物质量的百分比较低。通过适当的环境调控、栽培系统和品种的选择，可以增加可利用部分的百分比。目前，在日本的大多数人工光植物工厂中，叶用莴苣的可销售部分和修剪掉的叶或根部分的鲜重百分比分别为 77%～80% 和 20%～23%。

例如，胡萝卜、芜菁和小萝卜等块根作物的叶可以被食用和销售，以提高块根作物可利用部分的百分比。而且，这些作物的叶和根的收获日期比传统早 15～20 天，味道更鲜美，营养更丰富。

（4）产品品质高。通过适当的环境控制、栽培系统和品种选择，可以按照设定的计划生产优质植物

（Kozai et al., 2016）。植物的形状 / 外观、味道和口感，以及包括维生素、多酚和矿物质等功能组分的组成 / 含量都可以调控。这些因素的大多数控制方法是基于过去的反复试错试验，目前研究人员正在系统地进行一系列实验以产生一致的功能成分。

（5）植物生长环境高度可控。可控的空间环境因素包括光合有效光量子通量密度（PPFD）、饱和水汽压差（vapour pressure deficit，VPD）、空气温度、CO_2 浓度、光质（光谱分布）、光周期（光照 / 黑暗时长）和气流速度。可控的水培培养因子包括动力、营养液组成、营养液流速、温度、pH 以及溶解氧浓度。

（6）产量和质量的均一性和计划性。由于环境的高度可控性，全年都可以进行定期和 / 或按需生产。通过控制环境可以控制产品产量和质量。例如，生菜的口感、味道、颜色可以通过环境控制来使它更好地适应在沙拉、三明治或汉堡包中的使用。

（7）高可追溯性。人工光植物工厂行业整个供应链可追溯，可实现高水平的风险管理。

（8）可在非耕地生产。人工光植物工厂可以在阴影区域、受污染或不肥沃的土地及城市地区的空置房间 / 建筑物 / 土地上建造，也可以在非常寒冷、干旱或炎热的地方建造。例如，即使外部空气温度低于-40℃，人工光植物工厂也不需要额外的加热成本，因为墙壁和地板隔热良好，并且栽培室中的光源产生热量。

人工光植物工厂最适合在城市建造，生产地点靠近消费地点（当地消费当地生产），这节省了农产品运输的燃料、时间和劳动力，并为居住区内或附近的残疾人、老年人和年轻人创造了就业机会。

（9）卫生条件高度可控，安全性高。由于生产环境高度可控，可以生产无农药和其他无污染的植物。全球良好农业规范（good agricultural practice，GAP）和 / 或危害分析和关键控制点（hazard analysis and critical control point，HACCP）可以相对容易地引入，实现高水平的风险管理。

（10）保质期长。由于每克产品微生物菌落单位（colony-forming units of microorganisms，CFU）低，所有产品的保质期长，减少了家庭和商店中的蔬菜垃圾损失量。在人工光植物工厂中生长的莴苣植物，保质期比在田间种植的莴苣植物长约 2 倍。由于这一优势，植物工厂种植的蔬菜的价格通常比田间和温室种植的蔬菜高出 20%～30%。

（11）无须洗涤和烹煮。如果在栽培室收获后密封包装，无须在使用前洗涤或煮熟。这减少了洗涤水消耗、用于煮沸和炒制的电 / 城市燃气 / 燃料消耗及用于洗涤和烹饪的劳动力。另外，当食用新鲜蔬菜时，每克蔬菜的 CFU 需要控制到低于 300。

（12）生产资料供应、产量和损耗易于监测。在人工光植物工厂，资源利用效率可以在线估算，并根据估算，使用资源利用率数据预测生产成本并采取措施降低生产成本。

（13）逐步提升资源利用率。通过生产过程中能源、物质、工人的流动和相关成本 / 销售可视化，可以逐步提高工厂的资源利用率、植物的生产率和经济价值。要达到上述效益，植物生长模型、能量 / 物质平衡以及生产过程调度是必需的。

（14）工作舒适度高。工人在舒适的空气温度和适度的空气流动下轻松安全地工作。无论是自动化的大型植物工厂还是小型植物工厂，对于提高工作环境舒适度都还有一些问题需要解决，以利于增加人才引进。

（15）设计和环境控制相对简单。鉴于植物工厂的气密性、墙壁和地板的高隔热性及没有太阳光传输到耕作空间，人工光植物工厂的设计和环境控制比温室更简单，人工光植物工厂设计的全球标准化（除了建筑设计）比温室设计更容易。为了使用免费的太阳能，节省加热成本，温室需要加热、遮阳、通风 / 冷却系统、防虫网、隔热网及透明的覆盖材料，如玻璃和塑料薄膜，而人工光植物工厂中的环境不受外界天气的影响，不需要这些系统。

（16）小型植物工厂可作为科普教育基地。建造面积为 0.1～10 m² 的小型人工光植物工厂是家庭、学校或社区中心学习生命科学、工程和技术原理的绝佳方式，特别是当植物工厂通过互联网与其他植物工厂和数据库连接进行信息交换时（Harper and Siller, 2015）。通过跨学科方法，用户可以了解生态系统、能量、物质转换和循环的功能和机制，学习种植植物和使用先进技术的基本技能。

2.3 人工光植物工厂当前存在的问题

2.3.1 优化方案

（1）大幅降低初始投资和运营成本。每千克新鲜农产品的运营成本需要降低30%～50%，到2020～2022年，每年产能的初始成本相比2017年需要降低约30%。

（2）可持续生产。改善耕作系统及其运作方式，使用天然能源降低资源消耗，回收和再利用资源至关重要，且能源自主的人工光植物工厂需要设计、运营和商业化。目前在日本，估计向一个具有十层人工光植物工厂供应所有电力所需的太阳能电池板面积约为屋顶面积的8倍。而在干旱地区，需要的太阳能电池板的面积将明显减小。此外，由于太阳能电池板和LED技术的进步，太阳能电池板面积将逐年稳步下降。

（3）引入先进技术，包括人工智能（AI）、大数据、物联网（IoT）、生物信息学、基因组学和表型组学，进一步提高人工光植物工厂的资源利用率和成本绩效（图2.1）。表型组学是一种新兴的研究领域，它是一种无创性观测与植物结构、功能相关的从冠层特定性状到细胞的方法。

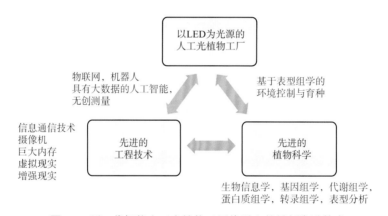

图 2.1　下一代智能人工光植物工厂将引入的最新先进技术

（4）提高自动化，需要引入机器人和灵活的自动化系统，以减少繁重的、危险的、简单重复和／或复杂的手工作业。

（5）低成本生产用于高品质保健品和化妆品的药用植物。用于制作诸如流感和其他病毒的疫苗药物的基因工程植物，需要在专门设计的人工光植物工厂中生产。

（6）建立全球范围内活跃的植物工厂和学术组织，以实现更好的全球性交流和信息共享。

（7）开发操作简便、经济可行的有机水培系统。植物与微生物的共生将有利于人工光植物工厂中植物的生长。有机肥可以从鱼类废物、蔬菜垃圾、蘑菇废物和其他类型的生物质中获取。

2.3.2　一些具体的技术问题

（1）高效使用白色LED光源，白色LED光源发出大量的绿光（占总光能的20%～40%），而目前满足特定植物的最佳光谱仍然未知。

（2）绿光对植物作用的研究。因为白色 LED 光源中绿光占比不低，绿光对植物光合作用、生长发育、次生代谢产物产生、抗病性和人体健康的影响已成为一个新兴的研究课题。

（3）有效使用光合呼吸等数据。人工光植物工厂中植物的净光合作用、蒸腾作用和呼吸作用可以被连续测量，而有效利用这些数据的方法仍需探索。

（4）有效使用能量 / 质量平衡数据。人工光植物工厂中的能量和质量（物质）之间的平衡可以被连续测量，而有效利用这些数据的方法仍需探索。

（5）有效使用数据。人工光植物工厂的资源利用效率和成本效益可以测量、可视化和控制（图 2.2），而有效利用这些数据的方法仍需探索。

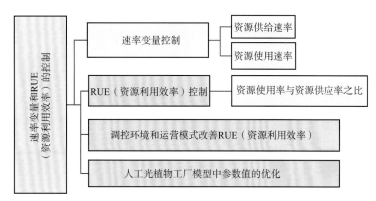

图 2.2　速率变量与资源利用效率（RUE）的在线测量与控制

（6）抑制水培系统中藻类的生长。此外，需要通过适当的环境控制和品种选择来抑制叶类蔬菜叶片上的膨胀（或水肿）和叶烧病的发生。

（7）研究并调控栽培床中的微生物。目前栽培床中微生物生态系统尚不清楚且不受控制，植物根系、死根、死藻和活藻产生的有机酸、包括病原体在内的多种微生物存在于栽培床中。需要通过研究建立有益和稳定的微生物生态系统。

2.4　促进人工光植物工厂研发和商业发展的措施

（1）合理、强大、清晰的愿景、使命和目标。人们越来越关注人工光植物工厂的潜在效益，并期望在智能化方面取得进一步进展。

（2）开放式数据库和开源的业务规划和管理系统。

（3）管理人员和工人的人力资源开发。目前非常需要人力资源开发计划，用于管理人员的能力建设；另外，需要出版编辑良好的书籍、手册和指南；需要开发用于管理植物工厂中复杂关系的软 / 硬件系统。

（4）研发能够保证工人安全，节省劳力和质量操作的工具、设施和指南。还需要紧凑而安全的系统，用于高效播种、移栽、收获、运输和包装。

（5）开发带有数据库的软件，用于在给定的光照时间内最大限度地降低光源和空调的电力成本。

（6）开发具有数据库的软件，实现智能环境控制，在经济学、植物学和工程学理论指导下生产植物物种的目标功能成分。需要开发用于感测、数据分析、控制、可视化和决策的计算机辅助支持系统。

（7）精心设计的平面图和设备布局，以最大限度地提高劳动力和空间生产力。

（8）为医疗保健创造新的市场。开发新产品，并且不与当前使用的产品竞争是需要考虑的。

（9）增加当地居民对人工光植物工厂潜力的了解和期望。用实际工作 / 虚拟模型向人们展现未来是必要的。

（10）为人工光植物工厂培育品种。适合在人工光植物工厂中培养的植物的特征是：①在相对低的光合有效光量子通量密度、高 CO_2 浓度和高种植密度下快速生长；②在水、温度和害虫 / 病原体的低应力下快速生长；③快速生长，无生理紊乱；④次生代谢产物对环境条件或胁迫敏感；⑤矮化水果和药用植物；⑥具有高经济价值。在这方面，分子育种是一种有力的工具。

目前人工光植物工厂中种植的是适应开放田地和温室环境（环境条件随时间变化改变很大）的植物品种，基本上这些栽培品种的遗传特性不适应人工光植物工厂中的环境。为人工光植物工厂环境培育新品种将显著改变成本绩效。

（11）制订用于卫生控制、食品和工人安全及 LED 光照的指南和手册。

（12）标准化描述光、灯具和营养液基本属性相关的术语和单位。

（13）人工光植物工厂组成的标准化。当前人工光植物工厂的设计和操作方法是多种多样的，并且每个组件的规格不是标准化的。这种多样性是过去几十年来许多研究人员和开发人员的创造性工作和不懈努力的结果。然而，硬件和软件的多样性可能会延迟国内 / 国际安全及硬件和软件部件的标准化，延迟与公共机构的合作研究和开发，导致每个组件成本高，缺乏标准的栽培系统，以及缺乏行业中的信息和意见交换，因此标准化是必须的。从另外一个角度出发，标准化不应该限制后续创新。

2.5　智能人工光植物工厂面临的挑战

开发装备下一代人工光植物工厂中的软件 / 硬件单元或系统的挑战包括：

（1）人工光植物工厂应作为与其他生物系统整合的基本单元，以提高建筑或城市的可持续性。

（2）用于高架番茄、水果蔬菜及浆果（如草莓和蓝莓）等大规模生产和育种的人工光植物工厂。

（3）栽培系统模块（或单位）作为人工光植物工厂中的最小组成部分，可以很容易地与其他基本模块单元连接，形成更大的人工光植物工厂。

（4）无须使用基质（支撑物）的水培系统和无须从栽培床中排出营养液的营养液循环装置。这种设计能够大大降低栽培床、管道和营养液单元中营养液的总体积，并且可以简化水培系统的结构，降低系统的物理重量。但是，目前这样的水培系统尚未进入大规模商业用途。

（5）用于连续和非破坏性（或无创性）监测植物性状的表型组学的系统，监测鲜重、叶面积、叶数、叶角、三维植物群落结构、叶表面温度、植物的光学性质和化学成分，以及生理紊乱（叶烧病和水肿病等）等性状。将测量的植物性状数据输入表型 - 基因 - 环境模型，以确定环境因子的设定值和 / 或用于育种的优良植物的选择（图 2.3）。可通过在植物附近（1 ～ 50cm）放置一个小型且便宜的表型分析单位达到监测目的。

（6）由昼夜节律（生物钟）、水分胁迫、气流模式等引起的植物周期性运动，及以上这些对激素平衡、光合作用、蒸腾作用和植物生长的影响。

（7）最大限度提高成本绩效（单位经济价值与产品产量的乘积除以经营成本）的智能 LED 光源装置，能够通过控制光环境因素，如光质、光合光子通量密度、光周期（光 / 暗期）和照明方向实现目的（图 2.4）。

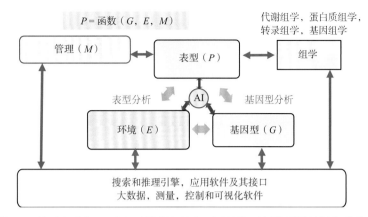

图 2.3 基于表型和 AI（人工智能）的人工光植物工厂的环境控制和育种方案

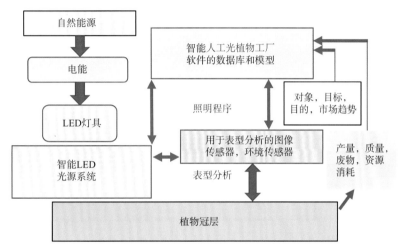

图 2.4 智能 LED 光源系统及其外围设备方案

（8）用于水培系统的离子浓度控制单元。分别测量或估算及控制营养液中各主要离子类型（NO_3^-，K^+，Mg^{2+}，Ca^{2+}，Na^+，NH_4^+，Mg^{2+}，Cl^-，PO_4^{3-} 和 SO_4^{2-}）的浓度。

（9）用于区分环境的时空变异和植物遗传变异对植物个体生长的时空变异影响的软件单元。其中，植物生长的时空变异是通过表型分析单位获得的数据获得的。

（10）硬件/软件单元，用于在给定的 LED 光源系统和三维植物冠层结构下，通过控制 PPFD 和气流速度的空间分布，使空气温度、VPD 和气流速度的空间变异最小。从分布的环境传感器获得环境的空间变异数据。

（11）软件单元，用于在给定约束条件下，使用表型数据和其他数据自动确定环境因素的设定值，以满足人工光植物工厂运行的目标。

（12）深度学习单元，用于形成表型、基因组和环境数据集之间的关系函数 $P=(G, E, M)$，其中 P 是表型数据，G 是基因组数据，E 是环境数据，M 是管理数据。使用 P、G、E、M 的大数据集合，通过深度学习建立函数（G，E，M）关系。在具有可控环境的人工光植物工厂中，可以相对准确且容易地收集 P、E 和 M 的数据集合。因此，基因组数据集是已知的，并且通过深度学习可以相对容易地建立（G，E，M）函数。图 2.5 显示的是基于表型分析、人工智能和大数据的环境控制及育种方案。

（13）用于搜索由环境变化引起的 DNA 表达/标记的软件/硬件系统，系统使用基因组、表型和环境大数据，并基于上述数据集确定环境因素的设定值。使用表型、基因组和环境大数据的深度学习系统将成为一种强大的育种工具。

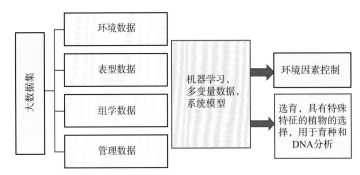

图 2.5 在人工光植物工厂中获得的低噪声大数据集可用于机器学习、多元统计和系统模型

（14）深度学习模型与机械、多变量统计和行为模型的整合。图 2.6 显示用于人工光植物工厂环境控制的三种模型的方案。图 2.7 是用于最大化人工光植物工厂成本绩效的植物生长 - 环境模型的一般方案。

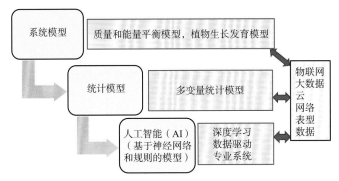

图 2.6 人工光植物工厂环境控制的三种模型

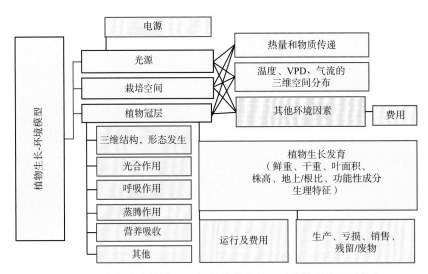

图 2.7 最大化成本绩效（CP）的植物生长 - 环境模型的通用方案

（15）快速繁育。Watson 等（2018）提出了一种"快速繁育"方法，该方法大大缩短了繁育时间并加速了育种计划。他们设想了整合快速繁育与其他作物育种技术的巨大潜力，包括高通量基因表型分析、基因组编辑和基因组选择，以加快作物改良速度。

（16）双（虚拟 / 真实）人工光植物工厂。放置在云端的虚拟人工光植物工厂用于使用输入到实际人工光植物工厂的数据来模拟实际人工光植物工厂输出。通过使用实际人工光植物工厂的输入和输出数据自动调整虚拟人工光植物工厂中的参数值（图 2.8 和图 2.9）。虚拟人工光植物工厂可用于培训、自学、教育、娱乐、研究与开发。

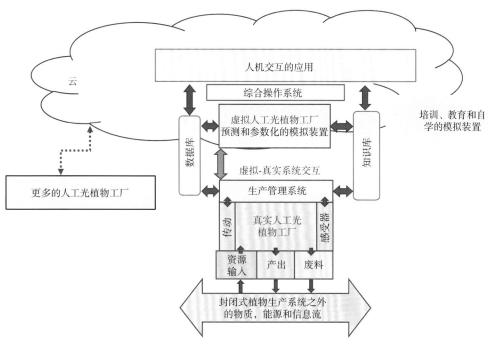

图 2.8　双（虚拟 / 真实）人工光植物工厂（dual PFAL）及其网络的方案（Kozai 等，2016 修订）

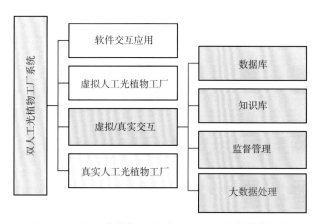

图 2.9　双人工光植物工厂（dual PFAL）的软件配置

2.6　结　论

为了实现人工光植物工厂的潜在效益，需要进行大量的研究、开发和营销，并采用正确的愿景、使命、战略和方法。另外，潜在效益的实现相对容易，因为人工光植物工厂中的能量和物质平衡以及植物环境关系比温室中的要简单得多，因此实现的方法也相对简单。本章中描述的问题将在本书的后面章节中详细讨论。

参 考 文 献

Graamans L，Baeza E，van den Dobbelsteen A，Tsafaras I，Stanghellini C（2018）Plant factories versus greenhouses：

comparison of resource use efficiency. Agric Syst 160：31-43

Harper C，Siller M（2015）Open Ag：a globally distributed network of food computing. Pervasive Comput 14（4）：24-27

Heuvelink E（ed）（2006）Tomatoes（crop production science in horticulture series）. CAB International，Wallingford，339 pages

Kozai T，Fujiwara K，Runkle E（eds）（2016）LED lighting for urban agriculture. Springer，Singapore，p 454

Kozai T，Niu G，Takagaki M（eds）（2015）Plant factory：an indoor vertical farming system for efficient quality food production. Academic，Amsterdam，405 pages

Watson A，Ghosh S，Williams MJ，Cuddy WS，Simmonds J，Rey HMAM，Hinchliffe A，Steed A，Reynolds D，Adamski NM，Breakspear A，Korolev A，Rayner T，Dixon LE，Riaz A，Martin W，Ryan M，Edwards D，Batley J，Raman H，Carter J，Rogers C，Domoney C，Moore G，Harwood W，Nicholson P，Dieters MJ，DeLacy IH，Zhou J，Uauy C，Boden SA，Park RF，Wulff BBH，Hickey LT（2018）Speed breeding is a powerful tool to accelerate crop research and breeding. Nature Plants 4：23-29

第 3 章
当前栽培系统的方案、问题和潜在的改进办法

Na Lu，Shigeharu Shimamura　著

全昌乾，韦坤华，郭晓云，万　斯　译

摘　要： 本章对植物工厂目前的栽培系统及其方案、管理办法，以及运作问题进行了概述，同时基于实验数据和实践经验对不同系统进行了比较，并提出建议及可能的解决方案。植物工厂的创业者、研究者及经营者对各种环境条件下植物生长的基本需求和环境条件的设置参数都有着大致的了解，尽管这些现有的经验不一定能使植物工厂生产最大化，但能减少植物工厂运营失败的风险，降低损失。基于目前的情况，更多先进的技术有望应用于下一代植物工厂。

关键词： 水培系统；问题控制；光源性能；全面管理；参数设置

3.1 引　言

人工光植物工厂在食品安全中扮演着重要角色，它在很多国家的大型城市被认为是一种新兴的商机。由于植物栽培知识、环境控制技术及营销管理的不断发展，商业化植物工厂和对成功商业案例的研究不断涌现。越来越多的投资者、公司还有研究者参与到植物工厂项目当中，而公司、国家、作物和市场需求的差异导致了栽培系统和环境控制方案的多样化。植物工厂的管理没有严格的标准，但以植物本身为关注点时，为了满足植物生长的需要，有一些共同的准则需要遵循。本章对植物工厂的现状和运营经验进行了介绍，对植物工厂业主及将来打算开办植物工厂的个人具有指导意义。

3.2 营养液栽培系统

水培是一种在营养丰富的水基溶液中栽培植物的方法。在植物工厂的水培系统中，通常利用小块海绵将植物固定在栽培板上，这使得植物幼苗和根部分别直接暴露在空气和营养液中。大多数情况下植物工厂利用海绵作为固定介质，但有时候根据不同的应用目的，如种植特定的作物、满足不同的设计需求、实现更简便的管理及生产整株销售的作物，也可以利用岩棉、黏土颗粒、珍珠岩、泥炭藓或蛭石等支撑植物的根系。

3.2.1 营养液栽培方法

以下是目前植物工厂中为植物提供营养的主要营养液栽培系统。

3.2.1.1 营养液膜技术（nutrient film technique，NFT）系统

营养液膜技术系统中，2 ～ 3 mm 的浅层营养液流经植物根系，确保根系获得灌溉又不完全浸没在营养液中，同时上部的根系暴露在空气中接触到氧气。NFT 系统的建议坡降通常为 1 ∶ 70 ～ 1 ∶ 100，这意味着水平长度每 70 ～ 100 cm 坡降为 1 cm，也可以根据不同的栽培条件对坡降稍作调整。NFT 系统需要水泵以适当的流速将营养液从营养液池或储液池循环到栽培床或栽培管道。基本的 NFT 系统包含栽培床、营养液池、水泵、过滤器和管道（图 3.1）。

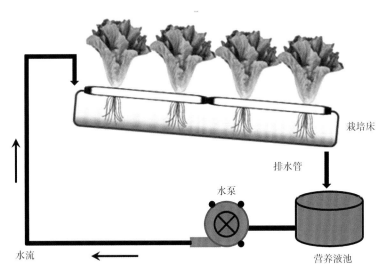

图 3.1 传统的 NFT 水培系统草图

3.2.1.2 深液流技术（deep flow technique，DFT）系统

在 DFT 系统中，植物根系浸没在深厚的营养液层中，而不是浅层的营养液中。这一系统需要营养液不断循环，使整个栽培床或栽培管道都能引入氧气，从而确保根部区域氧含量保持较高水平，以满足根系生长，有些系统甚至额外使用空气泵进行供氧。通常来说，用于支持植物的面板漂浮在营养液面上，营养液从栽培床一侧的水泵泵出，然后从另一侧流回营养液池。DFT 系统有一个优点就是，即使在停电的情况下营养液仍可以维持植物生长。而缺点就是，栽培床相对来说比较笨重，而且用作栽培板的漂浮材料如泡沫板容易积累灰尘和滋生藻类，在多次使用之后其反光率也会迅速降低。基本的 DFT 系统包括栽培床、营养液池、水泵、过滤器、管道，有些系统还包含有空气泵（图 3.2）。

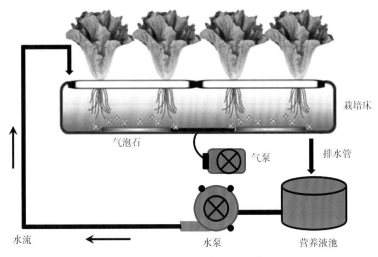

图 3.2 传统的 DFT 水培系统草图

3.2.1.3　改进混合系统

　　改进混合系统，顾名思义就是 NFT 系统和 DFT 系统的结合，该系统并没有用到管道，这使得系统安装既方便又快捷。改进混合系统包含支撑梁，这些支撑梁两边高度不同，而且和栽培床整合在一起。除此之外还包含几个水闸门，可以对营养液水位进行调整。根据不同的栽培目的还可以在 NFT 系统和 DFT 系统之间轻松切换。因为没有设计斜坡，改进混合系统更容易建造成多层结构以节省空间。系统中的栽培板由预制梁支撑，而不是漂浮在营养液面上，这为面板材料的挑选提供了更多的选择，也就是说，除了漂浮泡沫还可以选择其他材料，但选择的面板材料应该是白色反射率高、防污染和防腐的材料。栽培板可以设计成含有多个孔洞和可拆卸的盖子，这样可以对作物各个生长阶段的植物密度进行灵活调整，确保有效利用空间和光照（图 3.3）。

图 3.3　植物工厂改进混合系统图示（图片由福建省中科生物股份有限公司提供）

3.2.1.4　喷雾培系统

　　喷雾培系统，也称为雾培系统，它将营养液雾化，然后喷洒在暴露在空气中的植物根系上。为了防止根系干枯，需要进行连续喷洒，这样可以保持植物根系湿润，同时也可以保持良好的通气状态，使根系具有高呼吸活性。此外因为栽培床的营养液量较少，重量也就相对较轻。

　　另外，该系统也有一些风险或缺点，如果水泵因为某些原因停止运转，如停电或者发生故障，短时间内根系就会遭受到干旱胁迫的影响。还有就是植物残体、肥料结晶和微生物遗骸会造成喷雾嘴堵塞，因此很有必要引入一套清洁系统处理这些问题。除此之外还有一个缺点就是与其他系统相比喷雾培系统需要更深的栽培床，这使得空间利用率相对较低（图 3.4）。

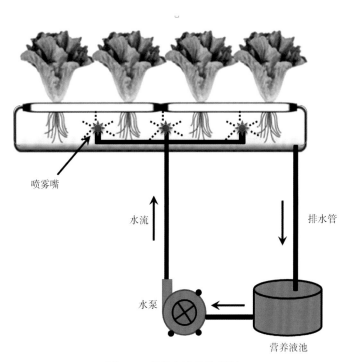

喷雾嘴

水流

排水管

水泵

营养液池

图3.4 喷雾水培系统草图

3.2.1.5 潮汐式灌溉系统

潮汐式灌溉系统和NFT系统及DFT系统相类似（图3.1和图3.2）。这一系统并不需要营养液连续循环流动，而是每天以一定的时间间隔将营养液泵入栽培床。系统中植物通常种在有基质的盆或者岩棉中，这样可以保持几个小时的水分以维持植物的生长。基本的潮汐式灌溉系统包括基质、栽培床、营养液池、水泵、过滤器、管道和计时器。

3.2.1.6 滴灌系统

滴灌系统需要生长介质或者基质，主要适用于盆栽植物及花卉或草莓的种植。该系统避免了植物根系被营养液浸泡，因此它比DFT系统更轻，更容易搬动（图3.5）。

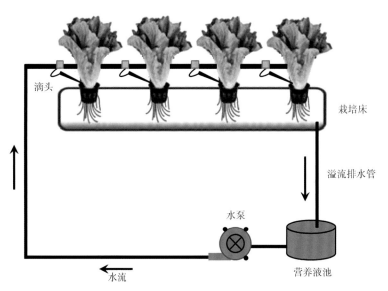

滴头

栽培床

溢流排水管

水泵

营养液池

水流

图3.5 滴灌水培系统系统草图

3.2.1.7 芯吸系统

这一系统并不需要电力运转，因为系统的营养液由芯绳或底部的布片吸收，该系统适用于幼小盆栽植物、幼苗和叶类草本植物的栽培。基本的芯吸系统包括营养液池、生长基质、底部的芯绳或布片。根据需要将营养液加入储液池，当水位低于最低水位线时，底部的无纺布片就会吸收营养液进而被植物消耗（图3.6）。

芯吸系统中根系可以根据自身需求吸收营养液，而且系统能在根系区域保持较高的氧含量供根系呼吸。由于系统中没有水或者营养液浪费的情况，该系统既经济又环保。

3.6.2.3　高温灭菌法

这是最常用的灭菌方法，该方法利用高温管道在短时间内加热流经的营养液，从而达到灭菌效果。与紫外线灭菌法和臭氧灭菌法不同的是，高温灭菌法并不会使 Mn 和 Fe 沉淀。其缺点就是过热会造成额外的能量损耗，而且灭菌潜力相对较低，每次只能处理少量的营养液。

3.6.2.4　银 / 钛氧化物灭菌法

该方法利用银或钛氧化物与微生物直接接触，从而达到灭菌的效果。一般的灭菌流程就是先把银或钛氧化物装载在过滤器上，最后将营养液流经过滤器，实现灭菌。该方法的缺点就是营养液必须与银或钛氧化物直接接触才能实现灭菌，因此很难杀死栽培床中的微生物，而且 Ag^+ 会溶入营养液，可能会被植物吸收然后在植物体内富集。

3.6.2.5　砂滤法

砂滤法中，沙子装在圆柱管中，并从圆柱管一端加入营养液，微生物经沙子过滤去除后无菌营养液从圆柱管的另一端排出。砂滤装置表面安装有生物过滤器，能去除微生物。该方法的优点是材料成本低，而且短时间内可以过滤大量的营养液。除此之外，由于是利用重力过滤营养液，该方法也比较节能。缺点是，该方法需要清理沙子并定期更换，而且营养液中的 Mn 会被沙子吸收，影响营养成分的均衡。

3.6.2.6　其他灭菌方法

除了以上几种灭菌方法外，还有一种潜在的灭菌方法是氧气（O_2）鼓泡法。该方法将空气或 O_2 制成小气泡，称为微气泡或纳米气泡，并将其混合到营养液循环中。O_2 可以抑制营养液中厌氧微生物的生长，由于与臭氧相比，O_2 的氧化能力较弱，植物根部暴露在 O_2 中不会受到损伤，所以将 O_2 应用于栽培床灭菌是可行的。而且 O_2 还可以改善根系的呼吸活动，促进植物的生长。但与其他灭菌方法相比该方法杀菌能力较弱，并不能用于营养液灭菌，而只能用于抑制微生物的生长。

3.7　平面布局

植物工厂基本上是封闭的，内部分为准备室、栽培室、包装运输间等几个区间。植物栽培期大致可分为三个阶段，即发芽期（播种至出芽）、育苗期（幼苗至种植）和生长期（种植至收获）。

发芽期需要持续 2 ～ 7 天，长度取决于不同作物。育苗期通常需要几周时间，而生长期到收获期则大概需要 2 周。发芽期到育苗期占整个栽培期的 50% ～ 70%，但这两个时期的空间使用只占总空间的 20% ～ 25%。因此，平面布局需要精心设计，确保每个生长阶段都分配到所需的空间。生产需求决定了种子的播种数量还有幼苗的数量，因此如果生长期的空间是已知的，就可以计算出发芽期和育苗期所需的空间。

3.8　植物种类及品种

植物工厂中首选生长周期短、附加值高、生产废弃物少的植物种类，如生菜、草本植物、微型蔬菜还有一些药用植物。目前对特有植物种类和品种的需求在逐年增加，在传统的露天场地种植，病虫害防治成为了育种工作的重中之重，然而植物工厂环境封闭，大大降低了病虫害的风险，使得培育抗病虫害品种已不再是育种工作的重心。

另外，植物工厂中可以控制生长环境以适应植物生长，但植物生长加快也容易导致生理失调，如烧边，为此植物工厂的育种目标应立足于克服这些生理失调。同时，为了降低空调系统的成本，可以种植一些耐高温的品种。基于这些原因目前的栽培品种并不适合植物工厂生产，新的育种方法有待开发，其中产量高、低损耗的品种有望发展成为植物工厂栽培新品种。对比实验表明，不同品种的生菜在产量、形态还有烧边发生率方面存在较大差异（图 3.7），如 V_2 和 V_7 的鲜重在 90 ～ 100 g，V_1 和 V_5 在 60 ～ 70 g，V_3、V_4 和 V_6 在 50 ～ 60 g，低产品种尽管和高产品种处于完全相同的栽培条件，它的产量仍只有高产品种的一半。而且，新品种尽管能达到常规品种的高产，但不会出现烧边，如 V_1、V_2、V_3 品种有较高的烧边发生率，而其他品种则没有。

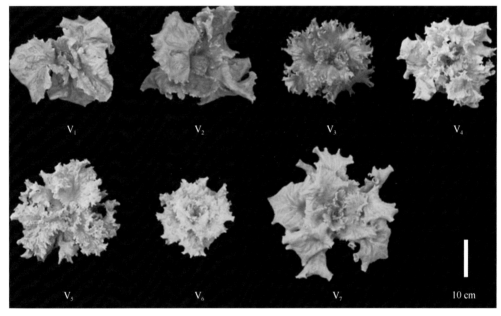

图 3.7　植物工厂中 7 个品种生菜在产量、形态学和烧边发生率上的差异

3.9　亟待解决的问题

以上部分介绍了植物工厂所需的必要因素，以及这些因素的设置参数或设置范围的相关信息。然而，这些并不能保证植物工厂顺利运作，在运作过程中仍可能存在一些阻碍因素。

3.9.1　光

植物工厂最初能顺利稳定地生产，但经过一段时间后，在栽培系统没有明显变化的情况下产量会明显下降。可能的原因之一是植物冠层上的光照强度下降，如光照强度降低 30% 可能导致产量下降 30%。光照强度下降的原因可能是光源的质量问题，也可能是光源和反光板的表面在日常操作中被叶片或者营养液污染。因此，建议每周或每两周检查一次光照强度，定期维护和清洁照明设备和反光板。

3.9.2　温度

空气和营养液的温度变化不容易察觉，但可能也会影响植物的生长和产量。特别是在大型植物工厂中，一些微小的变化如一两台空调发生故障，或者设置参数错误，都是很难察觉的，但也会影响植物的生长、品质甚至整个生产进度。最危险的情况是在夜间或周末停电期间，水温突增导致植物遭受损伤。因此，对于商业规模化的植物工厂来说，日常检查系统运行和水温是非常重要的。此外，空调的温度设置也应根据季节变化而改变，因为植物工厂的室内温度受季节变化的影响很大。

3.9.3　营养液元素平衡

经过长时间的栽培，即使使用自动施肥系统，营养液中的元素也可能会失衡。营养液中某些元素被植物吸收得比较快，而另外一些元素则比较慢，如水培种植生菜，营养液中的 K^+ 浓度相比其他阳离子浓度下降得快。植物根中的离子通道选择性地吸收 K^+，由于 K^+ 是一价的，而 Ca^{2+} 和 Mg^{2+} 是二价的，K^+ 相比 Ca^{2+} 和 Mg^{2+} 更容易被植物吸收，因此 K^+ 浓度随着栽培进度的推进而降低，最终导致营养液成分失衡。

3.9.4　pH 调节

pH 是一个众人皆知的参数，但有时可能会无意中被栽培者忽视，直到有重大问题出现才会引起注意。pH 的失衡主要是由于氨的快速吸收，解决方法之一是不使用氨肥，此外还定期更换主池中的营养液，以及定期测定 pH。在没有植物吸收的情况下，阴阳离子在营养液中处于平衡状态，因此 H^+ 浓度不变，pH 保持稳定。但是阳离子被植物吸收之后，特别是 NH_4^+，根部会释放 H^+ 以平衡 pH，从而降低营养液的 pH。另外，当植物吸收阴离子，特别是 NO_3^-，根部会释放 HCO_3^-，随着来自 HCO_3^- 的 H^+ 与 OH^- 反应生成 H_2O，H^+ 浓度降低，导致营养液的 pH 升高。由于以上这些原因，当长时间栽培时，pH 最初由于植物吸收 NH_4^+ 降低，随后由于吸收 NO_3^- 而逐渐升高。

3.9.5　藻类

藻类繁殖是所有植物工厂中都会发生的问题。藻类的生长需要光照、水分还有养分，如果这三种生长元素兼备，藻类就会疯狂生长。藻类会吸收光能、消耗养分，污染水培面板和栽培床，从而减少水培面板的光反射率，降低系统的光利用效率。除此之外，藻类也可能会污染作物产品，加快植物组织的腐烂。因此建议定期监测面板表面的残余水分，同时避免光照射到营养液。为了抑制藻类繁殖，建议盖住浮板与边缘之间的小缝隙并定期清理浮板，而且在发芽期间海绵里尽量用少量的水，并从海绵底部供水，以保持海绵表面干燥。

3.9.6　烧边

烧边指的是蔬菜中心正在生长的幼叶边缘坏死，通常与钙缺乏有关。光照、温度、湿度、营养液等外界因素都会影响烧边的发生（Saure，1998）。大多数研究人员都认为烧边发生率随着植物生长加快而增加，因此想要在最小烧边发生率时获得最快的生长速率是不现实的，有时候为了使植物正常生长必须降低其相对生长速率。为了减少烧边的发生率，可以在夜间把相对湿度增加到 90% 以上并持续 3 h，在幼叶区顶部导入循环空气，提高营养液中 Ca^{2+} 浓度或在叶面喷施 Ca^{2+} 盐。除此之外，还有一种方法就是开发与植物工厂相适应的作物品种。

3.9.7　病害、微生物和昆虫

病害、微生物和昆虫是植物工厂管理者面临的最大问题。在病虫害发生的极端条件下，植物工厂可能不得不关闭，这会导致植物工厂产量降低及财产损失，因此病虫害防治对于植物工厂管理来说至关重要。植物工厂出入流程必须严格消毒，加强出入流程的日常监测和报告。为减少病虫害的风险，入口通道可分隔成多个房间，并且避免同时打开两侧的门。栽培室也应分成几个小房间而不是单独一个大房间。

3.9.8　种子质量与储藏

稳定可期的产量对于商业化植物工厂来说至关重要，因此必须要有一个稳定均匀的种子发芽率。发芽率骤降会导致产品交付时间推迟，为了避免这一问题的发生，可以对种子的品种、厂家、产地进行核查，也可以采用适宜的储藏方法。种子通常在干燥条件下保存在 4 ～ 5℃冰箱中，一些芳香的种子含有精油，它们的品质下降的速度要比其他蔬菜种子快，因此植物工厂应做好种子管理。

3.10　结　　论

本章对当前植物工厂的营养液栽培系统、光源系统、营养液管理、平面布局及各个环境因子的参数设置进行了总结，也介绍了当前植物工厂经营所面临的问题及可能的解决办法。任何一个小错误都可能导致植物工厂倒闭，而微小的改进也可能带来巨大的成功。以上信息希望对下一代植物工厂创业者、种植者和研究者有所帮助，进而实现安全食品的高效、可持续生产。

参 考 文 献

Kubota C（2015）Growth，development，transpiration and translocation as affected by abiotic environmental factors. Chapter 10. In：Kozai T，Niu G，Takagaki M（eds）Plant factory.Academic，London，p 155

Maneejantra N，Tsukagoshi S，Lu N et al（2016）A quantitative analysis of nutrient requirements for hydroponic spinach（Spinacia oleracea L.）production under artificial light in a plant factory. J Fertil Pestic 7：170. https://doi.org/10.4172/2471-2728.1000170

Niu G，Kozai T，Sabeh N（2015）Physical environmental factors and their properties. Chapter 8. In：Kozai T，Niu G，Takagaki M（eds）Plant factory. Academic，London，p 133

Saure MC（1998）Causes of the tipburn disorder in leaves of vegetables. Sci Hortic 76（3）：131-147

Tsukagoshi S，Shinohara Y（2015）Nutrition and nutrient uptake in soilless culture systems. Chapter 11. In：Kozai T，Niu G，Takagaki M（eds）Plant factory. Academic，London，pp 171-172

第 **4** 章
智能植物工厂的设计与控制

Yoshihiro Nakabo　著
郁进明，许武军，郭晓云，韦坤华，覃　犇　译

摘　要： 控制系统理论主要用于智能植物工厂的设计和建模。由控制论可知，封闭式植物工厂的优点可解释为估计控制目标的内部状态时扰动较小。本章由植物环境模型、基于模型的控制、分层控制等不同角度阐述了几种控制模型，最后给出设计智能植物工厂的三个基本要素。

关键词： 控制系统论控制模型；扰动；基于模型的控制；分层控制；设计要素

4.1　引　　言

4.1.1　通用控制系统模型

本章阐述了使用控制系统理论设计智能植物工厂。控制论中，受控对象通常表示为具备内部状态和转换输入至输出的函数的模型。目标是依据被称为控制器的专有算法（植物工厂的栽培过程），控制对受控对象（目标植物）的输入以获取其期望的输出。要做到这一点，必须获取受控对象的内部状态，而内部状态通常不能直接获取，因此利用输出值估计内部状态。控制器建模通常需要纳入此估计。

4.1.2　扰动

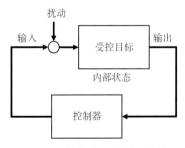

图 4.1　具备扰动的控制系统模型

若受控对象的状态变量和输出的变化与其输入无关，则估计内部值变得困难，这在现实中是常见的现象，而我们必须考虑扰动的影响（图 4.1）。

许多研究人员尝试设计能够承受扰动突发影响的控制器。通常在开放环境的植物栽培中，作为受控目标输出的植物栽培的产出并不一定达到人们和控制论给定输入相应的期望值。在这种情况下，许多因素被处理为扰动。换言之，在控制论框架下为开放环境植物栽培设计控制器是极其困难的。

另外，在封闭式植物工厂中，植物的输入和输出被严格控制，因而只有少量因素需要考虑为扰动，利用控制论设计控制系统成为可能。为消除扰动的影响，我们必须精确抓取所有输入变量，并将受控对

象作为输出值进行测量，以尽可能估计其状态变量，同时对目标模型进行细化以获取更佳的估计。

4.2 控 制 模 型

4.2.1 智能植物工厂的受控对象

当设计控制系统时，有必要定义何为受控目标。在植物工厂设计中，我们必须注意受控目标是植物的栽培环境，而不是栽培的植物，如图 4.2 所示。

实际操作中，植物工厂控制系统直接控制的是栽培环境如温度、湿度、光照功率、营养液浓度等环境因子，其原因是即使尽可能多地估测植物内部状态变量，也很难对

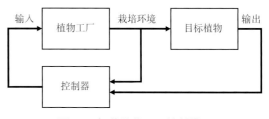

图 4.2 智能植物工厂控制模型

其直接控制，而根据栽培环境如何影响植物生长可以研究推导出生长模型。植物工厂的日常控制即是控制如 LED 光源、空调、营养液控制装置等来维持目标植物的栽培环境。这样设计的原因在于即使尽可能多估计植物的内部状态变量，直接控制仍然存在困难。实际上，栽培环境如何影响植物生长就是一种植物生长模型。

4.2.2 基于模型的控制

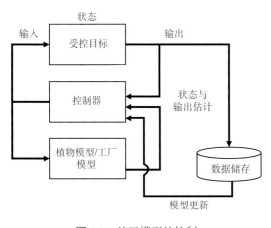

图 4.3 基于模型的控制

如上所述，直接获取目标植物的状态变量是不可能的。然而，若我们能够获得与目标植物相同反应的虚拟系统，也就是，如果能够获取对给定输入获得相同输出的数学或者计算机模型，就可以等效获取目标的内部状态，并预测预定输入的未来输出。因此，我们能够使用这样的数学模型以调整输入来获取期望输出。这是基于模型的控制思路，如图 4.3 所示。

显而易见，基于模型的控制的一个要点是能否获取一个与目标植物具有相同行为的正确模型。为此，通过反馈假设输出与实际输出的差，或者通过如图 4.3 所示的数据存储和模型更新，利用更详细的目标植物知识来改进模型是很重要的。

4.2.3 分层控制模型

如果希望植物模型的控制方法更加实用化，则必须考虑控制器的控制周期，例如空调系统的日常温度和湿度控制、LED 的调节等方面需要根据传感器数据反馈和/或给定的生长模型进行实时控制。另外，根据植物的生长条件按日或者按周改变生长环境也很重要。控制模型可以对每个栽培周期、不同的栽培任务和目标值进行切换。

这些控制周期的差别能够用分层控制模型建模,如图 4.4 所示。换言之,这是一种将短周期内被控制的系统作为一个集成系统处理,并由一个上级控制系统对该集成系统进行重新控制的模型。

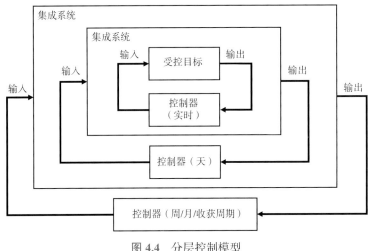

图 4.4　分层控制模型

4.2.4　按策划—实施—检查—改进(PDCA)周期更新的控制模型

关于 4.2.2 节描述的模型更新,可认为是一个策划(plan)—实施(do)—检查(check)—改进(act)(PDCA)周期,甚至远大于 4.2.3 节给出的分层控制模型。换言之,由重复执行 PDCA 的 4 个过程来改善智能植物工厂的总体设计是重要的。

我们设计控制系统为"策划"和"实施"实际的栽培,并由"检查"过程评估栽培结果。换言之,在设计阶段预先定义预期结果是非常重要的。对于执行 PDCA 周期重要的是:分析评估结果和 / 或基于现有知识考量或人工智能的存储数据,并审查模型、控制器及控制结构,控制结构包含分层结构和 / 或作为"改进"过程的植物工厂整体设计。

4.3　智能植物工厂的三个基本设计要素

在本章的余下部分,论述主题将由控制模型改变到植物工厂的设计要素,讨论作为控制系统,植物工厂设计的基本要素是哪些。

控制系统由目标对象模型和实际控制系统组成。因此,以控制为设计目标的植物工厂拥有模型和实际装备,即表示抽象信息的模型和有形物理资产两个方面。换言之,在真实世界和虚拟信息世界的设计通常都是必要的。

更进一步来说,植物工厂的空间设计也是另外一个重要因素。空间设计,诸如栽培架放置、各种管道布局、空气和热流动方向、光源空间结构、操作工空间和 / 或空间大小及缩放比例都很重要。综上,智能植物工厂的三个设计要素可以总结为如图 4.5 所示。

图 4.5 显示了各个要素的内容和相互影响,三个要素并不是独立的,而是相互影响的。

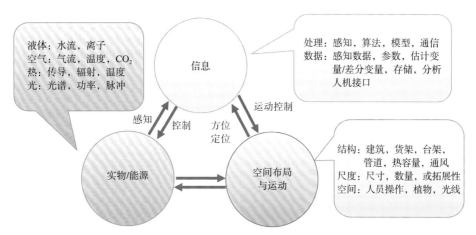

图 4.5　智能植物工厂的三个设计要素

第5章
依据成本绩效设计栽培系统模块（CSM）：迈向智能人工光植物工厂的一步

Toyoki Kozai　著

胡　营，郭晓云，缪剑华，全昌乾　译

　　摘　要：本章讨论了与人工光植物工厂（PFAL）产能相关的设计因素。栽培系统模块（CSM）是人工光植物工厂栽培室的关键组成部分。文中讨论了栽培系统模块的类型及其优缺点。栽培系统模块的可扩展性是人工光植物工厂设计的关键因素。栽培系统模块中的空气运动会极大地影响植物生长，因此也是设计中需要特别关注的因素。基于表型的环境控制将在智能人工光植物工厂中发挥重要作用。

　　关键词：成本绩效；栽培系统模块（CSM）；表型分析；生产力；可扩展性

5.1 引　　言

　　本章将讨论栽培系统模块（CSM）的理念、概念和设计要素。CSM被认为是人工光植物工厂（PFAL）栽培室的关键组成部分。与现有的PFAL相比，CSM主要用于大幅提高生产率、降低生产成本和初始投资。设计这样的CSM将是实现智能人工光植物工厂成功设计和商业化的第一步。

　　成功用于商业生产的人工光植物工厂需要具备以下条件：①在合理的营销基础上选择合理的成本设计和建造；②在接近完整产能下运行良好，在适当的愿景和使命下具有高性价比和合理的短中期目标（图5.1）；③以最低成本进行最小程度的修改和维护；④在产品价值链中处于有利地位；⑤创造新的

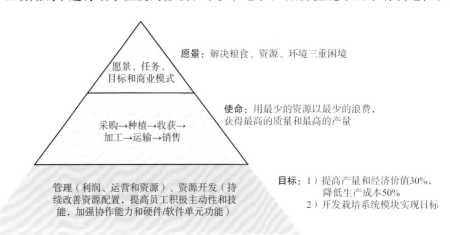

图5.1　人工光植物工厂设计中要考虑的因素及研发的愿景、使命、服务对象和目标

市场，不与任何现有的农业市场竞争；⑥提供组织良好的人员发展和培训计划；⑦以合理的价格进行适当的营销，以保证所有商品均可售完。总之，人工光植物工厂需要根据社会、技术和全球／当地气候变化进行设计、运营和管理，才能保证良好运行。

5.2　提高成本绩效

人工光植物工厂的成本绩效可以通过降低生产成本或增加产品的年销售额或两者兼有来提高。

5.2.1　降低电力和劳动力成本

与目前的 PFAL 相比，预计到 2022 年，每千克（鲜重）产品的电力和劳动力成本将减少 50%。事实上在 2017 年，PFAL 已经实现盈利。而在日本的以 LED 光源生产生菜（表 5.1）的部分自动化人工光植物工厂里，折旧生产成本（初始投资）、劳动力（人员支出）、电力和其他成本分别占总成本的 23%、26%、21% 和 30%。批发价格为每棵 0.85 美元（80 g）或每千克 10.7 美元。此外，年销售额达到年产量的 95%，年产量占年产能的百分比为 90%（Ijichi，2018）。

2017 年，日本的一家非自动化植物工厂中，栽培（播种、移栽、收获和修剪）工时为封装及用于运输和卫生管理（清洁、清洗和检查）的工时的 2 倍（表 5.2）。在这家人工光植物工厂中，移栽、收获和修剪都是手工完成的；封装和包装半自动化；播种和清洁有工具辅助。

表 5.1　日本人工光植物工厂中生菜生产成本和利润的百分比。**A** 栏显示收入结构组成部分的百分比，**B** 栏显示生产成本组成部分的百分比（Ijichi，2018）

序号	内容	A/%	B/%
1	折旧生产成本	20	23
2	劳动力	22	26
3	电力	19	21
4	物流（分销）	6	6
5	主营产品	6	7
6	种子	2	2
7	税收、土地租赁	1	1
8	其他	12	14
9	利润	12	—
合计		100	100

表 5.2　日本人工光植物工厂生菜生产工时组成百分比（数据通过 2016 年个人通信获得）

序号	工时组成	比例 /%
1	播种	3
2	首次移栽	7
3	二次移栽	21
4	收割和修剪	38
5	包装	12

续表

序号	工时组成	比例 /%
6	装箱	6
7	培养板清洗	6
8	栽培室清洁	7
合计		100

由于上述人工光植物工厂中的栽培过程不是自动化的，因此通过半自动化、自动化及生产过程、设备布局和人力资源开发的改进，将数小时的工时减少 50% 将是一个很好的数字化目标。

通过 LED 光源系统、空调和其他电气设备的智能操作，几年内，电力成本可以下降到 2017 年的 50%。在栽培室几乎密闭且隔热良好的情况下，光源、空调和其他电气设备的电力消耗百分比分别为 75% ~ 80%、15% ~ 20% 和 5%。其他电气设备包括营养液输送泵、空气循环风扇、灭菌系统、地板和栽培板清洁系统等。因此，照明成本降低对于提高每千瓦时电能的生产率是非常重要的。

LED 消耗的电能 30% ~ 40% 都转换为光合有效辐射［单位：mol（$1 \ mol=6.022\times10^{23}$ 光子）］，而其中 60% 被植物叶片吸收（这个百分比随着单位栽培面积的总叶面积的增加而增加）。植物叶片吸收的光量子中只有一部分被固定为碳水化合物中的化学能。因此，可以通过提高电光能和光化学能的转换因子来提高用于光源的电能的生产率和光合光子的生产率（$kg \cdot mol^{-1}$）。

空调的电能利用率或冷却空调的性能系数（coefficient of performance，COP）可以通过（$L+O$）/A 来估算，其中，L 为照明的电力消耗，O 为除了灯具和空调之外的电气设备的电力消耗，A 为空调的电力消耗。COP 值随着外部气温的降低而增加。而在人工光植物工厂里，即使在冬夜，在光周期内也需要进行制冷，以带走光源和其他电气设备产生的热量。

栽培室需要密闭，以尽量减少 CO_2 的损失，并防止昆虫进入。因为即使室内气温高于室外气温，昆虫也能进入（Kozai et al., 2015）。在这种密闭情况下，COP 值一般大于 5。CO_2 的损失是因为其浓度较高。一般情况下，为促进植物的光合作用，CO_2 在光周期内的浓度保持在 1 000 ppm 左右，比栽培室外高 600 ppm（栽培室外为 400 ppm）。

通过将电力和劳动力成本降低 50%，表 5.1 中每千克产品的总生产成本将会降低 24%[=100−0.5×（26+21）−53]，折旧和消耗品成本保持不变。

5.2.2 增加年度销售额

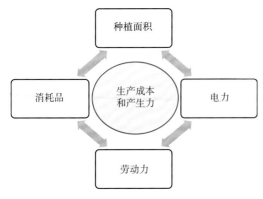

图 5.2 影响人工光植物工厂生产成本和生产率的 4 个因素之间相互关联。因此，需要设计和运行栽培室，使得这 4 个因素彼此间产生积极的影响

目标：在生产成本保持不变的情况下，年销售额预计增加 50%。年销售额大致由 4 个因素的乘积表示：①单位种植面积（m^2）或立方空间（m^3）的生产力；②每公斤产品的价格或经济价值；③实际种植面积与总种植面积（包含空置面积）之比；④销售产品量与总产量之比。

根据策划(plan)—实施(do)—检查(check)—改进(act)（PDCA）循环（主要是通过调整环境控制设置值、选择更好的品种、改良种植系统和减少农产品的废物百分比），可实现年销售额增加 50% 的目标值。必须注意，生产成本的 4 个因素（种植面积、电力、劳动力和消耗品）与生产率往往是相互关联的（图 5.2）。因此，需要设计和运行好栽培室，使这 4 个因素彼此间产生积极的影响。

通过将生产成本降低 50% 并将年销售额提高 50%，人工光植物工厂的成本绩效可以翻倍（2.0=1.5/0.75）。事实上，日本的几个人工光植物工厂在 2013 ～ 2017 年的成本绩效已经翻倍（依据个人数据）。通过安装环境控制软件和可视化的、能够逐步提高资源利用效率（RUE）的传感器可以进一步提高性价比。

通过以上措施的实施，人工光植物工厂种植植物的市场规模将稳步扩大。这种扩张应该致力于开辟新的市场份额，而不是打败目前的温室和露天种植产品市场。

5.3　生产率、生产成本和成本绩效

在讨论如何设计栽培系统和 CSM 之前，对生产率、生产成本和成本绩效的定义进行阐述，并简要描述了日本人工光植物工厂的商业现状。

5.3.1　资源要素的生产力

人工光植物工厂的生产率可以用电力资源要素 [kg·（kW·h）$^{-1}$；1 kW·h=3.6 MJ（兆焦耳）]、劳动力（工时）（kg·h^{-1}）和耕作面积（kg·m^{-2} 或 kg·m^{-3}）（图 5.3，左图）来计算。产量可以用千克（kg）来表示，也可以用植株数量表示。每个栽培空间的年生产力是通过栽培室的年产量（kg·a^{-1}）除以总栽培（面板）面积（m^2）或总栽培空间体积（m^3）来计算的。如 5.2.2 节中所述，75% ～ 80% 的电量（kW·h）用于照明，目前 30% ～ 35% 的电能通过 LED 转换为光合光子（400 ～ 700 nm）或光生理光子（300 ～ 800 nm）。

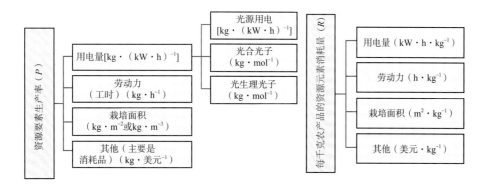

图 5.3　资源要素生产率（P）（左）和每千克农产品的资源元素消耗量（R）（右）。P 是 R 的倒数。单位栽培面积的年生产力由年产量（kg·a^{-1}）除以栽培室的总栽培板面积（m^2）。照明用电的生产率和光合光子的生产率也可以用类似的方式定义和估算。光合光子（400 ～ 700 nm）；光生理光子（300 ～ 800 nm）

另外，还可以根据光源用电量 [kg·（kW·h）$^{-1}$] 和光合 / 光生理光子（kg·mol^{-1}）来定义生产率。或者根据光源用电量形成的干重或次生代谢物 [kg（干重）·mol^{-1}] 产量等来确定生产率。

5.3.2　每千克产品的资源要素消耗量

每千克产品的资源要素消耗量与生产率相反（图 5.3，右图）。每千克产品的电能消耗通常被称为基

本能量单位，是生产过程中能量消耗的指标。电力、劳动力和栽培面积的资源要素消耗的一般值分别为 $7 \sim 9\,\mathrm{kW \cdot h \cdot kg^{-1}}$、$0.10 \sim 0.13$ 工时 $\cdot\,\mathrm{kg^{-1}}$ 和 $3 \sim 4\,\mathrm{m^2}$（栽培板面积）$\cdot\,\mathrm{kg^{-1}}$（图 5.4）。

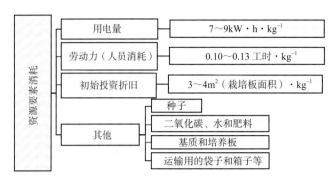

图 5.4　日本人工光植物工厂中每千克新鲜农产品（叶菜植物）的估计资源元素消耗量

影响劳动时间的因素包括：①栽培床、设备、机器、工具和消耗品的布局；②工人、植物 / 生产 / 植物残渣和工具、消耗品和废旧材料的流动；③栽培系统设计和植物性状。

5.3.3　生产成本和成本绩效

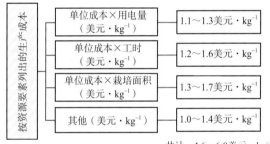

共计：$4.6 \sim 6.0$ 美元 $\cdot\,\mathrm{kg^{-1}}$

图 5.5　日本人工光植物工厂资源要素中每千克新鲜农产品（叶菜植物）的估计生产成本。物流和销售成本不包括在"其他"中（资源要素消耗见图 5.4）。1 美元等于 105 日元（JPY）。单位电价：$15 \sim 20$ 日元 $\cdot\,(\mathrm{kW \cdot h})^{-1}$。人工成本：兼职工人约为 1200 日元 $\cdot\,\mathrm{h^{-1}}$，普通员工约为每月 500 000 日元

每种资源成分每千克生产成本为单位经济价值（美元 $\cdot\,\mathrm{kg^{-1}}$）与每千克产品的资源要素消耗量的乘积（图 5.5，图 5.6）。人工光植物工厂的成本绩效（CP）可以通过销售额（S）与生产成本（C）的比率来计算，其中销售额为经济价值（U）、产量（P）（图 5.7）和（1.0–L）的乘积（L 指生产损失率）。

生产成本分为可变成本和固定成本。其中固定成本包括：①建筑物、设施和设备的折旧；②土地 / 建筑物的税收或租金、保险和维护、基本工资及电力和市政用水的基本费用。可变成本包括：①种子、CO_2、肥料、基质、塑料袋、盒子、运输等；②电力、市政用水和加班费的可变费用。

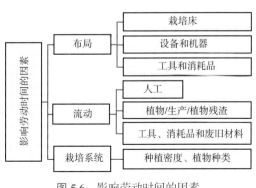

图 5.6　影响劳动时间的因素

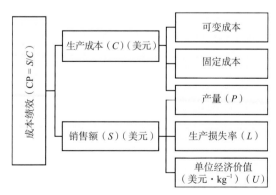

图 5.7　性价比等于 S 除以 C，或者用 $[U \times P \times (1–L)]$ 来计算。利润通过（$S–C$）计算

影响生物生产力和每千克产品经济价值的光环境因子包括：①光合有效光量子通量密度（PPFD）积分或 PPFD、光周期和培养天数的乘积；②单位植物吸收的光合光子（mol）与每个灯具发出的光合光子（mol）的比；③每个生长阶段影响与颜色、形状、风味、营养成分等有关的次生代谢产物的光质；④光环境的空间均匀性。

5.3.4　投资回收期

投资回收期是指收回初始投资中的资金或达到盈亏平衡点所需的年数（维基百科）。投资回收期 N（年）可以通过以下公式粗略估算：

$$N = I / (P \times W - C)$$

式中，I 为每个种植面积的初始投资（美元·平方米$^{-1}$，美元·m^{-2}）；W 为每平方米的计划年产量（千克·平方米$^{-1}$·年$^{-1}$，kg·m^{-2}·a^{-1}）；P 是每千克产品的计划年平均销售价格（美元·千克$^{-1}$，美元·kg^{-1}）；C 为每个种植面积的计划年度直接生产成本（不包括折旧成本）（美元·平方米$^{-1}$·年$^{-1}$，美元·m^{-2}·a^{-1}）。生产开始后，W、P、C 的计划值可以用实际值替换。

5.4　栽培系统模块（CSM）的定义

栽培系统模块（CSM）是组成栽培室的关键构件，是栽培系统的最小单位（图 5.8）。栽培系统模块放置在每层栽培架上或不使用栽培架直接堆叠。

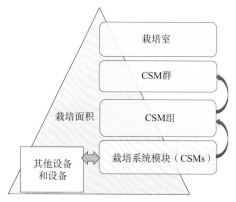

图 5.8　栽培系统模块（CSM）是人工光植物工厂栽培室的关键组成部分。每个 CSM 都有一个本地控制单元，该单元带有一个存储器和输入 / 输出设备

5.4.1　栽培室的组成

典型的栽培室分为两个空间：一个用于培养；另一个用于存放设施和设备，如营养液罐、CO$_2$ 供给系统和空调。培养空间进一步分为有或没有栽培架的 CSM 空间和手动或自动播种、移植、收获、修剪、运输和包装的空间（图 5.9）。

栽培室的组成也可以分为硬件、固件和软件（图 5.10）。硬件包括设施、设备和栽培架。由微计算机、传感器、硬件接口和软件组成的固件在每个 CSM 中与所有其他 CSM 直接或间接关联。

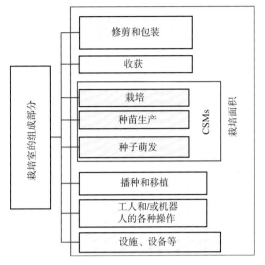

图 5.9 栽培室的空间组成部分。包装和运输在室外进行

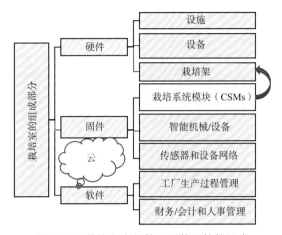

图 5.10 栽培室由硬件、固件和软件组成

用于环境控制和人工光植物工厂管理的软件组成如图 5.11 所示。工厂生产过程管理软件和财务 / 会计、人事管理软件主要存储在云服务器中。数据库包括以下因子的基因组数据和时间序列数据：①植物生长环境；②资源投入；③产品（资源输出）；④表型组（植物表型性状）；⑤机器 / 设备 / 人工干预；⑥资源使用效率；⑦成本、销售和成本绩效；⑧天气、市场价格等。

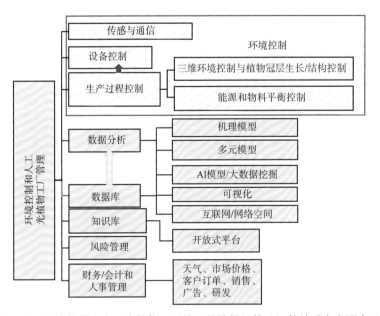

图 5.11 用于环境控制和人工光植物工厂管理的软件组件（组件关系未在图中显示）

5.4.2 栽培系统模块的功能和配置

栽培系统模块的特征在于其可扩展性（可扩大以适应栽培系统模块和 / 或培养架数量的增加）、可控性、适应性等（图 5.12），这要求它重量轻且结构简单。

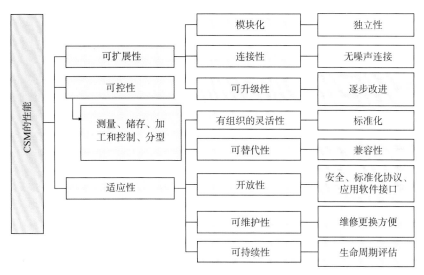

图 5.12　在栽培系统模块（CSM）中要实现的性能

每个 CSM 本身都能处理初级测量、控制和信息加工。CSM 被分成不同组，每组中有一个充当小组领导者（称为 CSM-L），用于中级测量、控制和信息加工（图 5.13）（同一组中的最小 CSM 数量一致）。

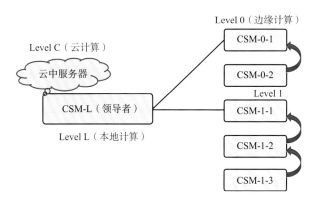

图 5.13　栽培系统模块 L（CSM-L）充当同一组中所有 CSM-0 和 CSM-1 的领导者。CSM-L 连接到云中的服务器。它安装的传感器和执行器多于 CSM-0 和 CSM-1，而 CSM-0 中安装的传感器和执行器多于 CSM-1

在栽培系统模块 L（CSM-L）中安装了固件套件，用于与其他栽培系统模块（称为 CSM-0 和 CSM-1）进行通信和监督。CSM-0 具有比 CSM-1 更大数量和 / 或更高质量的传感器 / 致动器。CSM-1 可以通过附加 CSM-L 的固件套件而不是 CSM-1 的固件套件升级为 CSM-L。

同样，CSM-1 可以变更为 CSM-0。也就是说，CSM-1 的固件套件是 CSM-0 的固件套件的简单版，而 CSM-0 的固件套件是 CSM-L 的固件套件的简单版。同一组中所有 CSM 的大小和系统配置相同，而组内环境控制可以与其他组不同。

云端与所有 CSM-L 连接的服务器（计算机）负责所有 CSM 的高级控制和信息加工。任何组都可以在某种程度上独立于 CSM-L 工作，即使它与服务器断开连接，只要保持组内供电即可。而且当 CSM-0 或 CSM-1 与 CSM-L 断开连接时，CSM-0 或 CSM-1 可独立于 CSM-L 工作。

通过 CSM 的这种设置，可以在大型商业工厂生产期间通过使用最少的传感器和执行器进行一系列实验，并且可以系统地收集和分析大数据以逐步改进生产过程（第 25 章）。

5.5　CSM-L 中的工厂生产过程测量和控制

如图 5.14 所示，CSM-L 由 9 个部分组成。

在 CSM-L 中，有 7 组变量被测量或估计：①环境因素（图 5.15）；②向栽培系统模块提供资源要素的比率（图 5.16）；③生产率（图 5.17）；④植物表型性状（图 5.18 和图 5.19）；⑤资源利用效率（RUE）等指标（图 5.20）和植物生长模型的参数值等；⑥来自 / 到设备或执行器和传感器的信号输入 / 输出；⑦劳动力、栽培面积和电力方面的生产率。通过使用 CSM-L，我们可以提供 RUE 值作为设定值并直接控制 RUE，而不是提供设定值并控制环境因素。

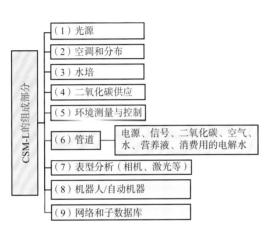

图 5.14　栽培系统模块 L（CSM-L）中安装的组件

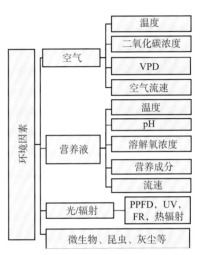

图 5.15　CSM 中测量和控制的环境因素。PPFD、UV 和 FR 分别表示光合有效光量子通量密度、紫外光和远红外光

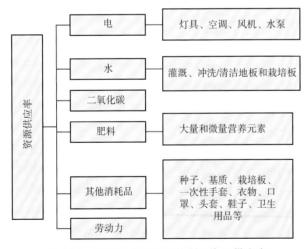

图 5.16　CSM-L 中测量和控制的资源供应率

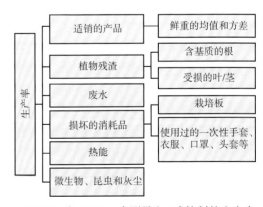

图 5.17　在 CSM-L 中测量和 / 或控制的生产率

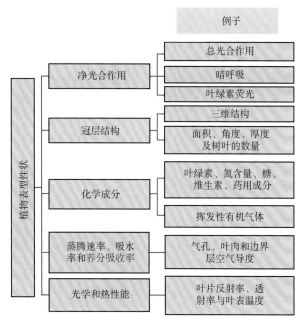

图 5.18　在 CSM 中要测量的植物表型性状

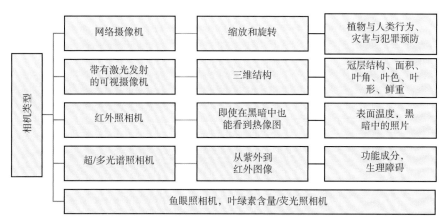

图 5.19　植物表型分析的相机类型

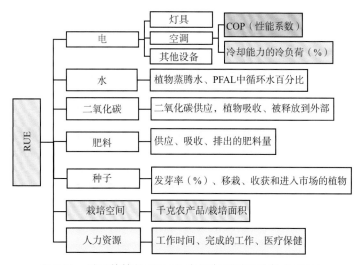

图 5.20　需要估算的 CSM-L 中的资源利用效率（RUE）

5.6　栽培室和栽培系统模块的空气流动

5.6.1　空气流动对植物生长和其他环境因素的影响

植物冠层上方和内部的气流速度和气流模式（湍流或层流和流动方向）对植物的光合作用、蒸腾作用和表面温度具有显著影响，进而影响植物生长（Yabuki，2004；Kitaya，2016）。类似地，培养床中植物根部周围营养液的流速和流动模式也会影响植物对水、溶解氧和养分的吸收。这是因为植物的光合作用、蒸腾作用及对水、养分、溶解氧的吸收是存在于植物内部和周围的 CO_2、水蒸气、液态水、溶解氧扩散运动的结果。这就意味着即使在相同的空气温度、CO_2 浓度、饱和水汽压差（VPD）、光合有效光量子通量密度（PPFD）和营养成分、浓度、酸碱度下，植物生长也会受到空气和营养液运动的影响。

5.6.2　栽培架周围的空气流动

栽培室中栽培架周围的空气流动会受到以下因素的影响：①空气流出速率及其在空调出口和空气循环风扇中的方向；②栽培架的布局（高度、栽培架之间的水平距离、天花板和栽培架顶部之间的垂直距离）。因此，大型栽培室中的空气运动模式通常不同于小型栽培室中的空气运动模式。

5.6.3　植物冠层上的空气流动

植物冠层上方和内部的空气流动受以下因素影响：①植物冠层表面与该层所在的天花板之间的距离；②植物冠层叶片密度（每立方米的叶面积）；③植物冠层表面的光合有效光量子流密度；④光周期期间 LED 的发热率；⑤培养架外的空气运动。因此，植物冠层上方的空气运动会间接影响气温、叶片温度、CO_2 浓度、饱和水汽压差（VPD）和光合有效光量子通量密度（PPFD）的水平分布。

有很多文章及专著都提到了环境因素对植物生长的影响。然而，这些数据主要是在大学实验室或公共/私人研究机构里获得的，由于空气流动造成的差异，这类结果并不适用于人工光植物工厂里大规模种植室的商业生产。需要指出的是，这些研究都没有涉及环境条件中的空气流动。

5.6.4　流体动力学中的相似定律

根据流体动力学中的相似定律，只有当它们的无量纲参数值（如流体的普朗特数和雷诺数）几近相同时，大小不同的培养空间中的流体流动行为才是相似的。相似定律是在小型实验室中模拟大规模现象的理论基础。通常来说，无量纲参数值在小规模和大规模生产系统中是不同的。因此，尽管这种理论和实验分析只能由专家进行，但在设计栽培系统模块时必须考虑相似定律。

5.6.5　避免相似定律问题的最简方法

避免相似定律问题最简单的方法是开发可用于实验室规模和大规模人工光植物工厂的 CSM，使仅用一个 CSM 获得的实验结果可用于由许多 CSM 组成的大规模人工光植物工厂。这样使用 CSM 获得的结果不受培养架尺寸、层数、架子数量和栽培室大小的影响（图 5.21）。如果我们找到在大规模人工光植物工厂中使用 CSM-L 的最佳环境条件，就可以将最佳环境应用于大型人工光植物工厂中的所有 CSM。在这种情况下，如果种子同时以相同方式播种，则同一模块中的植物生长将相同或极其相似。

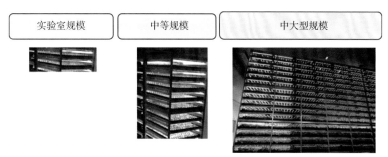

实验室规模　中等规模　中大型规模

图 **5.21**　如果空气和营养液的流动模式是不同的，即使空气和营养液温度、CO_2 浓度、光环境、VPD 和营养液成分相同，植物生长在实验室、中型和大型栽培系统中也有所不同

5.7　可扩展人工光植物工厂的 CSM-L 的基本设计概念

5.7.1　栽培系统模块的类型

具有水平栽培板的栽培系统模块（CSM）可以根据气流模式和资源利用效率估计的可行性分为四种类型（表 5.3，图 5.22，图 5.23）。表 5.4 中给出了未列于表 5.3 中的 A ～ D 型特征。CSM 的合适尺寸和重量取决于其类型，一般长 5 ～ 12 m、宽 2 ～ 5 m、高 0.5 ～ 5.0 m、重 20 ～ 100 kg，这样可以相对容易地连接和（或）堆叠。栽培架一般长 10 ～ 30 m、宽 2 ～ 5 m、高 2 ～ 30 m。

表 5.3　按气流模式与资源利用效率在线估算对栽培系统模块进行分类

类型	气流模式的可控制性	资源利用效率估算
A	气流模式可控	容易
B-a	纵向气流速度可控（另可见图 5.23 中）	可行
B-b	横截面气流速度可控（另可见图 5.24 左）	困难
C-a，C-b	送风量可控，而水平气流不可控（另可见图 5.25）	极其困难
D	气流模式不可控（另可见图 5.24 右）	不可行

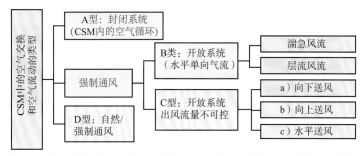

图 **5.22**　CSM 中的空气交换和空气流动的类型。B 型和 C 型进一步分为 B-a 型和 B-b 型及 C-a 型和 C-b 型（见图 5.23 和图 5.24）

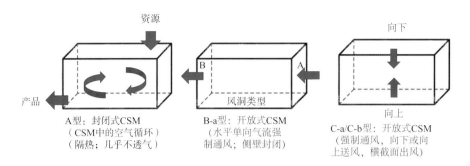

图 5.23 一种闭合式 CSM（A 型）和两种开放式 CSM（B 型和 C 型）的空气流动方案（另见图 5.25）。在 A 型和 B 型侧壁的内表面上都贴有光反射膜

表 5.4 A、B-a、B-b、C-a、C-b 和 D 型的特性（另请参见图 5.22～图 5.25）

类型	序号	特征
A, B-a	1	侧壁高光反射膜（两侧无开口），在植物冠层上产生均匀的 PPFD，通过侧面开口损失的光能量降低
	2	不能通过侧面开口观察植物，必须用网络相机对植物进行观察
	3	水平气流速度可控
	4	CSM 间不需要过道，导致栽培室中 CSM 放置密度较高
	5	小昆虫和病原体在 CSM 中传播的风险较小
B-a	1	通过使用可逆风机使空气流动方向可逆
	2	在光周期内，温度、VPD、CO_2 浓度沿纵向气流有轻微梯度差异，尤其是在高种植密度下
	3	如果空气出入口处 CO_2 浓度和 VPD 差异过小，我们就无法准确估计净光合速率。而幼苗的蒸腾作用，则可以通过降低气流速度和 / 或 CSM 的横截面积来增加差异
B-b	1	在 CSM 整个光周期内几乎没有温度、VPD、CO_2 浓度差异
	2	在 CSM 两侧需要预留空间让空气进出
B-b, C-a, C-b, D	1	不能估计净光合速率、水分吸收 / 蒸腾效率和资源利用效率（RUE）
C-a, C-b	1	空气为向上或向下供应，且供应速率可控。气流模式、气温、CO_2 浓度、VPD 沿 CSM 和跨 CSM 基本一致
D	1	栽培空间结构简易
	2	由于气流速度和 PPFD 空间分布不均，导致气温、VPD 和 CO_2 浓度的空间分布不均，尤其是在栽培密度较高的情况下（叶面积 / 体积）

注：CSM. 栽培系统模块；PPFD. 光量子通量密度；VPD. 饱和水汽压差

在 B-a 型中，水平气流速度和方向可通过改变 CSM 两端风扇的转速和方向来控制。如果系统中风距足够长到能够测量系统出入口处的 CO_2 浓度和饱和水汽压差（VPD）的显著差异（6～10 m）（Kozai，2013），植物的净光合速率和吸水率可以被估算，进而可以估算出资源利用效率（RUE）。目前人工光植物工厂中的大多数 CSM 属于 D 型。B-b 和 D 型如图 5.24 所示。图 5.25 和图 5.26 则分别显示了 C-a 和

图 5.24 B-b 型（左）：带有横截面水平气流的强制通风（每个直径为 10 cm 的小风扇安装在后壁上，间隔 30 cm，用于从前面吸入室内空气）。D 型（右）：通过自然和强制通风的组合，将培养空间中的空气与两侧走道中的空气进行交换。植物冠层上的空气流动在高种植密度情况下会受到限制。因此，增强空气交换对于促进高密度植物冠层的光合作用和蒸腾作用是必要的

A 型。图 5.26 中的 4 层栽培架位于由 A 型 CSM 组成的塑料覆盖的密闭房间中。如果能对每层出入口处的环境因子进行测量，则 A 型也可以用作 4 个 B-a 型。图 5.27 显示的货运集装箱，如果两端都关闭，则该容器可用作 A 型；如果任一端连接到另一个容器，则该容器可用作 B-a 型。这些类型的 CSM 均不需要堆叠培养架。

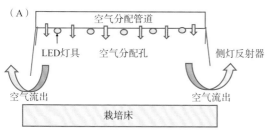

图 5.25　（A）C-a 型截面：空气向下流动通过天花板上的孔，从两侧流出；（B）C-a 型天花板平面图：空心圆圈表示出气孔，天花板与连接管道的相邻天花板相连

图 5.26　4 层栽培架位于由 A 型栽培系统模块组成的密闭塑料覆盖室中（X 植物公司设计）。如果能对每层出入口处的环境因子进行测量，则 A 型也可以用作 4 个 B-a 型

图 5.27　在栽培室中不使用栽培架的栽培系统模块。模块间的距离可变。这种模块可以被用于 A 型或 B 型栽培系统模块中

　　为了估算电力的使用效率，需要测量或估算电力、光合光子和水的供应率。植物的净光合速率、水分吸收率和蒸腾速率均根据栽培系统模块的 CO_2 和水平衡来估算（Kozai，2013；Kozai et al.，2015）。

5.7.2　栽培床中养分流的类型

　　水培单元中营养液流动的类型如图 5.28 所示。没有排水的单向营养液流动对于以下因素是理想的：①对 pH、营养成分、强度和流速的高度和控制性；②最小化营养液的总体积、管道总长度和管道直径。在实际工作中，具有纵向营养液流动的营养液膜栽培（NFT）系统是最常见的，而具有横截面营养液流动的营养液膜栽培系统将是未来栽培系统模块中一个有吸引力的选择。

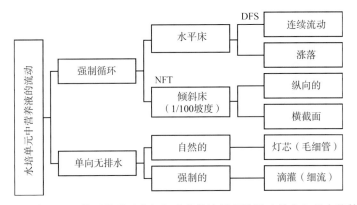

图 5.28　水培单元中营养液流动类型。不使用基质（支架）或营养液循环装置（单向）的水培体系是理想的。此外，最好不要排放含有未使用肥料的废水。NFT 和 DFS 分别表示营养液膜栽培和深液流系统

5.7.3　LED 光源系统

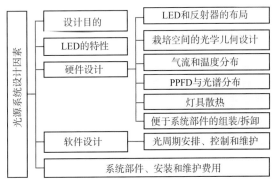

图 5.29　设计光源系统时需考虑的因素

图 5.29 显示了设计光源系统时需要考虑的因素，包括：①点光源、线光源和面光源；②效能（mmol·J^{-1}）、效率（J·J^{-1}）和光效（lm·W^{-1}）；③光谱分布；④光角度分布；⑤批量购买价格（mmol·s^{-1}）；⑥寿命、防水性、尺寸、形状、重量、散热片设计等；⑦时间相关的光质量控制功能；⑧易于安装和拆卸。

光环境不仅会影响植物生态生理学的各个方面，还影响冷却成本、电力成本、植物冠层周围的气流和温度的空间分布。预计未来将开发综合考虑上述所有因素的智能 LED 光源系统。

5.7.4　批量生产和推 / 拉生产

批量生产是将所有幼苗同时移植到 CSM，并且几周后同时收获所有植物。推 / 拉生产则是每天从栽培架或栽培层的一端的栽培板（托盘）收获一定量的植物，然后将处于不同生长阶段的其余培养板移动（推或拉）到培养架的末端，并将带幼苗的新培养板放置在培养架的另一端。

在 A 型和 B-a 型 CSM 中，批量生产方法使得资源利用效率的估值成为植物生长阶段函数。此外，随着植物生长，气流速度、气温、VPD 和 CO$_2$ 浓度均会改变。用推 / 拉方法获得的资源利用效率是 A 型和 B-a 型不同植物生长阶段的平均值。

5.7.5　自动化和机械化

播种、移栽、运输、贴标签、包装和培养板清洗的自动化机械已经广泛应用于人工光植物工厂的大规模商业生产中。这些自动化机械可用于本章所述的任何 CSM 类型的大规模植物工厂中。

但是，受损叶片的收获和修剪通常是手工完成的，占总劳动时间的近 40%（表 5.2）。收获和修剪的自动化或机械化是一项挑战。在这一领域，图像处理、具有高分辨率多功能相机的机器人手和 AI 等技术

的引入至关重要。

5.7.6　光学（光谱）传感

各种类型的无线光学传感器是智能农业的基本技术（Kameoka and Hashimoto，2015），对于具有表型单元的智能人工光植物工厂也是如此。表 5.5 展示了主要的视觉（光学）感受方法，可用于检测植物工厂中的植物。在不久的将来，可能会开发一种基于红外光谱的无损检测传感器。

表 5.5　人工光植物工厂中所栽培植物的主要的视觉（光学）感受方法

电磁波	测量方法	测量对象	被测物质
X 射线	X 射线荧光光谱法	叶片和基质	K，Ca，P，N，Mg，Fe，Zn，Cu，S
紫外线（UV）	荧光光谱法	叶片	糖，色素，有机酸，发病症状
可见光（VIS）	颜色和形状分析	叶片、果实	色素，植株生活力
近红外（NIR）	便携式近红外分析仪	果实	糖含量和光谱变化
中红外（MIR）	FT-IR/ATR*	叶片、果实	含水量，单糖，二糖，多聚糖，氮，农药，酸

资料来源：Kameoka and Hashimoto，2015

* FT-IR：傅里叶变换红外光谱法；ATR：衰减全反射法

5.8　结　论

本章讨论了设计智能人工光植物工厂的第一步——栽培系统模块的设计因素。植物工厂的潜在生产率远高于目前的生产率。笔者认为人工光植物工厂的性能可以通过使用本章中描述的 CSM-L 得到稳步改进。在 A ～ D 四种类型中，建议使用 A 型和 B-a 型作为栽培系统模块。

致谢：本章部分基于新能源和工业技术开发组织（NEDO）委托的项目取得的成果。谨在此对日本植物工厂协会项目负责人 Eri Hayashi 表示深深的感谢，另外感谢日本植物工厂协会组织的提高人工光植物工厂生产力委员会所有成员所作出的努力。文章介绍的一些想法是在会议讨论期间获得的。

参 考 文 献

Ijichi H（2018）NAPA research report：chapter 3 plant factory business – current status and perspectives of plant factory business. Nomura Agri-planning Consult（in Jpn），58-80. http://www.nomuraholdings.com/jp/company/group/napa/data/20180219. pdf（in Japanese）

Kameoka T and A Hashimoto（2015）Effective application of ICT in food and agricultural sector –optical sensing is mainly described-，IEICE transactions on communications E98-B，no. 9，pp 1741-1748

Kitaya Y（2016）Air current around single leaves and plant canopies and its effect on transpiration，photosynthesis，and plant organ temperatures，Chapter 13. In Kozai et al.（eds）LED lighting for urban agriculture. Springer，Dordrecht，pp 177–187

Kozai T（2013）Resource use effifficiency of closed plant production system with artiffificial light：concept，estimation and application to plant factory. Proc Japan Acad Ser B 89（10）：447-461

Kozai T，Niu G，Takagaki M（eds）（2015）Plant factory：an indoor vertical farming system for effifficient quality food production. Academic. Amsterdam，405 pages

photosynthesis，and plant organ temperatures，Chapter 13. In Kozai et al.（eds）LED lighting for urban agriculture. Springer，Dordrecht，pp 177-187

Yabuki K（2004）Photosynthetic rate and dynamic environment，Kluwer Academic Publishers，Dordrecht，126 pages

第二篇
植物工厂近期发展与业务成果

第6章
效率、生产力和利润率的业务计划

Kaz Uraisami　著

张　瑞，董　扬，缪剑华，郭晓云，覃　犇　译

摘　要： 生产力是衡量包括植物工厂或受控环境农业园艺各项操作的指标。虽然很多指标可能涉及"效率"和"生产力"问题，但有些较为简单，有些则较为复杂，对"利润率"指标的影响也大小不一。大部分指标不可避免地存在相互关联，因此在实现整体盈利目标的前提下，没有任何改进措施是独立分离的。我们邀请商界智库对效率、生产力和利润率进行分析，并促使前两个指标协助改善与植物工厂相关的最后一个指标。本章介绍了日本植物工厂协会和朝日科技工厂开发的"业务计划表"。它模拟了设计、采购、建造和运营植物工厂并出售其产品的全过程，有助于植物工厂管理中效率和生产力指标控制，通过将原因与结果区分开来实现盈利目标。

关键词： 业务计划；运营效率；运营生产力；业务利润率；敏感性分析；相关性；产量

6.1 引　言

植物工厂的业务是由不同部分构成的一条长链，从设计、采购、工厂建造，到运营、设施维护及产品销售。需要管理者学识丰富并擅长园艺，熟悉包括（但不限于）植物生理学、发光二极管（LED）机理、温度和湿度控制（饱和水汽压差）等方面的知识，并擅长其他领域，如设施工程、工厂材料及设备选择、工厂自动化、过程管理和人员管理等。最后重要的一点是要在新鲜食品营销方面拥有丰富的经验和投入。就目前来说，符合这些条件的专业人员应该不多，即使有的话薪资要求也会很高或已经在从事其他职业。

启动和维护植物工厂业务首先需要从内部或外部筹集资金，并且需要说服公司首席财务官、基金经理和投资银行或商业银行家为植物工厂提供必要的资金。那如何与他们沟通并说服他们呢？拟建植物工厂是否优于其他植物工厂？需要多久可以归还资金或偿还贷款？要回答前两个问题，需要讨论采用的设施是否更高效、更具生产力、更具盈利能力，效率和生产力指标提供了可与同行进行比较的框架。要回答第三个问题，需要讨论投资回收期是多少年，设施利润率可决定年产生现金流量及其数值。

本章节无意回答诸如"哪种光谱能在单位光合有效光量子通量实现鲜重产量最高"之类的问题，而是通过证明仅靠光谱效率或生产率并不能解决这个非常重要的园艺问题来切入。无论是否更换LED灯具，若环境控制得到改善，就会使单位面积种植盘的鲜重产量增加。

在对运营效率问题进行讨论之前，我们先要对日本水培植物工厂是什么样的及其是如何运营的形成统一的认识，以便之后进行同类比较。植物工厂是在工业制造运行原则下建立的商业设施，通常装配有

高度结构化的内部配置。内部为温度、相对湿度、光照、CO_2 和营养液参数均严格受控的环境。植物工厂管理者制定的操作手册应规定如播种、催芽、育苗、移栽、定植、包装和运输植物的处理过程。

生产绿叶蔬菜的日本植物工厂经过一定调整后，可适用于生产其他品种植物及用于日本以外，我们现在介绍如何模拟其相关工程、计划、建设、运营和销售。具体而言，本章假设：

·每个栽培架为 1 200 mm×1 200 mm，可容纳 8 个 300 mm×600 mm 的塑料种植盘，有 6 层用于垂直耕作的种植层架。

·水培法不使用任何基质，取而代之的是由海绵块支撑作物生长的有孔塑料种植盘。

·首先，采用 300 mm×600 mm 海绵板（带 300 个孔）播种，萌芽和第一阶段育苗通常一共需要 5 天。

·然后，将海绵板切成 300 小块，将植有幼苗的 25 mm×25 mm 海绵方块定植到塑料种植盘中，该托盘规格为 300 mm×600 mm，带有 28 个孔，此第二阶段育苗持续 10 天。

·再次，将方块移栽到规格为 300 mm×600 mm 带 14 个孔的塑料种植盘中，以便在一定的叶面积指数（LAI）下控制其生长，该指数表示单位土地面积上的单侧绿色叶片面积（叶片面积／土地面积，$m^2 \cdot m^{-2}$）。

·最后，移栽至规格为 300 mm×600 mm 带 7 个孔的塑料种植盘中。

育苗者可以通过架设在海绵或其他替代材料制成的 300 mm×600 mm 薄板上播多少种子来进行相同的模拟练习。练习中保持萌芽＋第一阶段育苗及第二阶段育苗过程不变，当第二阶段育苗结束每株植物达到约 5 g 重时，切割海绵块（或其他材料），将其作为幼苗移栽。此时只需输入这两个流程的数值，便可在此业务计划表上进行效率、生产力和盈利能力模拟。

有关日本植物工厂水培法更全面的信息和综述，请参阅 Toyoki Kozai（2015），Jung Eek Son 等（2015），以及 Osamu Nunomura 等（2015）。

6.2 运行效率

日本植物工厂协会（Japan Plant Factory Association，JPFA）于 2016 年春季构建了由 20 名科学家和业务经理组成的植物工厂运营效率研究委员会（简称委员会），并于 2016 年秋季 JPFA 每月研讨会上作了汇报。报告总结了提高植物工厂效率的要点，涵盖从最高层级管理问题到日常操作（如清理职责）的设施及运营各个方面的问题。其中 5 个主要方面是：

（1）业务计划

（2）房屋和建筑

（3）光源

（4）空调

（5）水培系统

例如，房屋和建筑覆盖物：

·植物工厂组成部分

·各操作楼层分区

·保温层

·通风

·墙壁和地板材料

委员会非常认真地讨论了洁净区采用哪种地板材料在潮湿时不易打滑，以及使用哪种塑料鞋有助于解决此问题；墙壁和地板的接缝形状如何设置（有无圆度）可减少日常清洁时间等，同时明确应向经验丰富的工人学习来提高运营效率。管理者可以实行：①动态的可视化记录，②与兼职人员进行深入交流，

③员工岗位轮换，如让负责播种的员工了解前序阶段细微的差异将在后序播种阶段显现出多大影响，反之亦然。当他们知道自己在做什么，为什么这么做及别人在做什么时，就可能会为自己承担的责任感到骄傲。这种自下而上的"持续改进"活动也将有助于管理。

当在业务计划表上从第一年到第二年预算、第二年到第三年预算，如此类推进行计划改进时，利润率可能不会对效率指数的相应提高产生直接响应，即类似于效率指数越高，利润率越高，反之亦然。但请注意：

（1）由于经验丰富，单株人工播种工时减少几秒钟，便可减少总人工成本。

（2）改善种植体系或流程可能比改善单株人工播种工时能在更大程度上节约人工成本。例如，在不减少单位面积种植盘光合有效光量子通量产率前提下，优化种植盘作物孔布设，根据产品种类不同可将农作物移栽次数从 3 次减少为 2 次。

（3）如果在周五下午 5：00 时匆忙按时结束工作，看起来非常高效，但最终会因为影响标准种植期内作物标准鲜重达标而导致产率降低，因此可能会适得其反。

（4）较慢而稳定的工作虽然消耗更多劳动时间，但会缩短种植时间并或增加产率。因此，尽管单株作物人工工时增加了，但每千克鲜重的人工工时可以减少，从而提高利润率。

另外，改善提高可能不是因为工人获得更多的经验和更快的处理速度，而是由于诸如饱和水汽压差的控制改进使生菜生长得更快，从而获得更多鲜重等其他原因。

在从"效率"讨论切换到"生产率"部分之前，现提供一份"业务计划表"，其版权属于日本植物工厂协会和朝日科技工厂。此工作表上模拟了植物工厂的初始投资、日常运营、年度预算与实际情况，大多数业务问题都可以在上面进行演练和测试。

是否应采用自动化机器人代替人工进行工作及如何进行决策？这是否可在最大范围内实现，如若不能，可在什么程度上实现？总体拥有成本分析（total cost of ownership analysis，TCO）推导出的决定，以及该术语所指示的成本和价值、正面或负面结果，应将机器人运行和维护成本，消耗品的相关费用及可能增加的人工管理成本纳入考虑。当然也应注意，消费者需求可能会发生变化，生产系统可能需要改进或已过时。根据初始增量投资大小及收回时间，可能将面临额外固定成本风险，需要有备用计划。

6.3　业务计划表

业务计划表 Excel 文件由 4 个表组成：①要素，②初始投资，③用于损益与现金流的预算及实际值，④用于假设案例的表。由于篇幅有限，为方便解释，本节将它们分为 7 个表格，见表 6.1 ~ 表 6.7。

表 6.1　种植区要素

分组	项目		单位	数量
种植	每日播种		粒	6 000
	产率：出芽 / 播种		组	90%
	每日种植数		组	5 400
	产率：出货 / 拣货		组	90%
	每日出货		组	4 860
	种植天数	萌芽 + 第一阶段育苗	天	8
		第二阶段育苗	天	10
		第一阶段移栽	天	8
		第二阶段移栽	天	8

续表

分组	项目		单位	数量
种植盘	种植孔数	萌芽 + 第一阶段育苗	孔	48 000
		第二阶段育苗	孔	56 921
		第一阶段移栽	孔	43 200
		第二阶段移栽	孔	43 200
	种植盘尺寸	长度	mm	600
		宽度	mm	300
	单种植盘孔数	第二阶段移栽	孔	7
	种植盘	第一阶段移栽	盘	3 086
		第二阶段移栽	盘	6 172
栽培架	栽培架尺寸	长度	mm	1 200
		宽度	mm	1 260
		高度	mm	2 900
		面积	m²	1.51
	栽培架单种植层架种植盘数	萌芽 + 第一阶段育苗	盘	8
		第二阶段育苗	盘	8
		第一阶段移栽	盘	8
		第二阶段移栽	盘	8
	种植层架数	萌芽 + 第一阶段育苗	层	20
		第二阶段育苗	层	255
		第一阶段移栽	层	386
		第二阶段移栽	层	772
		小计	层	1 433
	单栽培架种植层架数	萌芽 + 第一阶段育苗	层	6
		第二阶段育苗	层	6
		第一阶段移栽	层	6
		第二阶段移栽	层	6
	栽培架	萌芽 + 第一阶段育苗	架	4
		第二阶段育苗	架	43
		第一阶段移栽	架	65
		第二阶段移栽	架	129
		小计	架	241
	栽培架所占空间	长度	mm	500
		宽度	mm	750
	栽培架底部占用面积		m²	364
	种植层架总面积		m²	823
房间面积	采摘操作，物料存储，冰箱		m²	177
	总面积		m²	1 000

表 6.2 包括光源在内的各种要素

分组	项目	单位	数量
光源	种植盘表面光合有效光量子通量密度	μmol·m^{-2}·s^{-1}	100
	有效比例	—	0.85
	辐射	μmol·s^{-1}	244 969
	转换系数	—	4.59
	光源功率	W	53 370
	能量转换效率	—	0.31
	每 LED 灯具瓦数	W	32
	每种植盘 LED 灯具数	—	0.47
	每种植层架 LED 灯具数	—	4
	LED 灯具总数	—	5 784
	光照周期	h·d^{-1}	16
空调系统	COP（夏季）	—	2.25
	COP（其他季节）	—	3.50
	加权平均值	—	2.56
合同用电	容量（×1.1 余量）	kW	196.1
销售	每千克鲜重价格	美元·kg^{-1}	12
租房	月租金（房屋价格的 1/120）	美元	8 000

注：COP（制热能效比）代表压缩机能耗与从冷凝器提取的有效热量之间的比率。较高的 COP 值 2^2 代表较高的效率

表 6.3 初始投资

	项目		单位价格	数量（组）	总价	折旧年限
厂房	室内装修（包括水槽）	每 100 m^2	15 000	10	150 000	50
	电力工程	每 100 m^2	3 500	10	35 000	15
	空调	每 100 m^2	6 000	10	60 000	7
	排水回用系统				0	7
	CO$_2$ 气体系统	每 100 m^2	1 800	10	18 000	7
栽培架	栽培架	每 1.2 m×1.2 m	500	241	120 500	7
	多用途架	每 100 m^2	1 000	60	60 000	7
	栽培架风扇	每 100 m^2	200	400	80 000	7
	给排水系统	每 100 m^2	7 000	10	70 000	7
光源	LED	每具	85	5 784	491 640	7
	电路板	每架	160	241	38 560	7
	其他材料	每 6 架	990	40	39 798	7
	LED 安装架	每架	70	1 446	101 220	7
	反射材料	每架	25	1 446	36 150	7
	控制面板	每 6 架	60	40	2 412	7
	调光装置（含税）	每架	160	241	38 560	7
种植	种植盘	每盘	25	12 000	300 000	7
	种植槽	每池	100	2 866	286 600	7
	水泵	每架	500	241	120 500	7

续表

项目			单位价格	数量（组）	总价	折旧年限
设施	传感器	每台	50 000	1	50 000	7
	风淋室	每间	20 000	1	20 000	7
	冷藏室	每间	10 000	1	10 000	7
	育苗和运输板	每台	2 000	1	2 000	7
	加工板	每板	500	50	25 000	7
	栽培容器	每架	10	241	2 410	7
	打包机	每台	5 000	3	15 000	7
	托盘储物架	每架	5 000	2	10 000	7
	材料存储架	每架	5 000	2	10 000	7
	书桌、计算机、储物柜	每架	15 000	1	15 000	7
合计					2 208 350	

表 6.4　标准业务

业务计划					标准业务
生产 / 销售	每日播种		种		5 000
	萌发率：萌芽 / 播种		%		90.0%
	每日移栽		组		4 500
	产率：一比一出货 / 切苗		%		70%
	产率：一比二出货 / 切苗		%		20%
	产率：未出货 / 切苗		%		10%
	产率：出货 / 切苗		%		80%
	打包出货		组		3 600
	栽培架总数 – 在运行栽培架数				12
	每包鲜重		g		90
	每天装运鲜重		kg		324
	每千克价格		美元		12.0
	年销售额		美元		1 399 680
	运行总天数		天		360
种植系统	所需天数	萌芽 + 第一阶段育苗	天		8
		第二阶段育苗	天		10
		第一阶段移栽	天		10
		第二阶段移栽	天		10
	所需孔数	萌芽 + 第一阶段育苗	孔		300
		第二阶段育苗	孔		28
		第一阶段移栽	孔		14
		第二阶段移栽	孔		7
	所需种植盘数	萌芽 + 第一阶段育苗	盘		133
		第二阶段育苗	盘		1 694
		第一阶段移栽	盘		3 214
		第二阶段移栽	盘		6 429

续表

业务计划					标准业务
种植系统	所需种植层架数	萌芽 + 第一阶段育苗	层			17
		第二阶段育苗	层			212
		第一阶段移栽	层			402
		第二阶段移栽	层			804
	所需种植层架总数		层			1 434
	植物工厂内种植层架总数		层			1 446
光源	每种植盘表面光合有效光量了通量密度		$\mu mol \cdot s^{-1} \cdot m^{-2}$			100
	光照周期		h			16
	COP					2.56
	水泵和风机的电耗		kW			20
	每月用电量		$kW \cdot h$	合同电量	$kW \cdot h$	139 671
	年电费	用量付费（美元）	14.45		196	33 996
		计量付费（美元）	夏季价格	0.14	美元 · $(kW \cdot h)^{-1}$	222 697
			制热能效比	2.25	水泵和风机	
			非夏季价格	0.13	美元 · $(kW \cdot h)^{-1}$	
			制热能效比	3.50	水泵和风机	
人工	萌芽 + 第一阶段育苗		s/ 组			1
	第二阶段育苗		s/ 组			3
	第一阶段移栽		s/ 组			3
	第二阶段移栽		s/ 组			3
	采收		s/ 组			13
	出货（包装，储存在冷冻室中）		s/ 组			13
	清洁等		受控环境农业小时数			8
	合计		总小时			50
	每小时费率		美元			8.50
	兼职人员数量（每天 6 小时）		人数			9
	总人工成本		美元			165 240
	福利和通勤	与每小时收费比	20%			33 048
	合计人工成本		美元			198 288
消耗品	种植		美分 / 组			1.5
	播种海绵		美分 / 组			1.0
	水培营养液		美分 / 组			1.0
	CO_2		美分 / 组			1.0
	包装材料		美分 / 组			7.0
	运输		美分 / 组			10.0
	废弃物消耗（根，海绵）		美分 / 组			0.7
	其他		美分 / 组			5.0
	合计		美元 / 组			375 192

表 6.5 损益和现金流的标准业务

损益和现金流（单位：美元）					标准业务
销售总额					1 399 680
固定成本	折旧			固定值	3 000
				固定值	291 383
	维修和翻新		3%		66 251
	建筑物每月租金（美元）		8 000	每月	96 000
	水电（合同用量）			每月	33 996
	小计				490 630
可变成本	水电（合同用量）				222 697
	人工成本				198 288
	消耗品				154 872
	小计				575 857
销售成本	水电（合同用量）				18%
	人工成本				14%
	消耗品				11%
每组成本	水电（合同用量）	美分/组			20
	人工成本	美分/组			15
	消耗品	美分/组			12
毛利润					333 193
销售管理费用（SGA）					292 320
经营利润					40 873
税息折旧及摊销前利润（EBITDA）					335 256
年初现金	项目提供资金	3 000 000			0
年末可用现金					335 256

表 6.6 五年期运营预算

业务计划					一年计划	三年计划	五年计划
生产/销售	每日播种	种			4 950	4 850	5 000
	萌发率：萌芽/播种	%			85.0%	90.0%	90.0%
	每日移栽	组			4 208	4 365	4 500
	产率：一比一出货/采收	%			50%	65%	70%
	产率：一比二出货/采收	%			25%	20%	20%
	产率：未出货/采收	%			25%	15%	10%
	产率：出货/采收	%			63%	75%	80%
	打包出货	组			2 630	3 274	3 600
	栽培架总数－在运行栽培架数				17	14	12
	每包鲜重	g			80	80	90
	每天装运鲜重	kg			210.4	261.9	324.0
	每千克价格	美元			12.0	13.0	13.0
	年销售额	美元			908 820	1 225 692	1 516 320
	运行总天数	天			360	360	360

续表

业务计划							一年计划	三年计划	五年计划
种植系统	所需天数	萌芽+第一阶段育苗	天				8	8	8
		第二阶段育苗	天				14	12	10
		第一阶段移栽	天				10	10	10
		第二阶段移栽	天				10	10	10
	所需孔数	萌芽+第一阶段育苗	孔				300	300	300
		第二阶段育苗	孔				28	28	28
		第一阶段移栽	孔				14	14	14
		第二阶段移栽	孔				7	7	7
	所需种植盘数	萌芽+第一阶段育苗	盘				132	129	133
		第二阶段育苗	盘				2 282	1 972	1 694
		第一阶段移栽	盘				3 005	3 118	3 214
		第二阶段移栽	盘				6 011	6 236	6 429
	所需种植层架数	萌芽+第一阶段育苗	层				17	16	17
		第二阶段育苗	层				285	247	212
种植系统	所需种植层架数	第一阶段移栽	层				376	390	402
		第二阶段移栽	层				751	780	804
	所需种植层架总数		层				1 429	1 432	1 434
	植物工厂内种植层架总数		层				1 446	1 446	1 446
光源系统	每种植盘光合有效光量子通量密度		$\mu mol \cdot s^{-1} \cdot m^{-2}$				100	100	100
	光照周期		h				16	16	16
	COP						2.56	2.56	2.56
	水泵和风机的电耗		kW				20	20	20
	每月用电量		kW·h		合同电量	kW·h	139 245	139 512	139 679
	年电费	用量付费(美元)	14.45			196	33 996	33 996	33 996
		计量付费(美元)	夏季价格	0.14		美元·(kW·h)⁻¹	222 019	222 444	222 710
			COP	2.25		水泵和风机			
			非夏季价格	0.13		美元·(kW·h)⁻¹			
			COP	3.50		水泵和风机			
人工	萌芽+第一阶段育苗		s/组				2	1	1
	第二阶段育苗		s/组				5	4	3
	第一阶段移栽		s/组				5	4	3
	第二阶段移栽		s/组				5	4	3
	采收		s/组				20	15	13
	出货(包装,储存在冷冻室中)		s/组				15	15	13
	清洁等		受控环境农业小时数				8	8	8
	合计		总小时				63	56	50
	每小时费率		美元				8.50	8.50	8.50
	兼职人员数量(每天6h)		人数				11	10	9

业务计划				一年计划	三年计划	五年计划
人工	总人工成本	美元		201 960	183 600	165 240
	福利和通勤	与每小时收费比	20%	40 392	36 720	33 048
	合计人工成本			242 352	220 320	198 288
消耗品	种植	美分/组		1.5	1.5	1.5
	播种海绵	美分/组		1.0	1.0	1.0
	水培营养液	美分/组		1.5	1.0	1.0
	CO_2	美分/组		1.5	1.5	1.0
	包装材料	美分/组		7.0	7.0	7.0
	运输	美分/组		10.0	10.0	10.0
	废弃物消耗（根、海绵）	美分/组		0.7	0.7	0.7
	其他	美分/组		5.0	5.0	5.0
	合计	美元/组		312 908	354 831	375 192

表 6.7　五年期损益和现金流量

损益和现金流（单位：美元）				一年计划	三年计划	五年计划
总销售额				908 820	1 225 692	1 516 320
固定成本	折旧		固定金额	3 000	3 000	3 000
			固定金额	291 383	291 383	291 383
	维修和翻新		3%	66 251	66 251	66 251
	建筑物每月租金（美元）	8 000	每月	96 000	96 000	96 000
	水电（合同用量）		每月	33 996	33 996	33 996
	小计			490 630	490 630	490 630
可变成本	水电（合同用量）			222 019	222 444	222 710
	人工成本			242 352	220 320	198 288
	消耗品			151，971	154 477	154 872
	小计			616，342	597 242	575 870
销售成本	水电（合同用量）			28%	21%	17%
	人工成本			27%	18%	13%
	消耗品			17%	13%	10%
每组成本	水电（合同用量）	美分/组		27	22	20
	人工成本	美分/组		26	19	15
	消耗品	美分/组		16	13	12
毛利润				−198 152	137 820	449 820
SGA				232 937	272 354	292 320
经营利润				−431 089	−134 533	157 500
EBITDA				−136 705	159 850	451 883
年初现金	项目提供资金	3 000 000		791 650	679 291	1 282 024
年末可用现金				654 945	839 141	1 733 907

（1）表 6.1 种植区要素及表 6.2 包括光源等要素。

（2）表 6.3 初始投资。

（3）表 6.4 损益和现金流预算及实际值的标准业务，表 6.5 损益和现金流的标准业务，表 6.6 五年期运营预算，表 6.7 五年期损益和现金流。

（4）表 6.5 运营生产力，此表将在章节 6.5 中进行介绍。

该表格最初是以日元计价，为方便起见汇率固定为 1 美元兑 100 日元。

本节将介绍如何规划各主体部分，如厂房大小、内部种植盘数量、每平方米种植盘上的光合有效光量子通量密度（PPFD）、所需 LED 光源数量、原始总投资及单位种植面积的初始投资、单位种植面积的鲜重产量、每项操作的人工工时、每千克鲜重农产品的销售价格等。

植物工厂管理者最终将重点放在总体盈利能力上，绝不能将原因和结果混为一谈，并且应将可改善盈利能力部分与盈利能力改善后随之得到改善的部分进行区分。总之，提高盈利能力的三个关键指标似乎不是依赖于要素，而是依赖于预算和实际值，它们并不是固定的，而是在预算期间进行浮动。

（1）达到目标鲜重之前的种植所需天数（种植期）。

（2）每平方米种植面积容纳的孔数（种植密度）。

（3）达到目标鲜重的作物与移栽作物比（种植产量）。

管理者工作的重点取决于帕累托分析，该分析会估算每项行动所带来的收益，然后按照各项行动效率来选择其中最有效的。例如，一棵一棵砍树，第一棵先砍最大的，第二棵次大。分析哪些是原因，哪些是结果，不要将它们混为一谈。

我们在表 6.1 中模拟建立植物工厂的决策过程，其中：

（1）假设植物工厂厂房面积为 1 000 m²，高度为 3.5 m，已出租给植物工厂所有者。

（2）每个栽培架上设 6 个 400 mm 高的种植层架，高 500 mm 的营养液罐位于每个栽培架底部。

（3）绿叶植物应采用水培法栽培。

基于以上假设，要素和初始投资是固定的，然后继续进行业务计划模拟。

更多细节如 6.1 节所述，我们假设：

（1）萌芽 + 第一阶段育苗采用带 300 孔的 300 mm×600 mm 海绵板。

（2）第二阶段育苗采用带 28 孔的 300 mm×600 mm 塑料种植盘。

（3）第一阶段移栽后的种植采用带 14 孔的 300 mm×600 mm 塑料种植盘。

（4）第二阶段移栽后的种植采用带 7 孔的 300 mm×600 mm 塑料种植盘。

栽培架上每个种植层架尺寸为 1 200 mm×1 200 mm，可容纳 8 个 300 mm×600 mm 的种植盘，每个栽培架有 6 个种植层架用于垂直农业生产。通过假设上述 4 个生长步骤中的每个步骤所需天数，可以计算出每个步骤所需孔数、所需种植盘数、所需种植层架数和所需栽培架数。最终可得出运营规模、种植规模与相应产量，以及设施内作物数量。

如果想要生产幼叶，就会发现每个种植孔可容纳一个以上种子，因此种子数量应以整盘为单位计而不是以孔为单位计。如 6.1 节中所述，采用种植盘育苗（1）萌芽 + 第一阶段育苗，（2）第二阶段育苗，该阶段育苗结束时，每株重约 5 g，将其切分用于种植和出售。将（3）第一阶段移栽和（4）第二阶段移栽的栽培天数设为零，并在第二阶段育苗结束时停止栽培。与（3）和（4）阶段操作相关的工时数不计入内。

当需要设置每日光照积累量（daily light integral，DLI）时就要用到表 6.2，其中 DLI 表示 24 h 内传送到特定区域的光合有效光子数。将种植盘上光合有效光量子通量密度（PPFD）水平设置为以 μmol·m⁻²·s⁻¹ 为单位，则冠层内部对应获得量的有效率（未外逸）可得出 1 200 mm×1 200 mm 的种植层架种植区内需布设多少个 LED 灯具。但需要假设：①转换系数，即每瓦照明功率产生多少 μmol·s⁻¹ 辐射，以及②能量转换效率（J·J⁻¹），单位电量产生多少照明功率。

此处转换系数和能量转换效率假设分别为 4.59 和 0.31，相乘后代表的光合光子效率为 1.42 µmol·J⁻¹，这可能是目前市场上现有 LED 灯具的均值。在不久的将来，市场上可能会出现成本更低的更先进或更高效的 LED 产品，且每焦耳电能产生的光能更高，但是这不是本章主题。

假设产品出厂价、房屋和完整要素的租金，然后转至表 6.3 初始投资计算。

本书使用的单位价格可能会高于或低于预期的国内市场价。而当这本书出版时，很有可能是远高于实际需要支付的费用，这得益于高效垂直农业系统的高速发展，但在世界或某地发展并不平衡。本节中折旧年限是以日本采用的纳税年限规范为基础，可能不适用于其他国家。在后面的章节中，建议采用管理会计方法计算 LED 灯具使用寿命，这是由于 LED 灯具和其他材料的价格下降速度超过了税法使用年限内的贬值速度。

在完成初始投资预算后，可以在表 6.4 标准业务中进行模拟，并在表 6.5 损益和现金流量的标准业务表中找出效率和生产率指数如何与利润相关，以及总体利润的关键指标是什么。在这种情况下，"标准业务"应为未来运营水平的估算。

在表 6.4 中，应该在初始计划时将那些不是保守的非固定指标设置得更加实用：

（1）萌芽＋第一阶段育苗、第二阶段育苗、第一阶段移栽和第二阶段移栽 4 个阶段的种植天数。

（2）种子萌发率与达到目标鲜重作物数量及移栽农作物产率。

（3）每种作物每个工序的工时消耗，即萌芽、移栽、采收、包装、清洁等。

（4）各消耗品成本，即种子、海绵、营养液、CO_2、包装材料等。

运输成本在表中被假定为消耗品之一，但在损益与现金流量表中被列为销售和一般管理成本。它占成本的很大一部分，且需要一系列不同的管理方法来调控，因为它取决于何人何处何种规模。

设置标准业务后，按照表 6.6 五年期运营预算及表 6.7 五年期损益和现金流量进行五年预算计划练习。认真地将 5 年期内任何可能的改进措施都纳入考虑范围。

由于篇幅限制，本节仅展示第 1 年、第 3 年和第 5 年。制定 5 年期预算可帮助估算出完全回收投资所需要的年数。在表 6.7 中，初始投资的收回将在 7.8 年内完成，第 6、第 7 和第 8 年分别收回 452 000 美元。而在 5 年内将回收初始投资 300 万美元中的 1 734 000 美元。

如果愿意，请通过 kazuya.uraisami@gkmarginal.com 与 Kaz Uraisami 联系，或通过 info@npoplantfacotry.org 与日本植物工厂协会联系，以获取更多信息或业务计划表的副本。

6.4 如何分析和利用"业务计划表"中的数据

在建立植物工厂之前，最好可以使用"业务计划表"来构建、分析和管理业务计划，举例如下：

（1）列出设施建设所需的组件及运营和维护所需材料，并拟出农作物的销售价格。做个比喻，业务计划表中的所有项目就像列出在这个植物工厂拼图游戏中的所有部分。

（2）在表中填写索引和指标时，可以尝试使用"好数字"和"坏数字"以代表大概率和小概率事件。投资回收期（需要多少年来收回投资），在很大程度上取决于我们所写下的数字，这可以给予自己信心，并且说服投资者或其他的资金提供者来决定是否投资这个项目或者是否需要修改计划。

梦想并不是总能实现，实际操作需要务实和灵活。填写表 6.4 时，在光源一栏，不要写种植盘上光合有效光量子通量密度 100 µmol·m⁻²·s⁻¹ PPFD、光效率 2.5 µmol·J⁻¹，照明的有效设计覆盖冠层的100%，且在托盘上没有任何反光板就能实现其完美的均匀性，以及 LED 的购买价格为每灯具 20 美元，使用寿命 10 万小时等数据。即使是上述完美数据，也无法实现 20 天内完成从播种到栽培且获得 100% 产量的目标。

工作表上的一系列信息都得到了科学验证和支持，这将有助于实现不同指标的完美组合。这是我们的目标，但不是应采取的标准操作，"标准操作"应是 5 年内能实现的目标。

（3）例如，以下三个照明设计中的哪个照明设计是每平方米种植盘最高效、最优化的初始投资？

1）100 μmol · m^{-2} · s^{-1} PPFD，16 h 的光周期；

2）200 μmol · m^{-2} · s^{-1} PPFD，8 h 的光周期；

3）200 μmol · m^{-2} · s^{-1} PPFD，16 h 的光周期。

如果问题是哪个方案能耗最低？那么答案是 100 μmol · m^{-2} · s^{-1} PPFD，16 h 的光周期。如果问题是哪个方案每消耗 1 kW · h 电量的鲜重产量最高？那我们则需要更多信息才能回答这个问题，"在采收前每个方案需要光照多少天"，只要 DLI 与种植天数成反比，答案都是相同的。

如果出苗作物产率（1 m^2 育苗盘上播种后可收获多少作物）没有变化，且 DLI 与种植时间成反比，那么 200 μmol · m^{-2} · s^{-1} PPFD，16 h 的光周期条件下可实现利润率最高，缩短种植时间将大大提高潜在盈利能力。

（4）通过（2）中所述的试验过程及误差，会发现并不是所有指标都是影响因素并对生产力产生相同影响。有些指标是原因，而有些则是结果或产生的现象。首先对原因进行帕累托分析，然后如砍树一样一棵接一棵，最大的最先，其余依次进行。

下一节将介绍众多提高运营效率的指标。

6.5　运营过程的生产效率

在 2016 年运营效率研究委员会成立后，JPFA 在 2017 年春季再次召集约 20 名科学家和业务经理审查运营生产效率。委员会首先讨论的是我们应该采用哪些指标衡量生产效率。这些指标必须在定义上清晰、准确且与国际接轨，并有明确的单位。表 6.8 和表 6.9 列出部分生产过程中的主要指标。

表 6.8　主要生产力指标

项目	指标	单位	标准业务
1 m^2 种植区	初始投资	美元 · m^{-2}	1 019
	LED 灯具	美元 · m^{-2}	310
	其他材料	美元 · m^{-2}	709
1 m^2 种植区每天	生产鲜重	kg · m^{-2} · d^{-1}	0.148
	日累积光量（DLI）	mol · m^{-2} · d^{-1}	5.76
	DLI 成本	美元 · m^{-2} · d^{-1}	43.8
	LED 灯具电耗	kW · h · m^{-2} · d^{-1}	1.53
	电耗成本	美分 · m^{-2} · d^{-1}	23.5
	LED 灯具折旧	美分 · m^{-2} · d^{-1}	20.3
	人力成本	美分 · m^{-2} · d^{-1}	23

表 6.9 其他生产力指标

项目	指标	单位	标准业务
初始投资	1 kg 日产	美元	6 816
	每株作物日产（80 g）	美元	613
种植面积	日产 1 kg 所需面积	m²	6.75
	1 m² 面积日产株数	株	1.65
电耗	生产 1 株苗所耗电量	kW·h	1.29
	仅光照和水泵	kW·h	0.93
	1 kg 鲜重所需电量	kW·h	14.37
	仅光照和水泵	kW·h	10.34
	1 kW·h 电量生产鲜重	kg	0.07
	仅光照和水泵	kg	0.10
	1 kg 鲜重所需 PPF	mol	45.73
	1 mol PPF 生产鲜重	kg	0.02
人工	每株工时	工时	0.014
	每株工秒	工秒	50
	1 kg 鲜重所耗工时	工时	0.154
	1 kg 鲜重所耗工秒	工秒	554
	每工时生产鲜重	kg	6.49

1 m² 栽培面积的初始投资为 1 019 美元，每千克日产鲜重初始投资为 6 816 美元，这就意味着 1 kg 日产鲜重所需种植面积为 6.69 m²。在日产 1 kg 鲜重所需种植面积不变情况下，前两个数字彼此成正比，而 1 kg 日产鲜重初始投资与 1 美元初始投资的日产鲜重成反比。

对于 1 kg 鲜重来说，补光和水泵（不包括热泵）的电耗为 10.34 kW·h，而对于补光和水泵来说，每消耗 1 kW·h 电量鲜重产率为 0.10 kg。显然这两个数字互为倒数。

在成对的倒数中，前者是单位产量成本，而后者是成本对应的产量。以下情况也是一样，①每千克鲜重所消耗的 PPF（45.73 mol）与每摩尔 PPF 生产鲜重（0.02 kg）；以及②每千克鲜重所耗工时（0.154 MH）与每工时生产鲜重（6.49 kg）。可以根据最终目的采用一对倒数中的任意一个。通常情况下，单位成本生产指数有利于计划运营，而产品单位成本指标有利于管理运营。

在此，我们增加了表 6.10 将 LED 灯具成本作为衡量生产力的指标。通常情况下 LED 占初始投资的 1/3，其购买成本下降既是一个好消息，也是一个坏消息。建议植物工厂管理者采用最可靠、最新型的 LED 灯具来运行。不考虑税收使用年限，但应采用照度低于 90% 的时段来计算光周期的单位小时成本。在表 6.10 中，使用 20 000 h 是因为光照周期高于产品规定的 90% 的 PPF 预期。如果灯具每天使用 16 h，则 90% 以上会持续 42 个月。如果 LED 灯具按此计划执行，每小时贬值但仍然赚钱，还可以更换 LED 灯具，并将其用作沉没成本，或用于其他目的，如为叶面积指数较高的冠层补充光照。

表 6.10 LED 灯具折旧及管理成本

	指标	（单位）	标准业务
附加假设条件	LED 灯具质量保证时间（h）	35 000	
	LED 灯具更换时间（h）	20 000	
	每日光照时间（h）	16	
	LED 灯具使用时间（m）	42	

续表

指标		（单位）	标准业务
LED 灯具的经济成本	1 个 LED 灯具 1 h 光照周期	美分	0.43
	消耗 1 kW·h 电量 LED 灯具数量	美分	13.28
	$1 \text{ mol}\cdot\text{m}^{-2}\cdot\text{h}^{-1}$	美分	2.62
	1 kg 鲜重	美分	121.39
	1 株苗	美分	10.93

尽管光谱中不同的光质光合作用效率不是本章讨论的重点，但是正如孟庆武（Qingwu Meng）先生于 2017 年 7 月 27 日在 URBANAG 新闻中报道的那样，在 Keith McCree 博士（McCree，1971）阐明了经典的光合作用曲线后半个世纪，我们才认识到频谱组合才是最重要的。近来，通用的 2 红光加 1 蓝光组合的光谱理念遭到质疑，因为我们不能通过逐叶测量光线来衡量光照效果，而是必须测量整个植株来评估。美国犹他州立大学的一组研究人员（Snowden et al.，2016）发现，对于植物生物量积累，光照中如果绿光能达到 30%，效果通常与红光加蓝光的组合没有显著差异，因为植物顶部叶片吸收的光线大部分是红光和蓝光，但底部的叶片吸收更多的是绿光以进行光合作用。

为了更好地管理光照成本，建议同时考虑 LED 灯具折旧成本和每小时电力成本。在业务计划表中，如果不包括空调成本，则生产 1 kg 鲜重所需的电能为 10.34 kW·h，由于 1 kW·h 的电力成本为 15.36 美分，因此每生产 1 kg 鲜重电费为 1.59 美元；而 LED 灯具消耗 1 kW·h 电力的成本为 13.28 美分，则生产 1 kg 鲜重的 LED 灯具成本为 1.37 美元。因此，生产 1 kg 鲜重光照总成本为 2.96 美元。这在核算总光合有效光量子通量密度成本时，与仅将 LED 灯具作初始投资成本和折旧成本来源相比（用于会计或税务报告），是一种更实用的方法。

如果经营者选择了几个生产力指标作为监测和调控运营的关键指标，但并不能回答"如何管理和实现业务利润率？"的问题。以上指标可以告诉我们事情是否按计划进行。但是，这些指标通常代表的是结果，而不是原因。如果生产 1 kg 鲜重所需的单位电量减少了，原因可能是以下两点。

1）LED 设备的改进：每消耗 1 kW·h 电量产生的光合有效光量子通量增加，而更高的光合有效光量子通量使植物产量增加。

2）改善环境控制：在相同光合有效光量子通量条件下，由于其他环境因素的改善使鲜重产量增加。

依据植物工厂管理专业人员的经验，与上述 1）相比，2）发生的概率更大一些。

6.6　如何实现业务盈利

6.6 节和 6.7 节会介绍光合有效光量子通量密度生产效率与利润率及工时生产效率与利润率的关系。如前所述，生产效率指数是比较不同植物工厂竞争力的重要指标，但生产效率并不总是带来更高利润的原因，而是其他指标改善的结果。若要改善这些指标则需要大量的技术储备，并且需要从园艺和管理两个角度综合考虑。

为了更好地控制植物工厂内部环境，应掌握植物生理学、发光二极管（LED）机制、许多环境要素的传感技术如温度和湿度（饱和水汽压差 VPD）等、工厂自动化、有害生物控制等方面的知识。除此以外，还应在人员管理和新鲜食品营销方面拥有丰富的经验和奉献精神。这样合格的专业人员十分难得，即使有也可能已在从事其他职业。

人员管理可以通过操作效率指数来衡量，如每次播种花费工时、每次移栽花费工时等。如果每天有100张海绵板（300 mm×600 mm）需要处理，每个可容纳300粒种子，可能每张海绵板100次的处理时间都不同。通过固定员工或岗位轮换保持良好工作效率结果可能不同。我们需要系统性的团队管理及流程化的运营管理。

如果打算将产品出售给零售商，则应建立B2B2C（企业对企业对消费者）的业务模式。一般的流行模式和卖点是：

- 当地种植
- 水培生长
- 清洁农产品
- 温室大棚栽种
- 可持续发展农业
- 与大田生产的农产品相比，用水量减少
- 无化学合成农药

根据国家和地区不同，模式可能会改变。例如，如果目标是便利店的蔬菜包（沙拉混合物）或熟食店的三明治，则需要一个好的B2B2B2C模型。当然，也可以选择成为经营自己品牌商店或作为"本地种植"的B2C直接零售商，这个决策就显得更为重要了。所作的决策应取决于具体业务规模、与较大消费市场的距离、产品季节性及竞争对手情况。

从人员管理、市场营销等方面回归到生产力指标调控，在接下来的两节中，我们将探讨生产效率和利润率之间的相关性。

6.7　生产效率和利润率

衡量生产效率的两个常用指标是：①每消耗1 kW·h光照电量生产的鲜重，和②每工时生产鲜重（6.49 kg）。每消耗1 kW·h光照电量生产的鲜重与光合有效光量子通量密度相关，而每工时生产鲜重因关系到播种、移栽等环节而与工时相关。我们先从光合有效光量子通量密度生产效率与利润率开始。

首先，我们做一个假设：与16 h光周期的100 μmol·m^{-2}·s^{-1}光合有效光量子通量密度（PPFD）相比，16 h光周期的200 μmol·m^{-2}·s^{-1} PPFD条件下，从播种到采收所需天数缩短50%，以此来检视将光合有效光量子通量密度提高1倍是否能提高生产效率。生产计划表有4个备选方案如下：

（1）100 μmol·m^{-2}·s^{-1}，光周期为16 h，培养38天。

（2）200 μmol·m^{-2}·s^{-1}，光周期为16 h，培养21天。

（3）200 μmol·m^{-2}·s^{-1}，光周期为16 h，培养27天。

（4）200 μmol·m^{-2}·s^{-1}，光周期为16 h，培养27天，但是产量降低5%。

（1）～（4）组的光合有效光量子通量密度与运营生产效率对比如表6.11所述，表6.12反映了光合有效光量子通量密度与LED灯具成本关系，并表明（1）～（4）组情况下LED灯具总成本和光合光子通量成本变化。

表 6.11 光合有效光量子通量密度与运营生产力

项目	指标	单位	100 μmol·m⁻²·s⁻¹ 光照周期 16 h·d⁻¹	200 μmol·m⁻²·s⁻¹ 光照周期 16 h·d⁻¹（种植天数减少 50%）	200 μmol·m⁻²·s⁻¹ 光照周期 16 h·d⁻¹（种植天数减少 1/3）	200 μmol·m⁻²·s⁻¹ 光照周期 16 h·d⁻¹（种植天数减少 1/3）（减产）
1 m² 种植面积	初始投资	美元	1 019	1 246	1 246	1 246
	LED 灯具	美元	310	537	537	537
	其他材料	美元	709	709	709	709
每日每株	初始投资（80 g 每株）	美元	613	379	528	545
每日 1 m² 种植面积	生产鲜重	kg	0.148	0.293	0.210	0.204
	日累积光量（DLI）	mol	5.76	11.52	11.52	11.52
	DLI 成本	美元	438.0	814.0	814.0	814.0
	LED 灯具电耗	kW·h	1.53	2.84	2.84	2.84
	电耗成本	美分	23.5	43.9	43.9	43.9
	LED 灯具折旧	美分		37.6	37.6	37.6
	人工成本	美分	23.3	42.4	31.5	31.2
1 mol 光合有效光量子通量	生产鲜重	kg	0.026	0.025	0.018	0.018
产率	80 g 及以上作物	%	70	70	70	65
	1 包内 2 株 80 g 及以上作物	%	20	20	20	25
种植时间	萌芽 + 第一阶段育苗	天	8	6	6	6
	第二阶段育苗	天	10	5	7	7
	第一阶段移栽	天	10	5	7	7
	第二阶段移栽	天	10	5	7	7
年收入		千美元	1 516	3 002	2 153	2 086
毛利润		千美元	450	1 392	648	654
营业收入		千美元	158	884	263	279
EBITDA		千美元	452	1 178	628	573
投资回收期		年	7.8	4.4	6.99	7.59
初始投资	每千克日产	美元	6 816	42 09	5 869	6 058
	每株作物日产（80 g）	美元	613	379	528	545
种植面积	日产 1 kg 所需面积	m²	6.75	3.41	4.75	4.91
	1 m² 面积日产株数	株	1.65	3.26	2.34	2.27
电耗	生产 1 株苗所耗电量	kW·h	1.29	1.21	1.68	1.74
	仅光照和水泵	kW·h	0.93	0.87	1.21	1.25
	1 kg 鲜重所需电量	kW·h	14.37	13.42	18.70	19.30
	仅光照和水泵	kW·h	10.34	9.65	13.45	13.88
	1 kW·h 电量生产鲜重	kg	0.07	0.07	0.05	0.05
	仅光照和水泵	kg	0.10	0.10	0.07	0.07
	1 kg 鲜重所需光合有效光量子通量	mol	45.73	46.19	64.41	66.48
	1 mol 光合有效光量子通量生产鲜重	kg	0.022	0.022	0.016	0.015

续表

项目	指标	单位	100 μmol·m⁻²·s⁻¹ 光照周期 16 h·d⁻¹	200 μmol·m⁻²·s⁻¹ 光照周期 16 h·d⁻¹（种植天数减少 50%）	200 μmol·m⁻²·s⁻¹ 光照周期 16 h·d⁻¹（种植天数减少 1/3）	200 μmol·m⁻²·s⁻¹ 光照周期 16 h·d⁻¹（种植天数减少 1/3）（减产）
人工	每株工时	工时	0.014	0.013	0.013	0.014
	每株工秒	工秒	50	46	48	49
	1 kg 鲜重所耗工时	工时	0.154	0.142	0.147	0.150
	1 kg 鲜重所耗工秒	工秒	554	510	528	540
	1 工时生产鲜重	kg	6.49	7.05	6.82	6.66

表 6.12　光合有效光量子通量密度与 LED 灯具成本

LED 灯具折旧假设						
	LED 灯具保质期（h）	35 000				
	LED 灯具更换时间（h）	20 000				
	每日光照时间（h）	16				
	LED 灯具使用时间（按月计）	42				
LED 灯具经济成本		（单位）	100 μmol·m⁻²·s⁻¹ 光照周期 16 h·d⁻¹	200 μmol·m⁻²·s⁻¹ 光照周期 16 h·d⁻¹（种植天数减少 50%）	200 μmol·m⁻²·s⁻¹ 光照周期 16 h·d⁻¹（种植天数减少 1/3）	200 μmol·m⁻²·s⁻¹ 光照周期 16 h·d⁻¹（种植天数减少 1/3）（减产）
	每个 LED 灯具每小时光照周期	美分	0.43	0.43	0.43	0.43
	LED 灯具每小时光照周期内消耗电量	美分	13.28	13.28	13.28	13.28
	1 mol·m⁻²·s⁻¹	美分	2.62	2.62	2.62	2.62
	1 kg 鲜重	美分	121.39	122.62	170.98	176.49
	每株苗	美分	10.93	11.04	15.39	15.88

通过计算，我们可以发现以下情况：

（1）如果将光合有效光量子通量密度设置为 200 μmol·m⁻²·s⁻¹，则 1 m² 种植面积的初始投资将增加，因为 LED 成本显著增加，但并没有翻倍，这是因为机架上配备的组件（如电路板、安装框架等）不会增加。

（2）即使 DLI 几乎增加了 1 倍，但如果种植天数减少一半，则每天每一种作物或每千克鲜重的初始投资也会大大减少，因此 1 m² 种植盘的 LED 灯具用电量也将大大减少。这样 1 mol 光照的光合有效光量子通量产生的鲜重保持不变，意味着 PPFD 生产效率没有提高，但周转率会大大提高，整体利润率也会提高。投资回收期从 38 天种植期的 7.8 年（16 h 光周期 100 μmol·m⁻²·s⁻¹ PPFD），降至 21 天种植期的 4.4 年（16 h 光周期 200 μmol·m⁻²·s⁻¹ PPFD）。

（3）园艺学的讨论焦点可能集中在哪种光合有效光量子通量密度对多叶生菜、中草药幼苗及不同品种的作物生长是最优的，但这不是本章的主题。在此我们假设光照日累积量（DLI）的增加将缩短种植时间，而日累积光量提高 1 倍可能会使种植时间减少一半甚至不到一半。若 200 μmol·m⁻²·s⁻¹ 的光合有效光量子通量密度不能实现 200% 的效率或生产力，且种植天数仅减少 1/3，生产效率和利润率将如何变化。我们还可以假设较强的光合有效光量子通量密度会产生叶尖枯萎（生理失调，即叶尖和叶边缘部分颜色变为棕色），导致最终产量降低。这将在（3）200 μmol·m⁻²·s⁻¹，光周期为 16 h，培养 27 天，和（4）200 μmol·m⁻²·s⁻¹，光周期为 16 h，培养 27 天，产量降低 5% 中进行考虑。在这两种情况下，

1 mol 光子光合有效光量子通量产生的鲜重相比光周期 16 h，PPFD 100 µmol·m^{-2}·s^{-1} 显著下降。结论仍是，尽管 1 mol 光子光合有效光量子通量产生鲜重的生产效率较低，但总体利润率有所提高，并缩短了投资回收期。

（4）这是否意味着作为生产效率指标，种植天数（换句话说，周转率）比 1 mol 光子光合有效光量子通量产生的鲜重更为重要？笔者并不同意这种说法，并更倾向于将以下三个指标作为确定 1 mol 光子光合有效光量子通量的鲜重生产效率指数，①种植周期，②种植密度和③种植产量。当您听到您的竞争对手 1 mol 光子光合有效光量子通量生产更多鲜重的消息时，请不要匆忙下结论误以为他们使用和您不一样的光谱，因而光合作用效率更高。

（5）我们可以将上述（4）中的①和②进行换算，将每个栽培日的日累积光量 DLI 乘以该日植株在种植盘上占据的相应宽度，作为周转率的关键指标。从周转的角度来看，早期的稳定增长，甚至是较慢的增长，可能会被后期更快速的增长所弥补。

（6）我们应非常小心地控制并保持冠层叶面积指数 LAI 的光合有效光量子通量密度在最佳水平，因此，当 LAI 在给定种植盘上变得更高时，可能需要在后续阶段使用更多的 LED 灯具。微调光合有效光量子通量密度和各个绿叶蔬菜品种的各个种植阶段光谱。

6.8　工时生产效率和利润率

本节先从一个假设开始：从播种海绵移栽到第一个种植盘（300 mm×600 mm 带有 28 个孔）到第二个种植盘（300 mm×600 mm 带有 14 个孔）和第三个种植盘（300 mm×600 mm 带有 7 个孔），移栽花费时间在 5 年的计划周期内从 10 s 减至 6 s，总工时减少一半。但较短的工时也可能导致较低的产量。表 6.13 详细比较了工时与运营生产效率的如下几种情况。

表 6.13　人工工时与运营生产力

项目	指标	单位	每株 10 s（播种，移栽 ×3）	每株 6 s（播种，移栽 ×3）	每株 6 s（播种，移栽 ×3）减产	总工时减少 50%
1 m^2 种植面积	初始投资	美元	1 019	1 019	1 019	1 019
	LED 灯具	美元	310	310	310	310
	其他材料	美元	709	709	709	709
每日每株	初始投资（80 g 株）	美元	610	610	633	610
1 m^2 种植区每天	生产鲜重	kg	0.148	0.148	0.144	0.148
	日累积光量（DLI）	mol	5.76	5.76	5.76	5.76
	DLI 成本	美元	438.0	438.0	438.0	438.0
	LED 灯具电耗	kW·h	1.53	1.53	1.53	1.53
	电耗成本	美分	23.5	23.5	23.5	23.5
	LED 灯具折旧	美分	20.3	20.3	20.3	20.3
	人工成本	美分	23.3	20.9	20.8	14.6
1 molPPF	生产鲜重	kg	0.026	0.026	0.025	0.026
产率	80 g 及以上作物	%	70	70	65	70
	萌芽 + 第一阶段育苗	天	8	8	8	8
种植时间	第二阶段育苗	天	10	10	10	10
	第一阶段移栽	天	10	10	10	10
	第二阶段移栽	天	10	10	10	10

项目	指标	单位	每株 10 s（播种，移栽 ×3）	每株 6 s（播种，移栽 ×3）	每株 6 s（播种，移栽 ×3）减产	总工时减少 50%
年收入		千美元	1 516	1 516	1 469	1 516
毛利润		千美元	450	472	427	516
营业收入		千美元	158	180	141	224
EBITDA		千美元	452	474	436	518
投资回收期		年	7.8	7.4	7.98	6.68

（1）即使对于现场管理人员而言，在每种作物的播种、移栽等过程中从 10 s 降低至 6 s 都不是一个容易达成的目标，而且有可能不会提高生产效率或盈利能力。

（2）一旦产量开始下降，由此带来的损害足以抵消较低的人工成本。

（3）与美国或欧盟国家相比，日本的劳动力成本较低，但也要求兼职工人保持稳定，而在美国或欧盟国家，兼职劳动力成本较高。在这两种情况下，总劳动成本都不会因效率和稳定性的提高而大幅下降，并且劳动力的质量对于运营至关重要。

6.9 效率及生产力与利润率的相关性

在本节中我们采用 4 个案例来说明效率及生产力与利润率之间的相关性。我们将回答这样一个问题——"多少由光合有效光量子通量密度增强而导致的植物叶尖烧伤引起的产量下降会抵消因种植期缩短而带来的积极影响？"若 6.7 节中假设成立，那么答案可由（1）和（2）的比较得出。

（1）在 100 μmol·m^{-2}·s^{-1} 条件下的种植天数设定为萌芽 + 第一阶段育苗 8 天，第二阶段育苗 10 天，第一阶段移栽 10 天，第二阶段移栽 10 天，产出 80% 的产量。

（2）在 200 μmol·m^{-2}·s^{-1} 条件下，萌芽 + 第一阶段育苗设定为 6 天，第二阶段育苗 5 天，第一阶段移栽 5 天，第二阶段移栽 5 天，产出 50% 的产量（从 80% 降至 50%），则（1）和（2）都具有大致相同的盈利能力。

（3）在 200 μmol·m^{-2}·s^{-1} 条件下，萌芽 + 第一阶段育苗设定为 6 天，第二阶段育苗 7 天，第一阶段移栽 7 天，第二阶段移栽 5 天，产出 70% 的产量，这种情况也可能产生相同的利润率。

这意味着，即使植物工厂的种植天数减少了近一半，即使产量降低了 30%，收支平衡也还是大致相同。换句话说，如果将种植天数减少近一半，则通过减少叶烧病，将产量提高 50%～80% 都会带来额外的收益。如果工厂配备了 LED 调光系统，管理人员可通过控制作物生长速率以减少叶烧病程度，以此实现利润率与效率和生产力的优化关联。

这不仅适用于光合有效光量子通量密度的生产效率与利润率比较，而且还适用于每项操作工时。在几乎所有情况下，三个关键因素决定着生产效率：①种植周期，②种植盘上的栽种密度，③种植产量。当作物每孔占用较大空间，导致种植密度降低时，种植周期这个指标更为重要。

本章不讨论如何最大限度地提高植物的生长速率。但是，植物工厂管理者的经验表明：植物早期阶段的缓慢而稳定的增长决定了产品命运。如果预算只能负担 50 μmol·m^{-2}·s^{-1} 的光合有效光量子通量密度，则应尽早选择：

1）密度较高，使每个植株的照明成本较低。

2）早期光合有效光量子通量密度的增强决定了种植速度。

3）较高的光合有效光量子通量密度，在早期不容易引起叶尖灼伤，但在后期易引起尖端烧伤。

6.10　资金筹集的敏感性和风险分析

本章最后一部分讨论如何为植物工厂完成资本融资。业务计划表计算了投资回收期，即收回投资共需要多少年。我们须说服资金提供者在年度现金流转为正数之前，为植物工厂提供工程、采购和建设所需的资金及运营初期的工作经费。

由三个关键指标设定的效率和生产效率指数及其他因素可能会变得比计划好或坏。通用的商业智慧是：

（1）要在业务计划表中建立系数和指标的"标准"值，并在每年的计划中填写预估数值。

（2）在最不利情况下，分析周期内这些数值在 90% 概率下的波动情况。

（3）根据资金来源，提出股份分配和 / 或贷款条款与条件，与资金提供者达成协议并使他们满意。

例如，资金提供者可能会问我们，是否可以减少播种到收获周期中单株作物在种植盘上的占用天数，或者更确切地说，提高每平方米种植面积生产鲜重。可能采用生产效率指标，如每千克鲜重消耗的光合有效光量子通量或生产 1 kg 鲜重的工时。经营者强调的是自己的水平或经验，而银行家可能会问其他植物工厂的生产情况及平均数量，而且他们几乎都会想了解情况最坏会恶化到什么程度。

此时，其他植物工厂的可用记录和信息很少且很有限，很难说服资金提供者最坏的情况是什么。他们可能会要求较低的发行价来获得更高的分配额，或较低的贷款与价值比率获得更高的偿还覆盖率。目前，相关系数、敏感性分析和风险情景分析方法的标准值尚未确定，这将需要整个行业的研究与合作来完成。

6.11　结　　论

效率、生产力和利润率应相互转换，以促进园艺专家、运营经理者、市场营销专家和财务专家对植物工厂价值的全面了解。总体来说，如果没有资金，就不可能承担风险，如果没有风险，就不可能有回报。

反复模拟证实，帕累托分析的结果并非从通常认为最主要的原因开始，而最大的改进也不是来自通常被认为最重要的原因。金融专家需要的并不是园艺方面的科学数据，而是从统计数据获得的信心。指标、敏感性分析和风险情景方法的标准值尚待确立，我们需要整个行业的研究与合作。

要推广这种方法并证明其是可行的，那么应邀请包括园艺科学家、植物工厂操作员、所用设备和材料制造商、房屋建筑商等群体人员共同参与调查研究。应早日开展全球合作，因为各国各植物工厂的指标标准已经多样化。而可控环境下的农业在未来是一种发展趋势，关系到整个生物圈的生存问题。正在或将要在植物工厂从事种植工作的人，应学习分析生产效率和利润率，不仅要学习如何审查结果，还要学习改善和解决问题的方法。这些信息和知识在与运营商及金融家之间进行交流和分享时，将创造全球智慧。

参 考 文 献

Jung Eek Son，Hak Jin Kim，Tae In Ahn（2015）Hydroponic Systems. Chapter 17 of Plant factory an indoor vertical farming system for efficient quality food production. Academic，Amsterdam

Kozai T（2015）Plant production process，floor plan，and layout of PFAL，Chapter 16 of "Plant factory an indoor vertical farming system for efficient quality food production. Academic，Amsterdam

McCree KJ（1971）Significance of enhancement for calculations based on the action spectrum for photosynthesis. Plant Physiol 49：704-706

Osamu Nunomura，Toyoki Kozai，Kimiko Shinozaki，Takahiro Oshio（2015）Seeding，Seedling Production and Transplanting. Chapter 18 of Plant factory an indoor vertical farming system for efficient quality food production. Academic，Amsterdam

Snowden MC，Cope KR，Bugbee B（2016）Sensitivity of seven diverse species to blue and green light：interactions with photon flux. PLoS ONE 11（10）：e0163121. https://doi.org/10.1371/ journal.pone.0163121

第7章

可再生能源使植物工厂更加"智能化"

Kaz Uraisami　著

张　瑞，董　扬，郭晓云，覃　犇　译

摘　要：植物将光能转化为化学能，而太阳能电池板将光能转化为电能。那么是否可由太阳能电池板将光能转换为电能，再通过人工照明设备将其转换回光能，而后由植物转化为化学能？本章我们介绍电力系统如何实验性地用附近产生的光伏（photovoltaic，PV）可再生能源为植物工厂进行离网供电（独立电力系统或小型电网，通常用于供应较小社区）。光伏技术是使用具有光伏效应的半导体材料将光转换为电能。传统光伏系统中太阳能电池板是其中成本最高的组分。

日本"太阳能共享"设施数量有所增加，这些设施在种植场上像网格一样支撑太阳能电池板，而阻挡的太阳光不会超过一定比例。由于太阳能电池板和锂离子电池的商品化，不仅使电力生产和农业受惠，还直接使电力生产与园艺相结合变得切实可行。在不久的将来，植物工厂利用发光二极管（LED）补充照明的温室很可能是这些创新的交叉点。

关键词：光伏；可再生能源；电池存储；离网

7.1　引言：可再生能源作为商品的全球价格波动

在过去前 30 年到前 10 年的 20 年间，太阳能电池板国际价格从 10 美元降至 1 美元，仅为 10 年前成本的 1/3（图 7.1）。对于一线开发光伏发电技术的美国或欧盟国家制造商来说，这是毁灭性的。另外，太阳能电池板作为商品，其大幅降价主要是由中国制造商引起的，这一现象促使全球光伏电厂发电总量大幅增长。当然，发电厂总系统价格不仅由太阳能电池板决定，也受当地施工和规范影响，因国家不同而异，具有不可比性。据报道，目前许多国家 1 MW 太阳能系统发电成本不超过 100 万美元，而当给定地点土木工程造价合理时，可低至其 3/4。

蓄电池价格的崩盘使太阳能系统更具吸引力，近期蓄电池开始跟随太阳能电池板价格趋势变化。太阳能发电厂应该对如汽车工业这

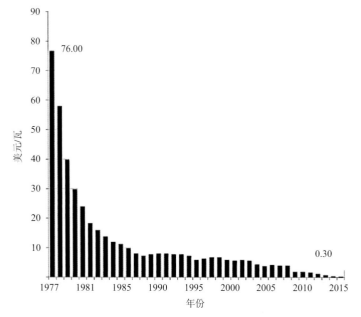

图 7.1　硅光伏（PV）电池的历史价格（https://en.wikipedia.org/wiki/File:Price_history_of_silicon_PV_cells_since_1977.svg#filehistory 2015 年 5 月 2 日）

来源：彭博新能源财经 & pv.energytrend.com

样需要大量生产电动汽车电池的行业表示衷心的感谢（图 7.2）。

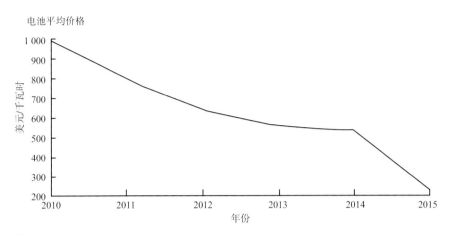

图 7.2　电池平均价格（Bloomberg.com https://www.bloomberg.com/news/articles/2016-10-11/battery-cost-plunge-seen-changing-automakers-most-in-100-years　2016 年 10 月 11 日）

来源：彭博新能源财经

注：电池价格是纯电动汽车和插电式混合动力汽车电池组的平均值

根据麦肯锡咨询公司最近的报告，锂离子电池技术的发展使商业客户的能源存储成本降低到了一个极具吸引力的水平。就经济质量而言，电动车使用率上升只会加速这一趋势。主要生产商正在扩大锂离子生产能力以满足需求，而中国生产商再次将先进的电池转换为商品。目前，电池可能会在光伏能源市场中发挥更重要的作用，脱离利基市场用作网格平衡。1 MW 太阳能发电系统加上 3 天的存储系统花费不超过 100 万美元的 5/4。太阳能首次成为传统发电机燃料可能的稳定替代品。

7.2　智能植物工厂的智能能源

植物工厂内部人工光照、热泵等动力若由 CO_2 零排放的清洁能源提供，则其将变得更加智能化，这在具有竞争力的电价下可以实现。太阳能面临的两个问题之一是由于昼夜交替及天气变化（无论是否可预测）造成发电稳定性受到影响。而电池存储系统可通过存储电量和平衡输出减轻这种负担，电池的大幅降价使该解决方案成为现实。另一个问题是与电网有关的植物工厂位置。只要系统需要与电网连接，削减太阳能就仍然是一个重要问题，如果不与电网相连，即离网供电基础上独立工作，则问题可自动消失。

除日本及其他少数国家例外，1 MW 太阳能发电厂的总成本已由过去的 300 万美元（无电池存储能力）降至目前的 100 万美元，甚至更低。该系统包括：①太阳能模块；②太阳能模块架；③电源调节器；④高压布线系统；⑤土建工程；⑥电力工程；⑦其他。

在日本，土建和电力工程成本都很高，而其他工程成本也较高，部分原因是仍在使用"上网电价（feed-in tariff，FIT）"系统。该系统对工程、采购和建筑公司施加了更多监管以交换上网电价购买价格。

离网运行并不表示可以不使用电源调节器和高压布线系统，因此并不会降低成本。但离网意味着不受电网线路的限制或削减，所以应考虑该地点温度的日变化和季节性变化，人员雇佣，如何将产品运输到消费市场（包括一个本地出产的产品）及何处太阳光照充足。

将包括非最佳光合作用的阳光光子通量转换为电能，然后通过 LED 或荧光灯再次将其转换为人工光照形式的光合有效光量子通量。上述能量转换的第二次为植物工厂提供人工光照，在任何情况下都是不可或缺的。而值得骄傲的是,如果第一次转换可实现 CO_2 零排放,那么将会对环境更友好。太阳能系统的价格"崩盘"将使"智能能源的智能植物工厂"变得切实可行,因此,植物工厂将为当地社区提供更实惠的价格。

7.3 实验计算

若现有 45 000 m² 土地,需在其中 1 000 m² 上建造植物工厂,并用太阳能电池板填充其余大部分土地,则植物工厂内部独立的光伏电站系统可 100% 满足人工光照和热泵等所需电力。其中许多为假设条件,具体实验计算如下:

(1)占地 1 000 m² 的植物工厂拥有 240 个栽培架(长宽高为 1 200 mm×1 200 mm×3 000 mm),栽培架底部总面积为 360 m²。每个栽培架有 6 个种植层架(高 300 mm),即总共有 1 440 个种植层架,总面积为 2 160 m²。如需在整个培养架上以 85% 的有效比率获得 200 μmol·m⁻²·s⁻¹ 的光合有效光量子通量密度,则需 5 800 个 32 W 的 LED 灯具,以 2.6 的加权平均性能系数(COP)在 16 h 的光周期下运行(包括热泵等),那么植物工厂将需从电力公司获得约 390 kW 的合同容量。若植物工厂年运行 360 天,则年耗电量为 3 370 MW·h。

(2)一个 1 MW 的光伏电站在日本平均可发电 1 100 MW·h,尽管具体数字在世界范围内不尽相同,但假设 3 MW 的光伏发电系统仍可以照亮面积 1 000 m²、高度 3 m 的植物工厂。

(3)根据场地地形等条件,3 MW 的光伏发电系统通常需要 30 000 ~ 45 000 m² 的土地。

(4)电池存储容量计算更加困难和棘手。极端的假设是 24 h×3 天无日照条件下,可能需要 28 MW·h 的存储容量。

总结以上实验计算,如要启动占地 1 000 m²,由太阳能和电池存储系统完全供能的植物工厂,则需要确保有 30 000 ~ 45 000 m² 的土地用于建造 3 MW 光伏系统及 28 MW·h 的存储系统。若当地电价为每千瓦 7 ~ 10 美分时,且 1 MW 系统的价格为 75 万~ 100 万美元,那么从总成本的角度考虑,3 MW 系统的成本是合理的。1 MW·h 的电池存储成本或可能很快降为 20 万美元,而 3 天 3 MW·h 的电池成本约为 200 万美元。后者更难校准,部分原因是需要检视并找出在有或没有最小电池存储容量情况下,如暂时减少人造光照供应以保证无论何种外界环境条件下热泵全天 24 h 运行,系统将受怎样影响。

7.4 结 论

PFAL 意为"人工光植物工厂",若缺少支持人工光源的电力就无法存在。无论电力来源是化石燃料燃烧、水利、太阳能、风能还是潮汐能转化而来,成本都是最重要的考虑因素;然而,也有人认为如果整体社会成本最小化,社会价值将得到优化,植物工厂将更智能化。这里指的成本包括 CO_2 的排放,而价值包括不受外界不可控环境影响的稳定的食物供应。太阳在室外的叶片上产生光合作用反应,或者通过室外的太阳能电池板转化到室内的 LED 再作用到叶片产生光合反应的时代可能很快就会到来。CO_2 气体零排放下,蔬菜种植的稳定性应可抵消光伏发电系统成本。

第 **8** 章
用于大规模生产的室内农业概念

Marc Kreuger，Lianne Meeuws，and Gertjan Meeuws　著

邹　凌，董　扬，郭晓云，覃　犇　译

　　摘　要：可以预见室内农业在未来几十年将为世界粮食安全做出贡献。室内农业将大大减少作物对水和农药的需求，并能够生产出安全、清洁、营养价值高、价格合理的产品。但是，为了实现我们的目标产量，必须尽可能地创造适合植物生长的环境条件。为此，人们设计了一个可以独立控制室内光、温度、蒸腾量的系统，如在不同的模块化系统中，室内不同层流控制器可以在不受光照强度和红外光的影响下对蒸腾量进行调控。受控环境结合作物模型，可以对产量进行预测，这对于确保商业化的成功是十分必要的。

　　植物的平衡模型允许通过调整温度、蒸腾量、光照和其他作物管护的条件进一步提高作物的产量和质量。

　　在模块化室内智慧农场，人们可以同时种植多种作物。例如，我们可以规划专门用于番茄、黄瓜、胡椒等藤类作物的单层种植区，或者规划多层的种植区用于同时生产草药、叶菜和其他小型的作物。

　　关键词：植物平衡；番茄；藤类植物；室内农业

8.1　引　言

　　世界上不断增长的人口和对新鲜、美味、健康食物的巨大需求将促使农业生产效率发生巨大的转变。在过去的几十年，农业生产逐渐从田间搬到温室。在温室生产中，人为地提供配方营养和照明，为食物的生产做出了很大的贡献。然而，现有的农业生产系统还不足以养活整个世界的人口，特别是在未来几十年，世界人口将增加到90亿，可以预见水将成为许多农业产区的主要限制因素。此外，目前的供应链效率太低，如在生产、运输、储存期间的损失，以及由于供需之间的不匹配而造成的损失。更重要的是，今天的作物育种目标主要是以提高产量、对非生物性胁迫耐受性、对病原体抗性为主。如何为人类提高某些特有营养水平在目前育种计划中很少见。

　　室内农业被视为未来农业，是实现农业生产效率提升的少数解决方案之一，具有以下特点和优点：在没有天然太阳光的条件下，提高作物的产量、质量、营养水平；在任何地方可进行农业生产，并且耗水量低、不含农药、价格合理；显著地减少碳足迹，特别是在那些缺水及其他资源稀缺的地方；同时这种集约型的生产方式对基础设施的破坏和对环境的污染是有限的，从而可以确保可持续的食品供应。

　　本章将介绍如何从不同的角度看待植物生长，并结合集成技术，为室内农业提供解决方案。创造一个适合植物的环境条件，必须确保食品的高产及种植者盈利。只有当两者都能实现时，室内农业才能得

到大规模的推广。

8.2　影响植物生长的因子

植物生长受光、温度和蒸腾量的影响，这几个因子通常被描述为气候。在室外条件下，这些因子与太阳提供的光照和热量密切相关。传统的温室种植通常受制于不断变化的气候，增加了农业生产的不确定性。经验丰富的优秀种植者能很好地应对气候的变化，并知道如何控制其对作物的影响。相对于温室，室内智慧农场具有控制系统，气候非常稳定，受外界因子的影响较小。因此，种植者可以更多地关注作物管理、技术操作、设备维护。

从植物的角度来看，大自然可能是可怕的。这个环境可能有太多不利因素，如太热、太冷，光太多或太少、漆黑的夜晚，水太少或太多，养分的缺乏，强风，害虫，动物等。如果植物可以选择，它们会想要一个完全不同的环境：稳定的温度、空气，充足的水、营养和光。它们不喜欢过多的阳光，因为50% 的光会造成过剩的热量，叶片必须通过蒸腾来保持温度相对恒定，尤其是截获大部分阳光的上层叶片（Crawford et al.，2012；Medrano et al.，2005）。温度控制是调节生长发育的关键，然而室外植物需要使用大量的水来实现。由于根系吸水是养分吸收后的被动过程，摄取和蒸腾之间的平衡会极大地影响植物生长的环境，如具有高根压的低蒸腾将导致根系周围更高的水含量，这样会形成不符合人们需要的较高和较长的植株。

在田间和温室中，蒸腾主要是由蒸汽的压力差引起的（Turner et al.，1984；Seversike et al.，2013；Yang et al.，2012）。不同空间空气中的水含量，在不同的温度下的饱和水汽压力之间存在差异，这个差异很大程度上取决于温度，通常在 Mollier 图中计算。随着叶片在阳光的照射下升温（Tyree and Wilmot 1990），气孔的温度增加，造成压力差后导致蒸腾速率上升。蒸腾作用使水向叶片外部扩散，这可以冷却叶片来降低高温造成的负面影响。因此，在阳光照射的条件下，光合作用和蒸腾是相辅相成的。

8.3　室内条件下的蒸腾作用

与田间相比，室内智慧农场的蒸腾控制有本质的不同。空气质量对于室内条件下植株最佳的生长至关重要，其中蒸腾主要是由空气的流动和蒸汽压力差造成的（Turner et al.，1984；Seversike et al.，2013；Yang et al.，2012）。在封闭环境中，混合空气以控制空气质量将导致温度和湿度的差异。这将导致植株生长和蒸腾速率的差异，进而引起种植区域内植株的一致性下降。此外，室内不同区域作物的产量和质量都会受到影响。

从植物生长的角度来看，室内环境因子的设置与户外或普通的温室气候完全不同。在室内智慧农场的条件下，了解影响植物生长的因素非常重要。在室内，发光二极管（LED）作为光源对植物的生长有很大影响。首先，人们仅用少数波长的光来对应地影响叶片中特定的受体，加之低水平的远红外光导致植物的光感知与自然界完全不同。蓝光和红光对于植物的生长是最重要的，因为它们能有效地被叶绿素、植物色素、隐花色素和其他受体吸收（Kong and Okajima，2016），而这些是参与光合作用和发育的大多数重要受体。因植物种类的差异而存在不同的蓝光和红光最佳配比，一般来说，蓝光比例超过 15% 效果较好（Hogewoning et al.，2010）。

最终植物的蒸腾和光合作用应该独立调控。如果要实现这个目标，需要两个前提：光源只驱动光合作用，尽可能选择只发光而不发热的光源来实现。蒸腾速率则通过蒸汽压差和室内空气流速来控制，最好不受红外辐射影响。使用高效的 LED，同时需要注意的是不能将 LED 放在靠近作物的位置，特别是功率大的 LED 应该放置在离作物几米远的地方。这样的距离能够去除红外线，同时保持足够的光合有效辐射（photosynthetically active radiation，PAR）强度。放置在 LED 附近的农作物，如在多层垂直生产系统中，红外线的强度存在过高的风险。红外线产生的热量会加快蒸腾，并影响光合作用。随着 LED 效率的不断改善，室内智慧农场的红外线下降明显，导致叶温下降而蒸腾速率的控制变得越来越重要，因为如果蒸腾量下降，水和养分供应将显著减低，光合作用将受到抑制。

遵循上述策略，蒸腾速率必须更精确地得到控制，因此创造特定气候的相关技术被创造出来，尽可能地满足植物的需求。具体来说，空气层流的速度不能太快也不能太慢，控制在约 $30 \cdot h^{-1}$，这个流速能够保证足够的蒸腾而不产生能够影响植株生长的风力。这样的空气流动通过一个由进气口和出气口组成的压力通风空间来实现，这些进气口和出气口由多个孔组成。通过这样的设备调整每分钟空气的量，尽量保证进出的空气与设定值相同，而不产生快的空气流速。空气质量的均匀分布使室内智慧农场每个位置的每片叶子蒸腾速率接近。总之，蒸汽压力的差异与空气流速度的组合将决定植物的水分流失，较高的蒸汽压力差异和较高的空气流速度都会增加蒸腾量。

在可以独立地控制光、温度和蒸腾速率的环境中，植物的生长和发育可以被完全控制。该系统如图 8.1 所示，可以应用到任意尺寸的室内智慧农场也可以应用于多层生产系统中。根据每平方米热负荷的变化，室内智慧农场的尺寸将随之发生变化。

图 8.1 带有层流气流的室内智慧农场的示意图。蓝色箭头表示气流的方向。紫色三角形代表照明设备。左侧为压力通风系统空气进口；右侧的通道是出口。在技术领域是空气处理系统。除此以外，还包含了各控制单元和灌溉施肥系统

8.4 我们在室内农场中真的需要远红光吗？

植物有几种受体感知不同波长的光，每一种受体都会导致植物的某一种特异反应（Kong and Okajima，2016）。纯化后的叶绿素吸收红光和蓝光以驱动光合作用，光敏素和隐花色素吸收蓝光，它们的功能涉及昼夜节律、向光性、抑制下胚轴伸长、气孔开放。光敏色素吸收红光（red，R）和远红光（far-red，FR）与植物的避阴反应有关，除此以外还与诱导开花、萌发和去黄化有关（Castillon et al.，2007；Cerdan and Chory，2003；Demotes-Mainard et al.，2016；Possart et al.，2014）。室外生长的植物在夜晚都会被远红光（FR）照射到（Kasperbauer，1987），FR/R 值的峰值一般出现在黑暗前几分钟。植物能依靠 FR 来感知周围环境的状况（Jaillias and Chory，2010）。在阴凉的地方，FR/R 值远高于受到明亮阳光照射的地方，植物为了避免光线的缺乏，会较早地伸长或提前开花，所造成的结果是植物在同时期与在光线强的地方生长的植物相比长得更高。在这种情况下，植物大多数的能量和储存的物质都投入到茎的生长中，这种现象会对收获指数产生影响（Kasperbauer，1987）。叶片在 FR 的照射下会膨胀得更大，通常，表皮细胞较大，但细胞数量保持稳定，造成的结果是气孔的数目在单位面积叶片上较少（Chitwood et al.，2015）。这是否会对蒸腾作用产生影响尚不清楚。

在一些作物中，早期开花是由高 FR/R 值和 / 或远红光最后照射的时间诱导的（Cerdan and Chory 2003；Kim et al. 2008）。在植物界，有许多途径和机制可以诱导开花（Simpson et al.，1999），大多数植物遗传背景决定它们具有利用其中部分机制的能力。在大多数地区，植物的选择必须适应当地的季节和环境条件，因为这对保证下一代的存活非常重要。例如，对日照长度变化的响应（长日照，光照中性植物和短日照植物）对于品种的选择是至关重要的。除当地的季节和环境条件外，诱导开花可以通过多种方式实现（Roitsch，1999；Takeno，2016）。"逆境诱导开花"被认为是"逆境"气候条件诱导的反季节开花机制。如果我们知道这些诱导因子，就可以在室内智慧农场创造合适的条件，植物可以被迫遵循不同的发育路径。上述的室内智慧农场环境模拟并非复制室外环境条件，而是创造一种新的、高度控制的稳定气候。

从分子机理来看，开花的主要诱导因素是 FT 蛋白的形成（Corbesier et al.，2007）。一种糖化合物——海藻糖 -6- 磷酸（Van Dijken et al.，2004；Wahl et al.，2013），被证明在该过程中是非常重要的。这种化合物单独存在于植株芽的分生组织，可以单独诱导开花（Wahl et al.，2013）。有研究结果表明：当植株中有大量糖存在时，海藻糖 -6- 磷酸才能被植物合成（Lastdrager et al.，2014；Stitt and Zeeman，2012）。这样，海藻糖 -6- 磷酸作为"糖传感器"来"告诉"植株能量已经不是一个限制因素，以确保植物在有足够的能量时才开花。这表明这条由糖和糖相关化合物驱动的开花途径在室内智慧农场环境中可以进行人为的调控。

图 8.2　在室内智慧农场生长的番茄植株，天花板上安装有 LED 和层流气流

在番茄果实形成期间，远红光会抑制番茄红素的合成（Llorente et al.，2016a，2016b）。这种水果的"自我遮阴"机制可以确保番茄红素和类胡萝卜素在合适的时间产生。已有研究结果证明：采用远红光对成熟果实进行采后处理可降低番茄红素水平（Gupta et al.，2014）。因此，我们可以假设在只有蓝光和红光条件下的番茄生产会使番茄红素和类胡萝卜素的组分和含量发生变化。

在 LED 光源下生长时，只要保持红、蓝光之间的基本平衡，就可以用这两种光来刺激生物量的产生（Massa et al.，2008；Hogewoning et al.，2010）。因此，我们可以看到使用这两种颜色光源就能让植物实现从发芽到坐果的一个生长周期。室内智慧农场的 FR 在光谱中很少。在基部的叶片虽然接收到较少的光线，但是不会遇到阴影，因此 FR 的强度也很小。此外，花的诱导也可以通过其他方式实现，因此室内智慧农场是否需要远红光源是值得商榷的。如图 8.2 所示，在室内番茄植株仅在蓝光和红光下也能正常结果。

8.5　植物平衡

室内智慧农场能够让室外很多不可控的因子可控或者可以调整，精确地向植物提供生长所需。植物通过叶片，将光、营养、水和 CO_2 以碳水化合物和糖的形式储存能量。植物生成的糖基本上用于生长过程中的 3 条途径：首先是维持，即保持器官功能和活力所需的能量；其次是增长，富足的能量用于形成新的器官（根、茎、叶、花）和最终的种子，这个过程涉及精细的源 / 库平衡；最后是次生代谢，任何剩余的能量将用于通常不产生或含量非常低的化合物生成。次生代谢化合物对于植物来说不是必需的，通常在面临逆境时产生，可以在防御病原物或其他一些非生物性的逆境中发挥正面的作用；还有一些化合物用于吸引昆虫，如决定花色、香味、味道的化合物。在室内农场几乎没有逆境，次生代谢产物非常稀少。

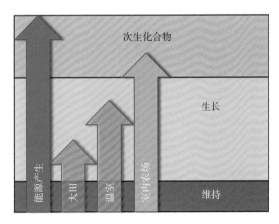

图 8.3 大田、温室或室内智慧农场、植物能源产生示意图；植株各部分器官的维持，生长和次生化合物所需的能量按此顺序

在室外大田条件下，光和温度相互作用。50%的太阳光是红外光，这样过剩光能会导致更高的（主要是叶片）温度，并带来负面效果。在室内智慧农场，光和温度相互作用效果可以被降低。因为 LED 光谱中仅含有少量的红外光。所以通过光合作用产生干物质的速率可以与代谢率解耦，在实际生产中，这意味着干物质的产量和含量可以得到较为精准的控制。掌握对植物过剩能量的最终控制权也意味着我们最终能够控制生长、发育和新陈代谢的速率，因此我们可以始终如一地量化生产本质上不同的植物。相比室外大田条件和设施化程度不高的大棚，设施化程度高的室内智慧农场能量和碳水化合物产值更高，这是二者的关键区别（图 8.3）。

1989 年，Gertjan 和 Lianne Meeuws 创办了 Buro Meeuws 公司，是一家咨询和研究室内智慧农场的公司，是水培、同化光源和机器人领域的先驱。一共服务了全球 200 多家先进和规模较大的园艺公司。20 世纪 90 年代，他们开展了一项大数据项目，从不同作物及 500 个不同产地收集了 5 年来数百万条数据。该项目的目标是开发和验证有助于解释和预测植物生长的算法；这为不同园艺作物的模型构建提供了数据来源和思路。

植物平衡模型允许我们根据不同的植物特征和不同的环境预测生物量和产量。此外，还可以预测未来的生产效能和气候变化所带来的影响，模型如图 8.4 所示，从左上角开始。

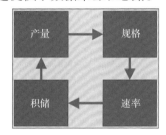

图 8.4 植物平衡模型

产量（yield）是特定产品在一定时期内产生的最大生物量，具体取决于实际的技术设备和环境因子；通常表示为每年每平方米可收获的干物质。光合作用水平和收获指数（可收获的部分与整株植物的干物质比，因品种不同而异）可以很大程度上影响产量。

规格（specs）是我们所需产品的规格（果形、株高等）。它由可收获产品的重量和干物质含量组成。

速率（speed）指的是温度和完成一个生长循环所需的时间。例如，番茄长出三片叶子需要多长时间；这通常由生长度单位（GDU）决定和表示。温度与植物的生长发育速度成正比。对于大多数作物而言，每个发育阶段所需的 GDU 都已经可以查到。

积储（sinks）指的是与植株需要生产的产品或果实数量和质量有关的"库"的数量；与前三项相关联，可用于计算植物或枝条的密度。当在温度、光强等气候参数已知时，可用于计算和预测产量。

根据以上模型，理论上，这意味着我们可以计算每平方米种植区域的干物质产量。根据多年来收集的一系列数据（G. Meeuws, L. Meeuws, 未发表的数据），理论上干物质产量的最大值为 30 kg·m^{-2}·a^{-1}。达到这个峰值的一个前提是仅蓝光和红光的光强能达到 300 µmol·m^{-2}·s^{-1}，然而，在现实中，由于一些原因，这很难实现。首先，树叶必须有效地利用可用光。一般来说，第一层叶片会吸收 65% 的光，下一层吸收所透过 35% 中的 65% 的光。在一定面积的基础上 3 层叶片相当于叶面积指数（LAI）为 3，能吸收大部分光（Atwell et al., 1999）。随着植物生长，其 LAI 将增加，因此不同生长阶段 LAI 的平均值不同。其次，日照或光周期在世界上大部分地区不可能为 24 h。以表 8.1 为例，20 h 的日长，适用于大多数作物。再次是收获指数指的是可收获的生物量与总生物量的百分比。例如，在番茄中，收获指数大约为 70%，但对于生菜，几乎接近 100%。最后如果在某地一年中有 10 周没有种植，这样在这个例子中，产品的实际干物质产量由于以上原因，由 30 kg·m^{-2}·a^{-1} 降至 15 kg·m^{-2}·a^{-1}。要通过添加水将干物质转化为食物，作物的干物质百分比是关键变量。高的干物质百分比意味着吸收的水分更多地转化为干物质，鲜重降低。当从上述干物质入手计算和预测产量时，室内农场绩效也就可以计算出来了。总体来说，加入的水决定了干物质百分比和鲜重。

表 8.1　决定每年干物质产量的因子

	单位	干物质（kg·m⁻²·a⁻¹）
24 h/24 h 光照强度	300 µmol·m⁻²·s⁻¹	30
叶面积指数 LAI = 3	100% 的光线接收率	30
光照时间	20 h	25
收获指数	70%	18
种植时间	42 周 /52 周	14

注：不同作物的特定数据存在差异，该表格只是一个例证

8.6　大规模生产设施

第一个含有层流气流系统专门种植番茄、胡椒和黄瓜等作物的室内农场出现在美国俄亥俄州辛辛那提市。它主要由 360 m² 的单层生长区域组成，配备营养液膜技术（NFT）（图 8.5）。此外，在同一建筑物内，还有用于草药、生菜和其他小作物栽培的多层区域。这两个种植区域由通道隔开。在这个建筑物内包括所有空气处理设备、灌溉施肥设备、热泵和不同的控制单元。该农场由 80 Acres 都市农业有限责任公司拥有和经营。

图 8.5　80 Acres 都市农业有限责任公司位于美国辛辛那提的室内农场

8.7　未 来 发 展

以上所描述的室内智慧农场的创新，使得理论上让我们可以在室内种植任何作物，植物平衡模型可用于计算和预测产量。然而，高的收益率才能保证投资的合理回报，这是影响规模化室内农业可行性的必要条件。过高的成本及规模较小制约着室内智慧农场对世界食品安全和生产的贡献。

随着 LED 技术、气候控制和植物科学的不断发展，不同学科将逐渐地交融在一起。在不同的界面上的碰撞，新的见解和更智慧的解决方案将进一步提高作物的产量。此外，与健康和医学相关具有特殊营养价值的食物极有可能推动植物工厂的发展。随着科学技术的发展，技术、遗传学与特定气候的结合可以让我们更加精确地调整和控制最终产品的质量。

参 考 文 献

Atwell B，Kriedeman P，Turnbull C（1999）Plants in action. Macmillan Education Australia Pty Ltd，Melbourne

Castillon A，Shen H，Huq E（2007）Phytochrome interacting factors：central players in phytochrome-mediated light signaling networks. Trends Plant Sci 12：515-523

Cerdan P，Chory J（2003）Regulation offlowering time by light quality. Nature 423：881-885

Chitwood D，Kumar R，Ranjan A et al（2015）Light-induced indeterminacy alters shade-avoiding tomato leaf morphology. Pl Physiol 169：2030-2047

Corbesier L，Vincent C，Jang S et al（2007）FT protein movement contributes to long-distance signaling infloral induction of arabidopsis. Science 316：1030-1033

Crawford A，McLachlan D，Hetherington A et al（2012）High temperature exposure increases plant cooling capacity. Curr Biol 22（10）：R396

Demotes-Mainard S，Peron T，Corot A et al（2016）Plant responses to red and far-red lights，applications in horticulture. Environ Exp Bot 121：4-21

Gupta S，Sharma S，Santisree P et al（2014）Complex and shifting interactions of phytochromes regulate fruit development in tomato. Pl Cell & Environ 37：1688-1702

Hogewoning S，Trouwborst G，Maljaars H et al（2010）Blue light dose–responses of leaf photosynthesis，morphology，and chemical composition of *Cucumis sativus* grown under different combinations of red and blue light. J Exp Bot 61：3107-3117

Jaillias Y，Chory J（2010）Unraveling the paradoxes of plant hormone signaling integration. Nat Struct Mol Biol 17：642-645

Kasperbauer M（1987）Far-red light reflection from green leaves and effects on phytochrome mediated assimilate partitioning under field conditions. Pl Phys 85：350-354

Kim S，Yu X，Michaels S（2008）Regulation of *CONSTANS* and *FLOWERING LOCUS T* expression in response to changing light quality. Pl Physiol 148：269-279

Kong S-G，Okajima K（2016）Diverse photoreceptors and light responses in plants. J Plant Res 129：111-114

Lastdrager J，Hanson J，Smeekens S（2014）Sugar signals and the control of plant growth and development. J Exp Bot 65（3）：799-807

Llorente B，D'Andrea L，Rodriguez-Concepcion M（2016a）Evolutionary recycling of light signaling components infleshy fruits：New insights on the role of pigments to monitor ripening. Front Pl Sc 7：263

Llorente B，D'Andrea L，Ruiz-Sola M et al（2016b）. Tomato fruit carotenoid biosynthesis is adjusted to actual ripening progression by a light-dependent mechanism. Plant J 85：107-119

Massa G，Kim H，Wheeler R et al（2008）Plant productivity in response to LED lighting. Hortscience 43（7）：1951-1956

Medrano E，Lorenzo P，Sanchez-Guerrero M et al（2005）Evaluation and modelling of greenhouse cucumber-crop transpiration under high and low radiation conditions. Sci Hortic 105：163-175

Possart A，Fleck C，Hiltbrunner A（2014）Shedding（far-red）light on phytochrome mechanisms and responses in land plants. Plant Sci 217-218：36-46

Roitsch（1999）Source-sink regulation by sugar and stress. Curr Op Pl Biol 2：198-206

Seversike T，Sermons S，Sinclair T et al（2013）Temperature interactions with transpiration response to vapor pressure deficit among cultivated and wild soybean genotypes. Physiol Plant 148：62-73

Simpson G，Gendall A，Dean C（1999）When to switch to flowering. Ann Rev Dev Biol 99：519-550

Stitt M，Zeeman S（2012）Starch turnover：pathways，regulation and role in growth. Curr Op Pl Biol 15：282-292

Takeno（2016）Stress-induced flowering：the third category of flowering response. J Exp Bot 67（17）：4925-4934

Turner N，Schulze E，Gollan T（1984）The responses of stomata and leaf gas exchange to vapour pressure deficits and soil water content-I. Species comparisons at high soil water contents. Oecologia 63：338-342

Tyree M，Wilmot T（1990）Errors in the calculation of evaporation and leaf conductance in steadystate porometry：the importance of accurate measurement of leaf temperature. Can J For Res 20：1031-1035

Van Dijken A，Schliemann H，Smeekens S（2004）Arabidopsis trehalose-6-phosphate synthase 1 is essential for normal vegetative growth and transition toflowering. Plant Phys 135：969-977

Wahl V，Ponnu J，Schlereth A et al（2013）Regulation off lowering by trehalose-6-phosphate signaling in *Arabidopsis thaliana*. Science 339：704-707

Yang Z，Sinclair T，Zhu M et al（2012）Temperature effect on transpiration response of maize plants to vapour pressure deficit. Environm Exp Bot 78：157-162

第9章
生产过程管理系统——以 SAIBAIX 为例

Shunsuke Sakaguchi　著

邹　凌，董　扬，缪剑华，覃　犇　译

摘　要：为了提升商用人工光植物工厂的盈利能力，必须提高单位面积内的生产率和资源利用效率（RUE）。本章介绍的是生产过程管理系统（如 SAIBAIX 系统）所具有的功能和一些相关的例子。

关键词：生产过程管理系统；植物生长；指数值；生产效率

9.1 引　言

人工光植物工厂（PFAL）的主要优点是能够通过较为精确的调控为植物生长创造理想的环境，以此来提高植物生长速率。在单位面积内，从生产效率来看，人工光植物工厂理论上最多可以达到露地栽培的 100 倍。PFAL 的第二个优点是不受天气条件的影响，能够稳定生产高质量的植物。

为了实现高生产率，如图 9.1 所示，在整个栽培体系不仅要有调节环境因子的调控设备，还要配备一

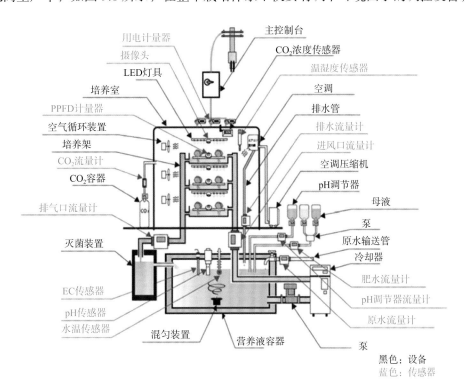

图 9.1　包括设备和传感器在内的栽培体系示意图

些传感器来监控植物生长和评估成本绩效。在现实案例中，绝大多数出现赤字的 PFAL，大多数的管理者都缺乏环境控制的硬件和成本绩效评估。这就是为什么在日本，仅有约 25% 的 PFAL 处于盈利的原因（Kozai et al., 2015）。有许多因素会影响生产效率，包括不同的栽培环境条件和工作期间对植物的意外损伤。此外，这些变量本身是相互联系的，因此，仅凭人类的直觉和经验要理解所有的复杂联系几乎是不可能的。出于上述原因，为了最大限度地发挥人工光植物工厂的优点和功能，通过生产管理系统定量地调整植物的生长来优化人工光植物工厂生产效率是必要的。

9.2　系统描述

人工光植物工厂（PFAL）生产管理系统主要监测植物的生长，控制生产过程和营销。这是因为 PFAL 的盈利能力受到产量、产品质量、销售价格、种植面积、电力消耗、劳动力成本的影响很大。

9.2.1　植物生长的量化与管理

在室内智慧农场，生产管理的第一步是对植物生长进行定量评估。以下是在人工光植物工厂（PFAL）体系下所进行的定量评估示例。

（1）栽培环境变量，如气温、VPD、CO_2 浓度、叶面 PPFD、营养液离子浓度等。

（2）植物生长速率和其他相关速率变量，如鲜重增加速率、叶表面积增加速率、净光合速率、养分吸收速率等。此处，速率变量是一定单位时间内的变化，如 $kg \cdot s^{-1}$ 和 $me \cdot kg^{-1} \cdot s^{-1}$。

（3）植物产品质量的评估（大小、形状、颜色、质地，是否存在生理失调的症状等）。

（4）资源供应率和资源利用效率。

需要指出的是，人工光植物工厂能否盈利很大程度上取决于植物自身的生长和质量，因此，如果无法对植物生长进行合适的量化和评估，是无法谈及提高生产效率的。此外，资源利用效率与植物的生长速率和产品的质量极大相关，因此对植物生长进行多方面的测量和评估是非常必要的。

9.2.2　生产过程管理

在人工光植物工厂生产过程中，主要期望的是通过自动化提高植物生长速率以此缩短生产周期，同时减少包括移栽和收获等在内的人工工作量。但是，有时候一些不必要的自动化工作不能缩短生产过程，相反，会降低投资带来的收益。因此，需要一个有效和高效地缩短生产过程的功能。

9.2.3　销售管理

通常，为了提高人工光植物工厂（PFAL）的利润率，即使在生产率稳定的地方，也必须将生产计划和库存量相结合，以便根据市场需求的波动来调整产量。必要时可以通过暂时停止生产线来应对市场的变化。

但是，在 PFAL 中，种子播种后生产线必须要在植物采收后才能暂停。这些生产过程中的调整意味着

时在不增加成本的情况下,可以通过改善这些环境因素提高生产率。如果在环境因素都已经优化的条件下,就应该聚焦于提高成本的使用效率。Kozai 等(2015)在本书的第 21 章中详细介绍了降低电力成本的方法。

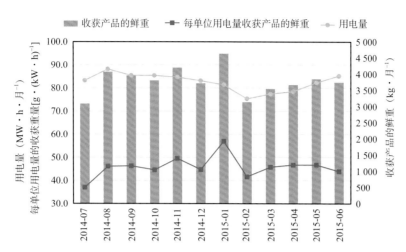

图 9.4　每月收获产品的鲜重(绿色柱状)、用电量(黄色曲线)和用电效率(生产每克鲜重物质所消耗的电)

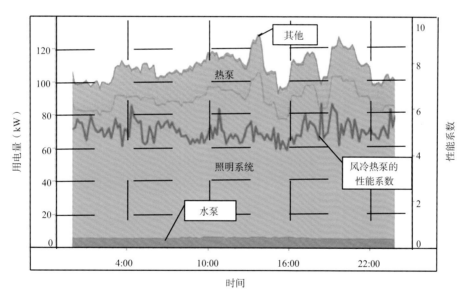

图 9.5　24 h 的用电量变化示例。风冷热泵的性能系数 =(照明功率 + 泵的功率 + 其他电器的功率)/ 风冷热泵功率

图 9.6 显示了热泵每天的排水量。PFAL 的最大优点之一是其较高的水分利用效率(WUE)。只要与离子浓度的目标没有明显的差异或者没有引起疾病的细菌扩散的问题,那么营养液就可以持续循环使用。植物所蒸腾的水分由栽培室内的空调排水系统收集,当循环使用时,除了所运输的植物产品中所含的水,供给到 PFAL 栽培系统的原水几乎没有损失。与温室的 WUE 最高为 2% 相比,PFAL 的 WUE 可以保持在 80% 的水平,有时甚至超过 90%(Kozai,2013)。

这样,通过监测和改进 RUE 和 CP,可以快速提高生产率并将其保持在高水平。

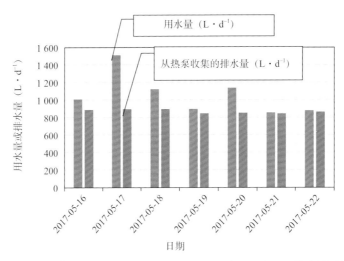

图 9.6 人工光植物工厂用水量（L·d⁻¹）与从热泵收集的排水量（L·d⁻¹）的关系。供给的量根据栽培室内是否存在作业而变化（如收获产品、栽培溶液的更新）。在人工光植物工厂（5 月 21 日和 22 日）无作业的几天中，废水的收集率超过 98%

9.5 间接测量植物指标的手段（相机图像）

当评估产品价值时，产品的结构、颜色、质地、是否存在生理失调所引起的症状（如叶片发黄、叶烧病）是重要的评估指标数据。在今天的农业领域，许多视觉信息还是由人类主观评估的。但是，人类的评估不仅在成本方面有劣势，而且人类评估的结果还因人而异；对大型人工光植物工厂（PFAL）进行 100% 的彻底监测是不现实的，因此，开发使用图像数据定量评估的方法至关重要。评估的自动化将是保持高质量和稳定产量这一 PFAL 最大优势的关键。

以下是使用图像来评估指标的示例：

（1）播种时种子浸没状态；

（2）发芽率；

（3）幼苗的生长状态（叶片展开/分离、叶片面积、叶片数等）（图 9.7）；

（4）移栽前后的状态（种植密度、幼苗损坏、幼苗倒伏等）（图 9.8）；

图 9.7 利用图像监测生菜幼苗生产。（A）种子播种后第 4 天；（B）种子播种后第 10 天（日本千叶大学）

图 **9.8**　生菜幼苗在移植前后的图像。（A）移栽前（种子播种后第 23 天。144 颗 /m^2）；（B）移栽后（种子播种后第 24 天。33 颗 /m^2）（日本千叶大学工厂）

（5）生长速率；

（6）收获时的状况（大小、颜色、质地、是否存在生理失调症状等）；

（7）植物的三维结构（高度、叶片厚度、叶片数、叶面积）。

如第 2 章和第 26 章中所表述的，由于表型性状分析的需求，植物三维结构信息的重要性在将来只会增加。用图像数据监测和分析 PFAL 中的一些变量现在才初始地应用。随着 AI（人工智能）技术和表型性状采集技术的进步，基于图像数据分析可能会有更广阔的应用前景。

9.6　生产管理过程的可视化

一般来说，为了在"工厂"中有效地进行生产，有以下几个目标：①增加产量，②提高质量，③缩短生产时间（Nakao et al.，2002）。如上所述，人工光植物工厂（PFAL）生产效率主要取决于植物本身的生长。然而，与此同时，PFAL 的生产过程中包括许多涉及人类参与的过程，如移栽、收获、包装、运输处理。这些过程大约占了 1/4 的生产成本，除此之外，还有一些计划外的成本，这些因素都会直接影响 PFAL 的发展和产品价格。因此，如果不能适当和有效地处理这些问题，则难以提高 PFAL 的盈利能力。

首先，为了减少不同人员在工作质量和速度上的个体差异，有必要为每个过程建立明确的程序和评估标准，并使每个人都能执行符合程序和标准的工作。基于决策的过程设计（decision-based process design，DPD）就是一种能帮助实现这一目标的方法（Nakao et al.，2002）。DPD 是一种以最熟练工人的知识和技艺为基准并寻求进一步优化的改进过程的技术。具体而言，首先，我们必须详细分析优秀工人在每个过程中如何决策和实施。然后，在标准化前，将清晰的专业技能进一步优化。最后，通过将标准化的专业技能代替个人知识和技能纳入流程结构，一个固定标准的高质量工作流程就形成了。此方法已应用于 100 多家公司，包括模具生产公司的生产过程中。虽然应用结果随生产情况不同而不同，但交货的时间都减少到了 95% 或更少。

在使用 DPD 分析 PFAL 的生产过程之后，我们可以人为地将生产过程分为大约 200 个步骤，包括种子播种、收获、种植相关的过程，包装、运输相关的过程，物料补充的过程，设备维护（图 9.9）。通常来讲，使用了基于 DPD 方法优化工作流程后，每个工作单位收获时的工作量减少了一半以上。

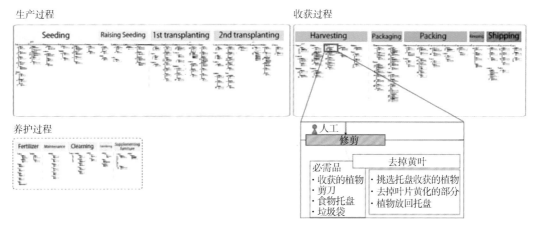

图 9.9 大规模商用人工光植物工厂从种子播种到运输的流程图。右上角的放大图显示了收获过程的一部分。从幼苗到运输，整个过程大约包括 200 个过程（根据千叶大学 Raise Co. Ltd. 的 PFAL 的生产流程图，并与 Stone Soup Inc. 共同制作）

在不久的将来，由于生产流程的整体化和系统化程度不断地升高，包括每个工人工作的特异化、单个 PFAL 生产和产品的可追溯性及与各种自动化机器的连接，会使 PFAL 的生产效率更高。

9.7　建模、多元分析和大数据挖掘

如上所述，在人工光植物工厂（PFAL）中，随着技术手段的进步，我们可以获取许多数据，这些数据包括培养环境信息、植物生长信息、工人和自动化机器的运行状态及资源和能源利用效率。到目前为止，农业栽培中环境和生长之间的因果关系的数据每年最多只能获得几次。不过不同区域 PFAL 的试验仍在继续进行，因此我们每天都会积累新数据。为了从如此庞大的数据中提取并有效地挖掘我们所需的信息，需要复杂的数据分析技术。幸运的是，近年米，数据分析技术已取得显著的实际进展，尤其是诸如一些开源的机器学习软件和其他一些框架性的数据分析技术的普及，引入成本会不断降低。

图 9.10 显示的是依据空气温度和水温使用多变量分析方法估算收获的产量。如图所示，即使使用简

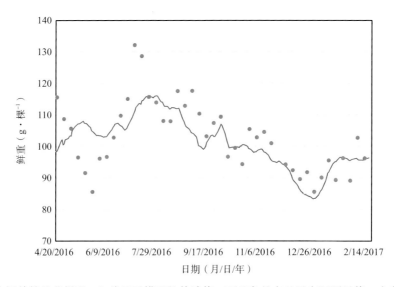

图 9.10　使用气温和水温估算收获鲜重。红线显示模型的估计值，而蓝色的点显示实际测量值。在存在较大估计误差的地方是由于受到其他环境因素的影响（千叶大学 Raise Co. Ltd. 的人工光植物工厂收集的数据）

单的方法和为数不多的几个变量所建立的模型中，也可以比较准确地估计出产量趋势。在稳定状态下运行的工厂能够通过持续监控一些代表植物生长的变量并计算出模型预估的理论值和当前值之间的差异（如之前所举的净光合速率的例子），这样就可以及早发现植物可能异常的生长速率，有针对性地采取及时的对策。类似地，也可以使用一些诸如植物成分、叶片构造等变量，通过使用非线性数学模型和机器学习分析方法研究栽培环境和植物生长不同变量之间的关系，这样我们将有可能生产定制属性的植物产品。

9.8　商业应用示例

　　SAIBAIX 管理系统已被引入日本主要的大型商用人工光植物工厂（PFAL）和教育性的小型 PFAL（日本的第一个用于教育的案例）中。本节将主要介绍 SAIBAIX 的使用示例及其效果。

　　在 2014 年，JA Touzai Shirakawa 成为日本首家基于人工光植物工厂的农业合作社。同时，SAIBAIX 也应用其中，并进行了空调使用优化的实验以使 PFAL 中的种植环境条件尽量均匀化。在实验中，对 PFAL 内安装的 10 多个空调单元的操作装置进行了调整，主要调整的是栽培室内的气流。实验结果不仅大大减少了空调用电量，而且栽培室内的平均气温也接近设定值，同时空气温度分布的均匀性也得到了改善［有关详细信息，请参阅 Kozai 等（2015）及第 22 章］。

　　成立于 2015 年的 Raise（Raise Co. Ltd.）在千叶大学内部开始运营大型 PFAL（图 9.11）。之前，作为世界上第一个商用的大型 PFAL，由 MIRAI 于 2012 年开始运营，每天可收获 3 000 棵生菜，而后 Raise 从 MIRAI 手中接管。在开始运营之前，Raise 安装了 SAIBAIX，并且一直在努力提高生产率。结果，在重新开始运行后仅 4 个月，与引入该系统之前相比，相同栽培天数的平均收成就翻了一番（图 9.12）。这些结果表明了 SAIBAIX 的有效性。具体而言，即使在相同的生产设备中，也有可能通过改善栽培环境条件来提高生产效率。

图 9.11　大型商用人工光植物工厂和 SAIBAIX 系统的应用界面（照片左侧为基于 SAIBAIX 系统的 LCD 显示屏）。在种植室中进行了使用各种制造商的 LED 照明设备的培养试验（位于日本千叶大学柏叶校区）

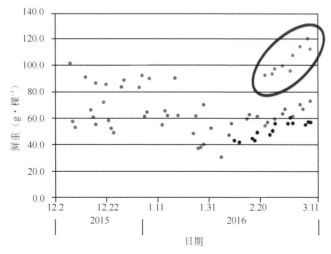

图 9.12　大规模商用 PFAL 中提高生产率的示例。不同颜色的点表示不同的栽培条件。产品是褶边生菜。例如，红色圆圈中的点所示，由于栽培条件的优化，收获的每颗鲜重重量（fresh weight）增加了 1 倍以上（千叶大学 Raise Co. Ltd. 的 PFAL 中收集的数据）

图 9.13 一所初中内的小型教育性人工光植物工厂和 SAIBAIX 仪表板（右上方的 LCD 显示屏）（日本千叶县，照片由作者拍摄）

在日本千叶县的一所初中建立了具有教育意义的小型 PFAL，引入了用于教育目的的 SAIBAIX（图 9.13 和图 9.14）。它显示各种测量值，包括 PFAL 内部 / 外部的空气温度、湿度、VPD、光合有效光量子通量密度（PPFD）、CO_2 浓度、水温、电导率（EC）、pH、电耗和植物生长视频，并附注信息使参观者能够了解这些值的含义。SAIBAIX 不仅使学生了解 PFAL 运行机制，而且还提供了学习广泛的科学和技术领域（包括植物生理学、化学和电气工程）的机会，此过程也有助于下一代相关人力资源的培养。

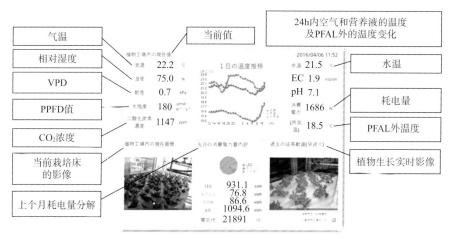

图 9.14 一所初中的小型教育性 SAIBAIX 使用示例

9.9 结 束 语

能够管理植物生长的生产管理系统对于提高商用人工光植物工厂的利润至关重要。在生产管理系统中寻求和探索其他更先进的功能，如监视栽培环境因子的功能、监测生产效率和资源利用效率的功能、优化生产过程的功能及基于收获预测的订单管理。本章介绍了配备有此类功能的生产管理系统及其应用示例。将来，随着基因工程、表型组学研究和人工智能技术等方面的进步，生产管理系统将会得到进一步发展，未来这个体系可能在具有特殊形状与功能成分的植物生产中变得不可或缺。

参 考 文 献

Kozai T（2013）Resource use efficiency of closed plant production system with artificial light：concept，estimation and application to plant factory. Proc Jpn Acad，Ser B 89：447-461

Kozai T，Niu G，Takagaki M（eds）（2015）Plant factory：an indoor vertical farming system for efficient quality food production. Academic，Amsterdam，p 405

Nakao M，Yamada M，Kuwabara M，Otubo M，Hatamura Y（2002）Decision-based process design for shortening the lead time for mold design and production. CIRP Ann Manufact Technol 51（1）：127-130

第 10 章
空气分配及其均匀性

Ying Zhang and Murat Kacira　著

马　啸，汪婷婷，王　晶，许建萍，纪　旭，董　扬，郭晓云，覃　犇　译

摘　要：空气分配系统在人工光植物工厂中，负责空气交换和替换，为植物创造所需的生长条件。多层结构、光源散发的热量、不适当的空调及空气分配系统等综合因素可引起人工光植物工厂内环境的不均匀。空气分配系统的设计原则是了解风的物理特性和作物对风的响应。本章通过对叶片边界层和边界层阻力理论的简单解释，描述了风对作物光合作用和蒸腾过程的影响；随后介绍了改善空气流动以预防植物生理失调（如生菜的叶尖烧）的实例应用；在送风系统的设计中，介绍了混合通风系统的总体控制，冷却风机和穿孔风管的局部控制；最后，定义了空气交换效率、局部平均空气龄、散热效率和变异系数等评价通风性能的指标。

关键词：边界层；阻力边界层；空气流动；空气分配系统；冷却风机；空气交换效率；局部平均空气龄；散热效率；变异系数；模拟；计算流体动力学

10.1　引　言

通过针对关键技术和控制策略进行适当的生产系统设计优化，同时考虑特定作物的最低环境要求，如光、空气温度、空气速度和流量模式、CO_2，以及这些变量的均匀性，可以提高多层结构的植物工厂的运营成本和资源使用效率。

大多数人工光植物工厂都建在一座既有的仓库建筑里，内有多层栽培架。据观察，现有系统设计的重点是利用内部建筑空间实现更高的生物量，而没有考虑到空调系统的详细工程设计基本原理、环境的均匀性、CO_2 的有效输送、栽培架间距、智能光源系统和栽培架设计，以及作物和周围气候在热和物质转移过程中的相互作用。随之而来的后果是，在系统设计中缺乏详细的工程分析会导致资源（能源、CO_2、水）使用效率低下、环境不均匀、系统成本较高，并限制生产质量、产量和利润。

由于每个栽培架和大生产区域内空气循环有限且不稳定，可能造成人工光源的多层工厂环境不均匀。这会限制生产质量、产量和速度，造成随着生长期的延长资源消耗增加。需要在单一光源下正确设计植物工厂的作物生产、空调和空气分配系统，以提供所需的气流模式、边界层厚度、足够的气流速度，以实现最佳的热交换和气体交流，提升环境的均匀稳定性，以及有效提供 CO_2。

在空调空间中合理分配空气的重要性往往被低估。人工光植物工厂中作物周围的空气流动对作物生长和生理有重大影响。为了应对上述挑战，确定最优的多层系统设计需要详尽的现场研究和实验，需要人工和时间来分析各种配置、设计变量和运行策略。因此，开发可经受验证的模型时，使用计算机建模和基于模拟的方法是一种更有利的且时间、成本和劳动力效率更高的方法，可以详细确定关键的设计特

征和变量，并对设计进行优化，从而提高资源使用效率。本章讨论了作物与周围小气候的相互作用机制和其他重要因素，对空气分配系统的一些备选方案进行了思考和评估，基于计算机建模方法的结果和图解，以及工厂系统气流均匀性分析，提出了局部气候控制概念。

10.1.1　叶边界层和叶边界层阻力

叶边界层（leaf boundary layer，LBL）是附着在叶表面由空气摩擦产生的静止空气的薄层。边界层内的气流可以是层状、湍流或过渡气流，这取决于冲击气流的湍流和叶片的特性（Van Gardingen and Grace，1991）。图 10.1 显示了平展型叶片顶部的空气流动，显示了从层压到湍流的过渡（箭头指示气流的相对速度和方向）。在层边界层或层压子层内，空气运动与叶片表面平行。热量和气体传递通过层边界层中的分子扩散发生。湍流的特点是各种尺寸的不稳定涡流运动。涡流有助于湍流边界层中的热量和气体传递。在自然界中，风剖面不是层状。树叶随风而摆动的运动、叶片表面的粗糙度、静脉和锯齿都会影响气流状态，并导致出现湍流边界层。

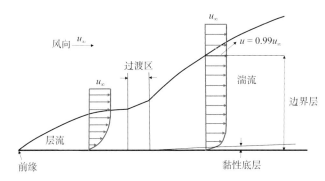

图 10.1　气流在光滑平面上流动的示意图，表示从层流到湍流的过渡

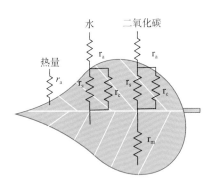

图 10.2　叶片表面气体与热交换阻力：边界层阻力（r_a）、气孔阻力（r_s）、角质层阻力（r_c）、叶肉阻力（r_m）

作物和大气之间的热量和物质交换必须克服树叶上的各种阻力（图 10.2）。光合作用可视为 CO_2 从空气扩散到叶绿体的过程。CO_2 扩散的阻力来自叶肉、角质、气孔和边界层（Gaastra，1959）。蒸腾作用把水和矿物质从根运输到叶，水蒸气通过叶边界层扩散，然后通过空气流动被带走。水蒸气扩散路径中的阻力来自表皮、气孔和叶边界层，而只有叶边界层阻力（LBLR）对传热起作用。空气运动通过改变边界层厚度，对作物及其周围之间的热量和物质转移起着至关重要的作用，因此可对作物生长产生积极或消极的影响。

叶边界层阻力（leaf boundary layer resistance，LBLR）是叶表面能量和气体通量通路的阻力，与叶边界层厚度（leaf boundary layer thickness，LBLT）直接相关。叶边界层厚度是指从叶片表面到流速立即接近自由流值的点到叶片的正常距离。它受叶片（如叶片大小、形状和粗糙度）和空气运动特性的影响。平展型叶片旁边的平均 LBLT 可以定义为下面的近似方程（Nobel，2009）：

$$\delta^{bl} = 4.0\sqrt{\frac{l}{v}}$$

式中，l 为下风方向的叶片的平均长度（m）；v 为环境风速（m·s^{-1}）；δ^{bl} 为平均 LBLT（mm）。因子 4.0

（mm·s$^{-0.5}$）和指数 0.5 因叶片形状和大小不同而异。通常，平均叶边界层厚度与下风方向的叶片平均长度成正比，与环境风速成反比。

10.1.2　气流速度和气流方向对光合作用或 / 和蒸腾作用的影响

空气循环不足抑制叶片边界层中气体和水的扩散，从而降低光合作用（photosynthesis，Pn）和蒸腾作用（transpiration，Tr），进一步抑制植物生长发育（Yabuki，2013）。Kitaya（2005）评估了气流速度对黄瓜幼苗冠层和单叶的 Pn 和 Tr 的影响，当气流速度从 0.02 m·s^{-1} 增加到 1.3 m·s^{-1} 时，Pn 和 Tr 分别增加了 1.2 倍和 2.8 倍；同样，当气流速度从 0.005 m·s^{-1} 增加到 0.8 m·s^{-1} 时，单叶的 Pn 和 Tr 分别增加了 1.7 倍和 2.1 倍；结果表明提高风速对光合作用和蒸腾作用有积极作用。据报道，当气流速度从 0.005 m·s^{-1} 增加到 0.1 m·s^{-1} 时，叶边界层阻力的降低与气流速度的负 0.37 次方成正比。风不仅通过减少叶边界层厚度来影响蒸腾作用，而且还通过去除靠近叶片表面的潮湿空气来影响蒸腾作用。当边界层的湿润空气被干燥空气取代时，气孔和环境之间的水势梯度增加，蒸腾速率也随之提高。

气流方向已被证明对植物的蒸腾作用有很大的影响。Kitaya 等（2000）研究了垂直和水平气流对模型植物冠层的蒸腾速率的影响，气流的速度控制在 0.1～0.3 m·s^{-1}。结果表明，在气流速度分别为 0.15 m·s^{-1} 和 0.25 m·s^{-1} 时，垂直气流下植物的蒸腾速率是水平气流下蒸腾速率的 2 倍和 2.7 倍。与水平气流相比，垂直气流能有效降低冠层表面的叶边界层厚度，从而提高边界层水蒸气的扩散率。对于高密度大量植物的封闭植物培养系统，建议强制通风时使用垂直向下的气流。

10.1.3　气流速度和气流方向对预防叶烧病的影响

只有在生产空间内维持作物的适宜生长条件，才能持续生产高质量的作物。在室内生产系统中，由于栽培架上的空气流通有限且分布不均，并且生产区域较大，作物冠层上的空气温度可能与 A/C 单位设置值相差几摄氏度，形成不均匀环境，从而影响生产质量、产量和效率。在叶片附近，加强叶气交换的有效气流速度为 0.3 m·s^{-1} 以上（Kitaya et al.，1998）。缺乏垂直气流和产生适当边界层动力学的能力限制，特别是当栽培架高度（顶部空间）有限时，可能会导致作物生理障碍（营养缺乏引起的生菜的叶烧病）。

叶烧病被认为是缺钙相关疾病的症状，其特征是生菜出现褐色边缘。钙是强化植物细胞壁的必需植物营养素。从植物的根部到叶片钙的摄入是被动的，由蒸腾过程驱动。由于边界层的空气停滞，即使在高蒸腾需求条件下，尽管在根区有大量的钙供应，但在低蒸腾率时，叶烧病症状也可能发生在内侧和新发育的叶片上。这种缺陷会影响生菜的外观，并降低其市场价值。

Goto 和 Takakura（1992）证明，在生菜作物冠层形成垂直气流可以有效防止叶烧病。Kitaya 等（2000）指出，在具有高种植密度的封闭作物培养系统中，具有垂直向下气流的强制空气移动至关重要，而且空气流速应至少高于冠层边界层的 0.3 m·s^{-1}。与水平气流相比，垂直气流能有效减小冠层表面边界层的厚度，从而提高边界层水蒸气的扩散率。对于具有大量高密度植物的封闭植物培养系统，建议强制通风时使用垂直向下的气流。Shibata 等（1995）调查了强制气流对工厂种植的结球生菜的生长和叶烧病发生的影响，共创建了 2^3 因子实验设计，其中包含 3 个因子（垂直气流、水平气流和无气流），每个因子有 2 个水平（60% 的相对湿度和 80% 的相对湿度）；气流速度为 0.7 m·s^{-1}，由供气系统垂直或水平方向提供，在栽培床位置可达到约 0.5 m·s^{-1} 的速度。研究表明，垂直气流可以有效防止生菜的叶烧病。在垂直气流条件下播种后，第 40 天未发生叶烧病；播种后第 30 天，无气流和水平气流情况下观察到叶烧病症状。Lee 等（2013）研究了室内工厂中 4 种不同水平气流速率下两个易发生叶烧病品种的叶烧病发生症状情况。

叶闭合效应是植株中心发生叶烧的原因之一。在实验中，由 3 个空气循环风扇沿床侧面水平线输送气流。结果发现，约 0.3 m·s⁻¹ 的稳定水平气流可显著降低叶烧病的发生率，但在栽培床中心区域收获的内叶中仍发现叶烧现象。与没有空气供给的对照组相比，在 0.28 m·s⁻¹ 的气流速度下，两个品种的叶烧病症状分别减少了 65% 和 55%。

10.2　人工光植物工厂中的通风 / 分配系统

10.2.1　空气流动

人工光植物工厂（PFAL）内部的空气流动可由 3 种力驱动：风压、浮力和机械力。空气的渗入 / 渗出是指空气通过建筑物围护结构中的裂缝随意地向内或向外流动，这是内部和外部的压力差造成的，取决于风速、风向和建筑围护结构的密封性。PFAL 的气密性可以高到每小时换气率为 0.01 ～ 0.02。这意味着在大多数情况下，在 PFAL 中渗入 / 渗出引起的气流是可以忽略不计的。

由于流体的密度差异，浮力是流体运动的驱动力。它是分子碰撞产生的压力，取决于流体分子的动能。密集流体或较冷液体的动能较少，因此流体产生的压力较小。在没有通风的 PFAL 中，受重力作用，密度较高的冷空气下降，密度较低的热空气上升，创造了一个向上的浮力和空气的流动模式，导致 PFAL 空间中形成温度梯度。

PFAL 中的空气流动主要是由风机和风管这样的通风机械来驱动。通常，空气处理模块与管道系统相连接。送风系统将空气输送到通风空间，从而在栽培架内形成温度、湿度、CO₂ 和空气运动统一的气候。PFAL 通风系统的设计是根据房间几何形状、内部热源和所需的环境条件，来合理选择送风口和回风口的类型、位置和大小。PFAL 内气流的特征是浮力效应和机械力共同作用的结果。

10.2.2　空气分配系统

10.2.2.1　整体控制

混合通风系统广泛用于 PFAL，为整体控制（overall control，OC）提供空气循环。此处的 OC 被定义为对主要区域空气分布的常规控制。其原理是以高速（高雷诺数）提供通风空气，以混合和稀释整个房间的空气，实现混合空气质量均匀。入口通常位于房间的上部，以喷射形式提供空气（高层的天花板或墙壁）（Schiavon，2009）。对排气口的要求是避免供气短路。如图 10.3 所示为 3 个通风系统实例。喷射流的运动主要受供气初始动量的控制。因此，进气口位置对气流模式的影响较大，而出气口位置对气流模式的影响较小。气流模式是影响建筑物内温度梯度的关键因素（Randall and Battams，1979）。

侧壁供应和排放

在通风环境中，阿基米德数（Ar）被广泛用于描述流动的方向（Berckmans et al.，1993）。它的一般形式表示为（Awbi，2008）

$$Ar = \frac{g\beta\Delta TL}{U^2}$$

式中，g 为重力加速度（m·s⁻²）；β 为热膨胀系数（在入口空气和靠近壁的空气之间的平均温度下计算）；ΔT 为入口空气与最冷（或最热）外壳壁之间的温差（℃）；L 为特征尺寸（m）；U 为入口网格处的平均速度。

该方程通过对供给空气速度和室温差进行梳理，揭示了浮力和惯性力的相对重要性。对于从侧壁提供空气的空气分配系统［图 10.3（A）、（B）］，从水平方向的喷射偏转取决于 Ar。随着 Ar 的增加，水平方向的喷射偏转增加（Randall and Battams，1979；Berckmans et al.，1993；Cao et al.，2014）。

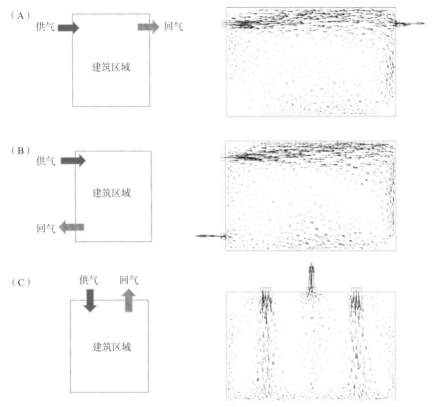

图 10.3　混合通风系统（左）和相应气流模式（右）的例子：（A）对面侧壁供气（高）和抽气（高）；（B）一侧壁供气（高）和抽气（低）；（C）天花板供气和抽气

天花板供气和抽气

基于天花板的通风［图 10.3（C）］适用于较大空间（Awbi，2015）。对于这种类型的混合通风系统，可以沿送风口观察到潜在的气流，但在排气口周围没有清晰的连接气流（Kikuchi et al.，2003）。在 PFAL 中，采用热通道 / 冷通道送风系统，入风口与出风口交替布置在通道上方，可以有效地消散光源产生的大量热量，且空气温度分布均匀（图 10.4）（Zhang and Kacira，2017）。但在气流速度分布上，该送风系统存在气流速度的空间差异，送风系统靠近地面的气流较强，生产系统顶层气流较弱。作物冠层表面平均风速通常较低（低于 $0.3\ \mathrm{m\cdot s^{-1}}$）。

10.2.2.2　局部控制

虽然混合通风系统可以帮助将气体浓度、湿度和温度差异在一定程度上降至最低（Awbi，2015），但作物冠层区域的气候均匀性和空气流动仍无法得到充分保障。由于多层、光源散发的热量和浮力的综合影响，即使在单个栽培架上，也能发现作物冠层区域的空气温度不均匀和空气运动不充分，这将导致作物生长不均匀和失调。此外，用整体控制来控制整个空间的能源使用效率并不高。局部控制是一种使用设备来增强每个栽培架的作物冠层空气环流的控制策略。它可以改善气候的均匀性，加速作物冠层的空气流动，提高资源利用效率。

气流 / 冷风机

在栽培架的末端或沿架子安装气流或冷风机是实现局部控制最简便的方法。图 10.5 为配备荧光灯和冷风机的栽培架的俯视图。冷风机沿架子安装在侧壁的中心，将对面侧壁的空气送入栽培架。可以观察到气流速度在栽培架水平面上均匀分布。然而，当空气通过栽培架时，通过与靠近灯的热空气混合，进气温度会升高。空气温度从一侧到另一侧的差异取决于进气温度、气流路径、灯释放的可感热量及栽培板间的高度。因此不建议在长栽培架的末端安装冷风机。如果将作物冠层的顶部表面视为大的平展型叶面，根据上一节描述的叶边界层厚度近似方程，叶边界层厚度会随着顺风方向叶的平均长度增加而增加。因此，货架中心区域的空气循环很难随叶边界层阻力增大而改善。

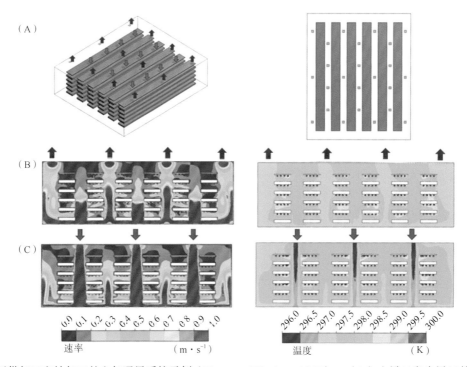

图 10.4 天花板供气口和抽气口的空气通风系统示例（Zhang and Kacira，2017）：（A）入风口和出风口的布局；（B）出风口的空气速度和温度分布；（C）入风口的空气速度和温度分布。利用计算流体动力学建模，得出了空气速度和温度分布的分析和结果

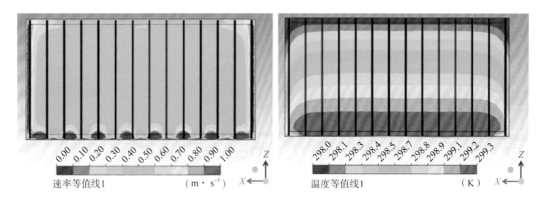

图 10.5 栽培架上水平面上气流速度和温度分布的俯视图

穿孔空气管

对于局部控制，使用风扇向下循环空气为作物冠层提供垂直气流是不现实的。这将导致照明周围的热空气与叶片表面的冷空气混合，增加叶片表面的环境空气温度。穿孔空气管可用于向作物冠层输送调

节好的空气，或促进作物冠层周围的空气循环，以达到理想的气候均匀性和空气流动速度。穿孔空气管的设计与生产系统的尺寸和布局有关。排气孔的数量、大小、形状和间距影响着空气管内的风压，并决定着每个孔的空气喷散速率（Saunders and Albright，1984；Wells and Amos，1994）。穿孔空气管的开口率定义为总孔面积与积尘面积之比。Wells 和 Amos（1994）报道，孔径比大于 1.5 将导致管道的非均匀排放，孔径比在 1 左右是在均匀排放和避免入口高压之间的最佳方案。图 10.6 显示两个向栽培架提供水平气流（左侧）和垂直气流（右侧）穿孔空气管的例子（Zhang et al.，2016；Zhang and Kacira，2017）。

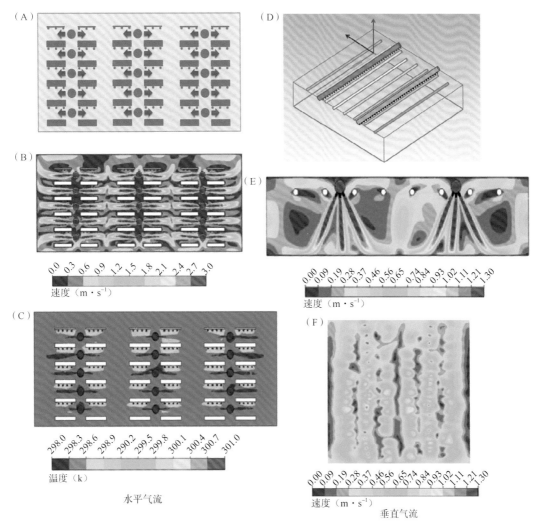

图 10.6　在栽培架上应用穿孔空气管进行空气分配系统的局部控制，以提供水平气流［（A）～（C）］（Zhang and Kacira，2017）和垂直气流［（D）～（F）］的示例：（A）穿孔空气管的布局（水平气流），（B）空气速度分布的前视图（水平气流），（C）空气温度分布的前视图（水平气流），（D）穿孔气管的布局（垂直气流），（E）空气喷射的前视图（垂直气流）和（F）空气速度分布的俯视图（垂直气流）

10.3　空气分配系统评估

根据通风任务的不同，可采用多种方法对通风性能进行评价。系统效率表明了实际性能和理想性能之间的差异。PFAL 的通风效率可以根据空气交换效率、局部平均空气龄和散热效率来评估。气候均匀性也

是评价通风 / 分配系统性能的一个重要参数。

10.3.1　空气交换效率

空气交换效率是指用新鲜空气置换通风空间中原有空气的效率。局部（房间中的某点）空气交换效率是名义时间常数（τ_n）和房间局部平均空气龄（τ_p）比率的一半（Cao et al.，2014）：

$$\varepsilon_a = \frac{\tau_n}{2\tau_p}$$

当 τ_n 等于空气变化率（ACH $=Q/V$）的倒数时。ACH 等于空气供应率（Q）与房间容积（V）之比。

10.3.2　局部平均空气龄

局部平均空气龄是指自新鲜空气进入房间或建筑物开始到指定点所花的时间（Awbi，2008）。局部平均空气龄的定义式如下（Cao et al.，2014）：

$$\tau_P = \frac{1}{C(0)}\int_0^\infty C_p(t)\mathrm{d}t$$

式中，$C（0）$ 为示踪剂气体的初始浓度；C_p 为 t 时刻房间内某一点的气体浓度。常用平均风速表示空间内缺乏通风。局部平均空气龄分布同时可作为热湿混合积累的停滞区中的检测参数（Chanteloup and Mirade，2009）。

10.3.3　散热效率

散热效率可以表示为（Cao et al.，2014）

$$\varepsilon_t = \frac{T_R - T_S}{T_P - T_S}$$

式中，ε_t 为散热效率；T_R 为排气温度；T_S 为送风温度；T_P 为被占用区域的温度。对于人工光植物工厂，T_P 可以是作物冠层周围的平均温度。

10.3.4　变异系数

变异系数（CV），也被称为相对标准差（RSD），是一种统计量度，用于描述相对于平均值的数据分布：

$$\mathrm{CV} = \frac{\sigma}{\mu}$$

式中，σ 为标准差；μ 为平均值。它适用于比较度量规模不可比的变量，可用于分析 PFAL 的气候均匀性，如气温、CO_2 浓度、湿度等。RSD 越小，意味着所评估变量的变化较小，一致性更高。然而，由于是以标准差除以平均值，若平均值小于 1，则会导致 RSD 较高，此情况通常没有意义（Chanteloup and Mirade，2009）。在这种情况下，应谨慎使用 CV，并需要对数据解释做进一步的分析。

参 考 文 献

Awbi HB（2008）Ventilation systems：design and performance. Taylor & Francis，New York

Awbi HB（2015）Ventilation and air distribution systems in buildings. Front Mech Eng 1：1-4. https://doi.org/10.3389/fmech.2015.00004

Berckmans D，Randall JM，Van Thielen D，Goedseels V（1993）Validity of the Archimedes Number in ventilation Commercial livestock building. J Agric Eng Res 56：239-251

Cao G，Awbi H，Yao R et al（2014）A review of the performance of different ventilation and airflow distribution systems in buildings. Build Environ 73：171-186. https://doi.org/10.1016/j. buildenv.2013.12.009

Chanteloup V，Mirade PS（2009）Computational fluid dynamics（CFD）modelling of local mean age of air distribution in forced-ventilation food plants. J Food Eng 90：90-103. https://doi.org/10. 1016/j.jfoodeng.2008.06.014

Gaastra P（1959）Photosynthesis of crop plants as influenced by light，carbon dioxide，temperature，and stomatal diffusion resistance. Overdruk 59：1-68

Goto E，Takakura T（1992）Promotion of calcium accumulation in inner leaves by air supply for prevention of lettuce tipburn. Trans ASAE 35：641-645

Kikuchi S，Ito K，Kobayashi N（2003）Numerical analysis of ventilation effectiveness in occupied zones for various industrial ventilation systems. In：Proceedings of 7th international symposium on ventilation for contaminant control，pp 103-108

Kitaya Y（2005）Importance of air movement for promoting gas and heat exchanges between plants and atmosphere under controlled environments. In：Omasa K，Nouchi I，De Kok LJ（eds）Plant responses to air pollution and global change. Springer Japan，Tokyo，pp 185-193

Kitaya Y，Shibuya T，Kozai T，Kubota C（1998）Effects of light intensity and air velocity on air temperature，water vapor pressure and CO_2 concentration inside a crops stand under an artificial lighting condition. Life Support Biosph Sci 5：199-203

Kitaya Y，Tsuruyama J，Kawai M et al（2000）Effects of air current on transpiration and net photosynthetic rates of plants in a closed plant production system. Transpl Prod 21st Century：83-90. https://doi.org/10.1007/978-94-015-9371-7_13

Lee JG，Choi CS，Jang YA et al（2013）Effects of air temperature and air flow rate control on the tipburn occurrence of leaf lettuce in a closed-type plant factory system. Hortic Environ Biotechnol 54：303-310. https://doi.org/10.1007/s13580-013-0031-0

Nobel PS（2009）Temperature and energy budgets. Physicochem Environ Plant Physiol：318-363. doi：https://doi.org/10.1016/B978-0-12-374143-1.00007-7

Randall JM，Battams VA（1979）Stability criteria for airflow patterns in livestock buildings. J Agric Eng Res 24：361-374. https://doi.org/10.1016/0021-8634（79）90078-7

Saunders DD，Albright LD（1984）Airflow from perforated polyethylene tubes. Am Soc Agric Eng 84：1144-1149

Schiavon S（2009）Energy saving with personalized ventilation and cooling fan. PhD thesis

Shibata T，Iwao K，Takano T（1995）Effect of vertical air flowing on lettuce growing in a plant factory. Acta Hortic：175-182. https://doi.org/10.17660/ActaHortic.1995.399.20

Van Gardingen P，Grace J（1991）Plants and wind. Adv Bot Res 18：189-253. https://doi.org/10.1016/S0065-2296（08）60023-3

Wells CM，Amos ND（1994）Design of air distribution systems for closed greenhouses. In：Acta horticulturae. International Society for Horticultural Science（ISHS），Leuven，pp 93-104

Yabuki K（2013）Photosynthetic rate and dynamic environment. Springer，Dordrecht

Zhang Y，Kacira M（2017）Analysis of environmental uniformity in a plant factory using CFD analysis. In：Acta Hortic 1037：1027-1034

Zhang Y，Kacira M，An L（2016）A CFD study on improving air flow uniformity in indoor plant factory system. Biosyst Eng 147：193-205. https://doi.org/10.1016/j.biosystemseng.2016.04. 012

第三篇

对光合作用、LED、相关单位和术语的再认识

第 11 章
重新认识光合作用和 LED 的基本特性

Toyoki Kozai，Masayuki Nozue　著

钟　楚，韦坤华，郭晓云　译

摘　要： 本章从利用发光二极管（LED）作为光源的人工光植物工厂出发，重新认识光合作用的基本特征——作用光谱和量子产额。鉴于白色 LED 的性价比得到改善，我们重新评估了绿光对光合作用的影响，讨论了单叶和密集植物冠层之间的光谱和量子产额差异，以及设计和运行光源系统所需的 LED 灯具的特性，并将其作为产品标签展示。

关键词： 作用光谱；光量子能量；绿光；多光反射；量子产额；白色 LED

11.1　引　言

本章讨论了光合作用的基本特性及人工光植物工厂（PFAL）中用于光源系统设计和运行的 LED 的基本特性。LED 光源和环境因素控制（除光源外）的方法与温室有些不同。对具有较大自由度的 LED 光源系统的高效设计和操作，需要对光合作用和 LED 的基本特性有全面深入的了解。

本章未描述的有关园艺中 LED 的实用信息可以从 Mitchell 等（2015）的一篇综合性、信息量丰富的 87 页综述论文和 Kozai 等（2016）的《都市农业的 LED 光源》一书中获取。

11.2　叶绿素 a、叶绿素 b 和类胡萝卜素的吸收光谱

图 11.1 显示了分离的叶绿素 a、叶绿素 b 及 β- 胡萝卜素的吸收光谱，其峰值波长分别为 430 nm 和 667 nm、455 nm 和 642 nm 及 448 nm 和 482 nm。β- 胡萝卜素是类胡萝卜素的一种。其他类胡萝卜素的峰值波长在 350～500 nm（Lichtenthaler and Buschmann，2001）。应当注意，这些是溶解分离出的色素在溶剂中的吸收光谱，不是单叶或植物冠层的吸收光谱。从这张图中，人们有时会误解植物只利用蓝光和红光进行光合作用，而绿光对光合作用无效。

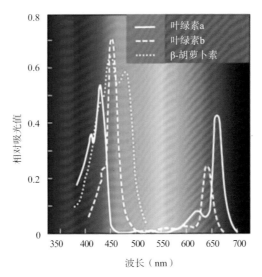

图 11.1 叶绿素 a、叶绿素 b 和 β- 胡萝卜素的吸收光谱。叶绿素 a、叶绿素 b 及 β- 胡萝卜素的峰值波长分别为 430 nm 和 667 nm、455 nm 和 642 nm 及 448 nm 和 482 nm。β- 胡萝卜素是类胡萝卜素的一种，其他类胡萝卜素的峰值波长在 350 ～ 500 nm（H. K. Lichtenthaler and Buschmann，2001）

11.3　单叶的作用光谱和量子产额谱

11.3.1　作用光谱（单位光合有效辐射的总光合速率）

图 11.2 为基于光量子的单叶作用光谱和量子（光合光量子）产额谱（McCree，1972）。作用光谱是指单位入射光合有效辐射（W·m⁻²）的总光合速率随波长变化的变化。图中显示，作用光谱在 425 ～ 450 nm 处出现弱峰，525 ～ 550 nm 逐渐增加，550 ～ 675 nm 相对急剧增加。需注意，蓝光波段（400 ～ 500 nm）下的平均总光合速率较绿光波段（500 ～ 600 nm）下的要低。蓝光（400 ～ 500 nm）被类胡萝卜素在内的辅助色素吸收，吸收的能量通过激发电子转移到叶绿素 a 和叶绿素 b，最后转移到光合反应中心的叶绿素 a，并伴随一定的能量损失。

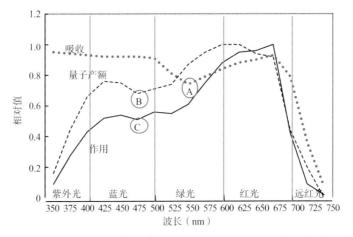

图 11.2　22 种室内生长的植物单叶在水平方向的平均吸收光谱、量子（光合光量子）产额谱和作用光谱（总光合速率）［根据 McCree（1972）给出的数据重新绘制］

如图 11.2 中 A、B 和 C 所示，在 550 nm 波长（绿光）处吸光率下降，而量子产额和总光合速率却没有下降。相反，在 475 nm 波长处的作用光谱和量子产额光谱出现了一个小的下降，这可能是由于类胡萝卜素的吸收作用。

还应该注意，虽然光合有效辐射（PAR）的波长范围定义为 400 ～ 700 nm，但是在 350 ～ 400 nm 和 700 ～ 750 nm 的波长范围内，总光合速率为正。

11.3.2　量子产额

量子产额（quantum yield，Q_p）定义为总光合速率（gross photosynthetic rate，P_g）除以光合光量子吸收速率（$\mu mol \cdot m^{-2} \cdot s^{-1}$）。在某种情况下，$P_g$ 以 $\mu mol（CO_2）\cdot m^{-2} \cdot s^{-1}$ 表示，Q_p 以 $P_g /（Q_a \times L_a）$ 表示，式中，Q_a 为到达叶片的光合有效光量子通量密度（$\mu mol \cdot m^{-2} \cdot s^{-1}$），$L_a（0 < L_a < 1）$ 为叶片的吸收系数。

与能量有关的量子产额（Q_e）由 $P_g /（E_p \times Q_a \times L_a）$ 计算，式中，E_p 为单个光量子的能量。因此，Q_e 随单个光量子的能量和叶片吸收率的降低而增加。P_g 也可以用 g（干重）$\cdot m^{-2} \cdot s^{-1}$ 的单位表示。当考虑照明用电成本和电能利用效率时，Q_e 比 Q_p 更为重要。

11.3.3　绿光的量子产额

虽然叶片对绿光（550 ～ 599 nm）的吸收率（0.74 ～ 0.81）比对蓝光（400 ～ 499 nm）的吸收率（0.92 ～ 0.93）低 0.12 ～ 0.18，但是绿光下量子产额高于蓝光下。绿光区域吸收率的下降取决于被测叶片的厚度和叶绿素的浓度（Garbrielsen，1948）。绿光对光合作用是相当有效的。当光源产生的大部分光是绿色时，如使用白色 LED（见 6.3 节白色 LED），这一点就显得尤其重要。与红光波段相比，蓝光和绿光波段的量子产额相对较低，这是由于非光合色素（如类黄酮）吸收（Gabrielsen，1948；McCree，1972）和类胡萝卜素散热（Horton et al.，1996）的作用。

11.3.4　单个光量子的能量

每个光量子的能量（E）可以通过 $E = h \times c / \lambda$ 计算，式中，h 为普朗克常数（6.626×10^{-34} Js）；c 为真空中的光速（$3 \times 10^8 \, m \cdot s^{-1}$）；$\lambda$ 为光量子的波长（m）。例如，对于波长为 450×10^{-9} m（蓝光）的光量子，E 可达 4.4×10^{-19} J，对于波长为 700×10^{-9} m（红光）的光量子，E 为 2.8×10^{-19} J。即在 450 nm 处每个或每摩尔（6.022×10^{23}）光量子的能量（J）是 700 nm 处每个或每摩尔光量子能量的 1.56（=700/450=4.4/2.8）倍。

因此，当在任何波长下从电能（J）到摩尔光量子数的转换因子几乎相同时，LED 的红光光量子发射的电能效率比蓝光光量子发射得更高。

11.3.5　作用光谱与量子产额谱的比较

如 11.2 节所述，绿光（500 ～ 599 nm）下的作用光谱或总光合速率与蓝光（400 ～ 499 nm）下的相当或更高。同时，绿光（530 ～ 600 nm）下的量子产额也较蓝光（400 ～ 500 nm）下高。Inada（1976）

对 33 种植物的作用光谱进行了测定，也获得了类似的结果。因此，有必要重新认识绿光对光合作用的积极作用。

从光源系统设计的角度来看，作用光谱比量子产额谱更为重要和实用。作用光谱显示了光源系统为光合作用提供的光合光量子的利用效率，而量子产额谱则显示了叶片通过光合作用吸收的光合光量子的利用效率。通过改变光源系统的设计和操作来提高其效率相对较为容易，而提高植物光合特性的效率则相对更为困难。

11.3.6　红降和爱默生效应

波长大于 680 nm 的远红光的量子产额急剧下降（图 11.2），这表明单独的远红光不足以驱动光合作用。这种量子产额从 680 nm 开始急剧下降的现象称为"红降"（Emerson and Lewis，1943）。另外，当植物在红光和远红光同时照射下，总光合速率大于二者单独照射时的速率之和（Emerson and Rabinowitch，1960）。这种效应称为爱默生效应。与太阳光中含有大量远红光不同，在 LED 光源系统的设计和运行中，需要考虑红降和爱默生效应，因为 LED 的远红光通量和红光与远红光通量之比很大程度上取决于 LED 的类型。一些 LED 发出的远红光很明显，而另一些则很少发射远红光。

11.4　人工光植物工厂中植物冠层的作用光谱

11.4.1　植物冠层的作用光谱

植物冠层中叶片反射或透射的绿光（光量子）是否对光合作用无效？在叶面积指数（LAI，叶面积与种植面积之比）为 3 ～ 4 的植物冠层中，上层叶片透射的大部分绿光被中层或下层叶片接收，但是大部分蓝光和红光被上层叶片吸收而没有发生透射，下层叶片很少吸收来自上层叶片透射的蓝光和红光（Yabuki and Ko，1973）。

因此，在植物冠层表面接收的光照强度相同的情况下，LAI 为 3 ～ 4 的整个植物冠层在接收蓝光、绿光、红光光量子下的净光合速率应无显著差异。在某些情况下，由于绿光光量子在整个植物冠层中的垂直分布比蓝光和红光光量子更均一（Kozai et al.，2015），当接收绿光光量子时，整个植物的净光合速率可能略高于接收蓝光和红光光量子时的净光合速率（Terashima，1986）。

11.4.2　PPFD 和 PAR 能量通量密度计的光谱灵敏性

图 11.3 为 PPFD 和 PAR 能量通量密度计的光谱灵敏度示意图。左边图的纵轴是相对能量通量密度，右边图的纵轴是相对光量子通量密度。

所有的灵敏度线都是直线；PAR 能量通量密度计的相对能量通量密度和 PPFD 能量通量密度计的相对光量子通量密度灵敏度线都是水平的。两种仪器的相对光量子通量密度均随波长的增加而线性增加，以补偿每个光量子能量的相应减少。在分析或控制光源系统的光谱条件时，应考虑光度计的单位。

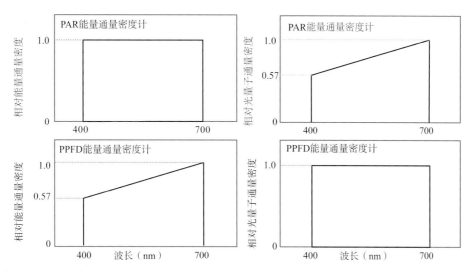

图 11.3　PAR 能量通量密度计（上）和 PPFD 能量通量密度计（下）对能量和光量子通量密度的相对灵敏度。400 nm 处 PPFD 能量通量密度计的相对能量通量密度和 PAR 能量通量密度计的相对光量子通量密度分别为 0.57（=400/700）

11.4.3　人工光植物工厂中植物冠层的作用光谱

11.4.3.1　栽培区绿光的多重反射

在大多数人工光植物工厂中，LED 光源安装在植物种植区域的天花板上，天花板覆盖有反光材料。反光栽培板在人工光植物工厂中也经常使用。在某些情况下，侧墙上部的内表面用反光板覆盖，这样植物叶片和栽培板向上反射的绿光又被天花板（和侧壁的内表面）反射回植物冠层，因此，在人工光植物工厂中绿光的利用率比在温室中或开阔地要高。

11.4.3.2　LAI 和栽培区反射率影响冠层表面的 PPFD

应注意的是，人工光植物工厂种植区域植物冠层上方和内部的光环境不仅受到 LED 光源系统的辐射或光照度特性及其布局的显著影响，而且还受到种植区和植物冠层光学特性的显著影响（Kozai and Zhang，2016）。Akiyama 和 Kozai（2016）给出了受 LED 光源系统、种植区域和植物冠层光照度特性影响光环境的模拟结果。

当使用白色栽培板时，在 PPF（光合有效光量子通量）恒定的情况下，植物冠层表面的 PPFD（光合有效光量子通量密度）通常随着植物生长（LAI 增加）而下降（图 11.4）。白色面板的反射率约为 0.85，LAI 为 3 的绿色植物冠层表面的反射率约为 0.15。

在图 11.4 中，当第 1 天时，植物还是小苗时，白色面板的反射率为 0.85，第 9 天时种植板几乎被植物覆盖，冠层表面反射率约为 0.15，第 1 天的 PPFD 几乎比第 9 天高出 2 倍。这就是植物冠层表面 PPFD 随 LAI 的增加而降低的原因。

值得注意的是，植物冠层表面接收的光合光量子有两个来源：一个是直接来自光源的光合光量子，另一个是来自植物冠层、栽培板表面、栽培区域天花板和（或）侧壁之间多次反射的光合光量子。

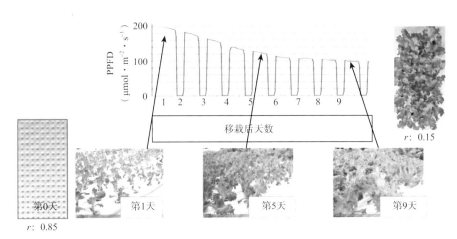

图 11.4　在恒定 PPF（LED 光源的光合辐射通量）条件下，由于移栽后植物冠层反射率的下降，冠层表面 PPFD 随天数的增加而降低（Akiyama T，未发表）。白色培养板的反射率（ r ）为 0.85，完全覆盖绿叶的培养板的反射率为 0.15

来自于后者的 PPFD 随（ $r^1 \times r^2$ ）^{n} 的倍增累积而增加，其中，r^1 和 r^2 分别是前者（ r^1: 0.9）和后者（ r^2: 0.80 ～ 0.15）的反射率，n 是第 n 次反射。在需要恒定 PPFD（非 PPF）的情况下，PPF 必然随 LAI 的增加而增加（PPFD 和 PPF 的含义见表 11.1）。

表 11.1　人工光植物工厂光源设计要求，以及作为商品标签由 LED 制造公司发布的 LED 或光源系统（由灯和灯具组成）的特性［根据 Goto（2016）修订］。右栏中的数字只是示例，并不表示代表值或标准值

项目	单位	示例
环境空气温度	℃	25
功率		
电压	V（伏特）	200
电流	A（安培）	0.16
有效功耗	W（瓦特）	32.0
光照特性		
光谱分布（300 ～ 800 nm）（数据集）	$\mu mol \cdot m^{-2} \cdot s^{-1} \cdot nm^{-1}$	Excel 文件中
紫外光（300 ～ 399 nm）、蓝光（400 ～ 499 nm）、绿光（500 ～ 599 nm）、红光（600 ～ 699 nm）、远红光（700 ～ 799 nm）、近红外光（800 ～ 1 500 nm）的百分比	—	0.25、20、40、35、4.5、0.25
垂直于和平行于 LED 管的角分布曲线（数据集）	$mol \cdot s^{-1} \cdot rad^{-1}$	Excel 文件中
光合有效光量子通量（PPF）	$\mu mol \cdot s^{-1}$	48.0
光合有效辐射通量	W（=$J \cdot s^{-1}$）	8.0
发光强度	lm	450
相对色温（CCT）	K	3 000
显色指数（CRI 或 Ra）	—	87.0
效能		
光合辐射能量效率（PAR 能量效率）	$J \cdot J^{-1}$	0.25（=8/32）
光合光量子数效率	$\mu mol \cdot J^{-1}$	2.0
发光效率	$lm \cdot W^{-1}$	150

易维护性：PPF 降低 10% 的产品寿命（h）、故障时的产品寿命（h）、防水和防尘特性

热力特性：灯或包装表面温度 –PPF 曲线

灯具：整个电气灯具配件，包括安装、操作和防眩光所需的所有组件（Fujiwara，2016）

大小、形状和重量：包装图和重量及 LED 图纸

注：弧度：平面角的国际单位，1 rad（1 弧度）=57.3=180/p=180/3.14。lm：流明

从实用的角度来看，冠层表面的 PPFD 需要随着植物的生长（LAI 增大）而增加。为了保持 PPFD 在同一水平，光源的光合有效光量子通量（PPF）在第 1 天到第 9 天期间必须增加 70%。例如，要将 PPFD 增加 1.5 倍，PPF 必须增加 2.55（=1.7×1.5）倍。

11.5　发光二极管（LED）

11.5.1　LED 的基本特性

表 11.1 列出了 LED 制造公司作为商品标签发布的 LED 及光源系统（包括 LED 灯和灯具）的基本特性。这些数据代表了人工光植物工厂光源系统设计的最低要求。这里需要注意功率和效率之间单位的差异。Both 等（2017）为辅助灯和园艺专用灯提出一种与表 11.1 所示类似的产品标签，包括高压钠灯、荧光灯、白炽灯和 LED 灯。

效率和功率都随着 LED 电极头温度的升高而降低，因此使用散热板和（或）气流或其他流体介质将温度保持在尽可能低的水平至关重要。LED 使用直流电，因此需利用 AC—DC 转换器将交流电（AC）转换成直流电（DC），伴随能量损失 3% ～ 5% 或更多。单位光通量的 LED 价格、使用寿命和安装的简便性、维修保养都是 LED 光源系统设计和运行中需要考虑的重要因素。

11.5.2　最大光合光量子效率

假设 1 J（焦耳）的电能 100% 转化为光量子，每焦耳的（微摩尔）光量子数（P）可以作为波长（λ：nm）的函数，通过方程式 $P = \lambda/119.6$ 计算（Fujiwara，2016）。于是，在 455 nm（蓝光）处 P 为 3.8 $\mu mol \cdot J^{-1}$，在 660 nm（红光）处 P 为 5.5 $\mu mol \cdot J^{-1}$（表 11.2）。两个值的比率为 1.45（5.5/3.8 = 660/455）。

表 11.2　光合光量子效率的理论最大值和不同波长的市售 LED 实际光合光量子效率范围。最大效率 P 由 $P=\lambda/119.6$ 计算，λ 为波长（nm）。实际效率随 LED 的电流、电极头温度、PPF 及其他因素变化而变化

波长（颜色）	最大效率	2017 年实际效率范围
400 nm	3.34 $\mu mol \cdot J^{-1}$	2.0 ～ 3.2 $\mu mol \cdot J^{-1}$
455 nm（蓝光）	3.80 $\mu mol \cdot J^{-1}$	
555 nm（绿光）	4.64 $\mu mol \cdot J^{-1}$	
660 nm（红光）	5.52 $\mu mol \cdot J^{-1}$	
700 nm	5.85 $\mu mol \cdot J^{-1}$	

尽管光合光量子效率随电流、电极头温度和 PPF 等不同因素变化而变化，并将在未来 5 年左右稳步提高，但是截至 2017 年，市售 LED 的光合光量子效率的实际值一般在 2.0 ～ 3.0。光合光量子效率是反映 LED 电气节能特性的重要指标之一。

11.5.3　白色 LED 用作植物人工光源

由于白色 LED（蓝色 LED 镀了一层黄色荧光粉）的性价比提高，在办公室、住宅楼和街道上的应

用越来越受到欢迎。如图 11.5（左）所示，人用的白色 LED 中绿光（500～599 nm）所占的比例高于红光（700～799 nm）。典型白色 LED 的蓝光、绿光和红光能量所占百分比分别为 25%、45% 和 30%（图 11.5 左）。

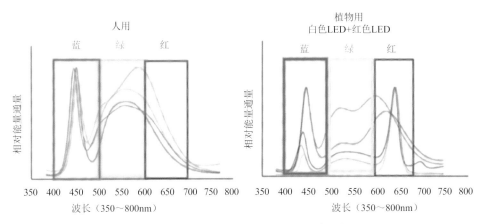

图 11.5　人用和植物用白色 LED 的光谱分布

白色 LED 最近被用于许多人工光植物工厂中。然而，在人工光植物工厂中，红色 LED 常常添加到白色 LED 中以增加红色区域的百分比。这是因为办公用白色 LED 中的红光百分比太低，无法用于植物光照。另外，从蓝晶片到荧光粉转换技术的最新发展使得覆盖从红光到远红光区域的宽光谱白色 LED 得以制造。Nozue 等（2017）报道了这种宽光谱 LED 在植物生长和节能方面的优点。值得注意的是，图 11.5 中用于植物光照的所有白色 LED 都包含相当一部分的远红光（700～800 nm）。

即便如此，用于植物光照的白色 LED 所发出的光中仍含有所占百分比不同的相当一部分绿光（图 11.5 右）。因此，绿光对光合作用的贡献及白色 LED 相对于红色和蓝色 LED（无绿光）组合的优缺点仍是讨论的主题（Snowden et al.，2016）。其他讨论的主题包括绿光对植物抗病性和形态的影响（Kudo and Yamamoto，2015）、开花控制（Meng and Runkle，2016）、植物生长（Kim et al.，2004），以及次生代谢物生产（Ohashi-Kaneko，2015）。

11.5.4　白色 LED 并不发射白光

蓝色、绿色和红色 LED 分别发出蓝光、绿光和红光，具有一个峰值波长和一个窄波长带（小于 100 nm）（图 11.5）。在这种情况下，光的颜色基本上由 LED 的峰值波长决定。

另外，白色 LED 并不发出白光。相反，它们发出蓝光、绿红光和远红光，在 350～800 nm 有多个峰值波长。在这种情况下，"白色"是指人类看到的 LED 表面的颜色。人眼对绿光比蓝光和红光更敏感。因此，在办公室和家庭中使用的白色 LED 发出的绿光比蓝光和红光更多，以提高显色指数（color rendering index，CRI）、相对色温（correlated color temperature，CCT）和发光效率（lm·W^{-1}）。

CRI 是定量测量光源相对于理想光源或自然光源显示各种物体颜色的能力的指数。如果光源是理想的自然光源，则 CRI=100。光源的 CCT 是理想的黑体辐射器的温度，它发出的光的颜色与光源的颜色相当。CCT 超过 5 000 K（开尔文，绝对温度）的颜色称为"冷（白）色"，而 CCT 在 2 700～3 000 K 的颜色称为"暖（白）色"。具有不同光谱分布的白色 LED 可能具有相同的 CRI 和 CCT。

11.6　结　论

光合作用研究历史悠久，人们积累了大量的信息和经验，而对人工光植物工厂中 LED 应用的研究才刚刚起步。对于人工光植物工厂中的智能 LED 照明，我们需要从本章描述的观点重新认识光合作用和 LED 的基本特性。

致谢：我们感谢日本植物工厂协会和日本植物工厂工业协会植物生长用 LED 照明联合委员会（主席 Eiji Goto）的所有成员。本章中的一些想法得益于委员会的讨论。

参 考 文 献

Akiyama T，Kozai T（2016）In：Fujiwara K，Runkle E（eds）LED lighting for urban agriculture. Springer Nature，pp 91-112

Both AJ，Bugbee B，Kubota C，Lopez RG，Mitchell C，Runkle ES，Wallace C（2017）Proposed product label for electric lumps used in the plant sciences. HorTechnology 27（4）：1-10

Emerson R，Lewis CM（1943）The dependence of the quantum yield of chlorella photosynthesis on wave length of light. Am J Bot 30：165-178

Emerson R，Rabinowitch E（1960）Red drop and role of auxiliary pigments in photosynthesis. Plant Physiol 35：477-485

Fujiwara K（2016）Radiometric，photometric and photometric quantities and their units（Chapter 26）. In：Kozai T，Fujiwara K，Runkle E（eds）LED lighting for urban agriculture. Springer Nature，pp 367-376

Gabrielsen EK（1948）Influence of light of different wave-lengths on photosynthesis in foliage leaves. Physiol Plant 1：113-123

Goto E（2016）Measurement of photometric and radiometric characteristics of LEDs for plant cultivation. Chapter 28 of Kozai T，K. Fujiwara and E Runkle（eds.），pp 395-402

Horton P，Ruban AV，Walters RG（1996）Regulation of light harvesting in green plants. Annu Rev Plant Phys 47：655-684

Inada K（1976）Action spectra for photosynthesis in higher plants. Plant Cell Physiol 17：355-365

Kim H-H，Goins GD，Wheeler RM，Sager JC（2004）Green light supplementation for enhanced lettuce growth under red- and blue-light-emitting diodes. Hortscience 39（7）：1617-1622

Kozai T，Fujiwara K，Runkle E（eds）（2016）LED lighting for urban agriculture，Springer，Singapore，pp 454

Kozai T，Niu G，Takagaki M（eds）（2015）Plant factory：an indoor vertical farming system for efficient quality food production. Academic Press，Amsterdam，p 405

Kozai T，Zhang G（2016）Some aspects of the light environment（Chapter 4）. In：Kozai T，Fujiwara K，Runkle E（eds）LED lighting for urban agriculture，Springer，Singapore，pp 49-55

Kudo R，Yamamoto K（2015）Induction of plant disease resistance and other physiological responses by green light illumination. In：Kozai T，Fujiwara K，Runkle E（eds）LED lighting for urban agriculture. Springer Nature，Singapore，pp 261-273

Lichtenthaler HK，Buschmann C（2001）Chlorophylls and carotenoids：measurement and characterization by UV-VIS spectroscopy. Curr Protocol Food Anal Chem F4.3.1–F4.3.8

McCree KJ（1972）The action spectrum，absorptance and quantum yield of photosynthesis in crop plants. Agric For Meteorol 9：191-216

Meng Q，Runkle SE（2016）Control of flowering using night-interruption and day-extension LED lighting. In：Kozai T，Fujiwara K，Runkle E（eds）LED lighting for urban agriculture. Springer Nature，Singapore，pp 203-217

Mitchell CA，Dzakovich MP，Gomez C，Burr JF，Hernandez R，Kubota C，Curry C，Meng Q，Runkle ES，Bourget CM，Morrow RC，Both AJ（2015）Light-emitting diodes in horticulture. Horticult Rev 42：1-87

Nozue H，Shirai K，Kajikawa K，Gomi M，Nozue M（2017）White LED light with wide wavelength spectrum promotes high-yielding and energysaving indoor vegetable production. Acta Horticuturae（GreenSys 2017 in press）

Ohashi-Kaneko K（2015）Functional components in leafy vegetables（Chapter 13 of Kozai et al.（2015））. pp 177-183

Snowden MC，Cope KR，Bugbee B（2016）Sensitivity of seven diverse species to blue and green light：interactions with photon flux. PLoS One 11（10）：e0163121

Terashima I（1986）Dorsiventrality in photosynthetic light response curves of a leaf. J Exp Bot 37：399-405

Yabuki K，Ko B（1973）The dependence of photosynthesis in several vegetables on light quality. Agric Meteorol 29（1）：17-23

第 12 章

重新审议光和营养液的术语和单位

Toyoki Kozai，Satoru Tsukagoshi，Shunsuke Sakaguchi　著

杨晓男，郭晓云，韦坤华，缪剑华　译

　　摘　要：本章讨论了容易被误解或混淆的光和营养液的技术术语和单位，并提出了更统一的术语和单位，以便不同学术和商业背景的人可以更好地交流和理解。

　　关键词：当量；光度测量；光量子测量；辐射测量法；价态

12.1　引　言

　　人工光植物工厂（PFAL），以及有或没有补充照明的温室的研究开发是一个多学科综合领域，因此其中的技术术语经常使用不同的定义和单位。为了使不同学术背景（如生物学、物理学、化学、工程学、商业等）的人更容易理解和记忆，技术术语和单位及其中的关系需要简单化，并且在逻辑上和科学上要合理。

　　本章主要讨论容易误解或混淆的光和营养液的技术术语和单位，并提出了比较统一的术语和单位，以便具有不同学术和商业背景的人可以更好地沟通和理解。

　　术语和单位的基本规则是：①每个技术术语只有一个明确的含义或定义，②每个技术术语只有一个单位或衍生单位，③相互关联的技术术语必须在逻辑上可理解。比如，植物生理学中的"作用光谱"是指在 400 ～ 700 nm 波长下的"总光合速率"；然而，"作用"本身并不意味着"总光合速率"。因此，使用"总光合速率谱"可能更清楚易懂。再比如，用于"每日光照积累量"的单位有两个，可以是 mol·m^{-2}，也可以是 W·m^{-2}，因此它不是合适的术语。术语"光合有效辐射（photosynthetically active radiation，PAR）"的词序与"光合光量子（photosynthetic photon）"的词序在逻辑上并不匹配，因此将"光合辐射"（photosynthetic radiation）与"光合光量子"搭配使用，可能比"光合有效辐射"更合适。

12.2　光

12.2.1　光的度量

　　基本上，用于光的术语和单位需要与国际照明委员会（International Commission on Illumination，CIE）和国际电工委员会（International Electrotechnical Commission，IEC）定义的术语和单位相匹配。但是，CIE 和 IEC 并没有充分讨论用于高等植物的光合光量子和光合辐射的技术术语。

12.2.1.1　辐射测量、光度测量和光量子测量

表 12.1 根据国际单位制（international system of units，SI），列出了辐射测量、光度测量和光量子测量的基本量及各自的单位。光度测量法是一种测量进入人眼光线的方法，而本书中的光量子测量法是一种与植物有关的光量子测量方法。要注意光度测量和光量子测量之间及通量和通量密度之间的单位差异。在讨论植物照明灯具的性能和光环境对植物的影响时使用光量子测量法。表 12.1 中每个术语的含义在 Fujiwara（2016）的书中有更全面的解释。

表 12.1　辐射测量、光度测量和光量子测量的基本量及其 SI 单位（Fujiwara，2016）

辐射测量	辐射强度	辐射通量	辐射能	辐照度
（能源基础）		$[(W \cdot sr^{-1}) \cdot sr]$	$[W \cdot s]$	
	$[W \cdot sr^{-1}]$	$=[W]$	$=[J]$	$[W \cdot m^{-2}]$
光度测量	发光强度	光通量	光量	照度
（光度基础）		$[cd \cdot sr]$		$[lm \cdot m^{-2}]$
	$[cd]$	$=[lm]$	$[lm \cdot s]$	$=[lx]$
光量子测量	光量子强度	光量子通量	光量子数	光量子通量密度
（光量子基础）				（光量子辐照度）
		$[(mol \cdot s^{-1} \cdot sr^{-1}) \cdot sr]$	$[(mol \cdot s^{-1}) \cdot s]$	$[(mol \cdot s^{-1}) \cdot m^{-2}]$
	$[mol \cdot s^{-1} \cdot sr^{-1}]$	$=[mol \cdot s^{-1}]$	$=[mol]$	$=[mol \cdot m^{-2} \cdot s^{-1}]$
关系	A	$A \cdot sr$	$A \cdot sr \cdot s$	$A \cdot sr \cdot m^{-2}$
		$=B$	$=B \cdot s$	$=B \cdot m^{-2}$

注：sr、J、W、cd、lm 和 lx 分别表示球面度（立体角）、焦耳、瓦特（$=J \cdot s^{-1}$）、坎德拉、流明和勒克斯

表 12.2 是表 12.1 的修订版本，特别关注了光合辐射及光合光量子的辐射测量和光量子测量（两者的波长范围：400 ～ 700 nm）。要注意光合有效光量子通量（photosynthetic photon flux，PPF）和光合有效光量子通量密度（photosynthetic photon flux density，PPFD）之间在含义和单位上的差异。PPF 是用于光源的术语，PPFD 是用于光环境的术语。

表 12.2　光合辐射（或光合有效辐射，PAR）及光合光量子（波长：400 ～ 700 nm）的辐射测量和光量子测量（Fujiwara，2016）

	强度	通量	光量	通量密度
辐射测量	光合辐射强度 $[W \cdot sr^{-1}]$	光合辐射通量 $[W]$	光合辐射能 $[J]$	光合辐照度 $[W \cdot m^{-2}]$
光量子测量	光合量子强度 $[mol \cdot s^{-1} \cdot sr^{-1}]$	光合有效光量子通量（PPF） $[mol \cdot s^{-1}]$	光合光量子数 $[mol]$	光合有效光量子通量密度（PPFD） $[mol \cdot m^{-2} \cdot s^{-1}]$
关系	A	$A \cdot sr = B$	$A \cdot sr \cdot s = B \cdot s$	$A \cdot sr \cdot m^{-2} = B \cdot m^{-2}$

注：sr、J、W 分别表示球面度（立体角）、焦尔、瓦特（$=J \cdot s^{-1}$）

以上是日本植物工厂协会（Japan Plant Factory Association，JPFA）所设 PFAL 发光二极管（LED）照明委员会于 2016 年提出的"用于植物工厂照明的辐射测量、光度测量、光量子测量和 LED 性能的术语和单位标准"的总结（Goto et al.，2016）。

122　智能人工光植物工厂

12.2.1.2　光合辐射能量效率与光合光量子数效率

光源的光合辐射能量效率是指灯具的光合辐射能量通量（单位：W）与灯具的有效功耗（单位：W）之比。用功率计测量的有效功耗应包括照明设备，电源和控制光量或质量的仪器（如定时器、调光器或计算机程序控制系统等）所消耗的电能。

注意效率和功效之间的差异。当分子和分母的单位相同时，使用"效率"这个术语，因此，效率的单位是无量纲的。当分子和分母单位不同时使用"功效"这个术语。测量方法详见 Goto（2016）的文章。

12.2.2　重新审议技术术语

本节讨论了容易被误解或混淆的光和营养液的技术术语和单位的定义，并提出了一些新的技术术语以供参考。产生混淆或误解主要是由于这些技术术语和单位是从不同的科学领域（如气象学、植物生理学、园艺科学、农业工程、照明工程等）非系统地引入人工光植物工厂领域。表 12.3 列出了需要重新审议的技术术语和单位。

表 12.3　需要重新审议的光和营养液的技术术语和单位

序号	传统的技术术语	拟议的技术术语
	光、辐射和光量子	
1	作用光谱（定义见第 11 章）	光谱总光合速率或总光合速率谱
2	每日光照积累量（DLI）（有关定义和单位，请参见第 11 章）	每日（光合作用）光量子累积量（DPI 或 DLI-P）或每日（光合作用）辐射累积量（DRI 或 DLI-R）
3	光合有效辐射（PAR，400～700 nm）	光合辐射（350～750 nm）
4	（光合辐射能）效率和（光合光量子）效率	（光合辐射能量）效率（$J \cdot J^{-1}$）或（光合光量子）功率（$\mu mol \cdot J^{-1}$）
5	光强度（第 1 组）	光合辐射通量或辐射通量（$J \cdot s^{-1} = W$），光通量（PPF）或光量子通量（$\mu mol \cdot s^{-1}$）
6	光强度（第 2 组）和 PPF（表示光合光量子通量密度或光合辐射通量密度）	PPFD（光合有效光量子通量密度，$\mu mol \cdot m^{-2} \cdot s^{-1}$）或 PRFD（光合辐射通量密度，$J \cdot m^{-2} \cdot s^{-1} = W \cdot m^{-2}$）
7	光合有效辐射（PAR）	光合辐射，光合辐射能（J），光合辐射通量（$J \cdot s^{-1} = W$）或光合作用辐射通量密度（$W \cdot m^{-2}$）
8	光合光量子（400～700 nm）	光合光量子（350～750 nm）
9	量子产额	（光合）量子产额
10	量子产额谱	光谱光合光量子产额，光量子产额谱
11	—	光谱光合辐射产量（以能量为基础）
	营养液	
12	EC（电导率）（$dS \cdot m^{-1}$）	浓度单位为 $mEq \cdot kg^{-1}$（见第 12 章）
13	ppm（$mg \cdot L^{-1}$）	ppm（$mg \cdot kg^{-1}$）
14	摩尔浓度（$mol \cdot L^{-1}$）（溶质摩尔数除以 1 L 溶液）	溶质浓度（$mol \cdot mol^{-1}$，$mol \cdot kg^{-1}$ 或 $kg \cdot kg^{-1}$）："溶质量"除以溶液量
15	每升水的 Eq 浓度（化合价×溶质的摩尔数）	每千克溶液的 Eq 浓度

12.2.2.1　PPFD 与 PPF

如上所述，以 $mol \cdot s^{-1}$ 为单位的 PPF 用于表示从光源发出的光合光量子通量，而以 $\mu mol \cdot m^{-2} \cdot s^{-1}$

为单位的 PPFD（光合有效光量子通量密度）用于表示一个虚拟或真实表面所接收到的光合光量子的通量密度。然而，PPF（光合有效光量子通量）有时被用来表示 PPFD，这会令人困惑，应该避免使用。

12.2.2.2　光强

如表 12.1 和表 12.2 所示，术语"辐射强度（W·sr^{-1}）"和"光量子强度（mol·sr^{-1}）"分别用于表示每个光源的每立体角 sr（steradian）发射的辐射能或光量子的数量。另外，术语"光强度"仍经常被用于表示光合辐射通量密度（W·m^{-2}）、PPFD（μmol·m^{-2}·s^{-1}）或同时表示二者。鉴于越来越多的人对 PPF 和发光二极管的辐射或光量子强度感兴趣，除了将 PPFD 用于植物的光环境之外，应尽快停止这种对光强度术语的滥用。

12.2.2.3　PAR 和 PPF，PRF 和 PRFD

尽管术语 PAR（光合有效辐射）已被广泛使用多年，但由于以下原因可能需要重新审议。首先，当 PAR 与单位 W 一起使用时，需要添加"flux"表示 PAR 通量，而在 PPF 中已经包括了"flux"的含义。换句话说，"PAR flux"对应于 PPF。其次，如果使用"光合有效辐射"一词，也可能有必要使用"光合有效光量子"（photosynthetically active photon）一词，使这两个词具有相同的结构。

光合辐射能量通量和光合光量子能量通量密度通常通过省略"能量"一词而简略为光合辐射通量和光合辐射通量密度，这样不会引起混淆。

在不久的将来，"光合辐射通量"（photosynthetic radiation flux）或"PRF"可以作为"PAR 通量"的替代。那么，PRF 的词序将与 PPF 的词序相同，PRF 与 PPF 之间的关系将比 PAR flux 与 PPF 之间的关系更有逻辑性并更容易理解。这种替代方法同样适用于 PRFD（光合辐射通量密度）（W·m^{-2}）和 PPFD（μmol·m^{-2}·s^{-1}）。

光合辐射能量通量有时以 μmol·s^{-1} 为单位，这与同样以 μmol·s^{-1} 为单位的 PPF 混淆。因此，光合辐射能量通量的单位应为 W（= J·s^{-1}）而不是 μmol·s^{-1}，因为术语"辐射"是以能量（J）而不是以光量子（mol）作为单位。

12.2.2.4　DLI（每日光照积累量）

术语 DLI（daily light integral）以 mol·m^{-2}·d^{-1} 或 W·m^{-2}·d^{-1} 为单位且被广泛接受。由于"每日"一词是该术语的一部分，所以应该从该单位中删除"d^{-1}"。

另外一个问题是 DLI 没有表明它是对应以 mol·m^{-2} 为单位的光合光量子还是对应以 W·m^{-2} 为单位的光合辐射。为了使 DLI 的含义更清晰，或许将来可以引用以 W·m^{-2} 为单位的术语"每日光合辐射通量密度累积量"（daily PFRD integral）或 DLI-R，和以 mol·m^{-2} 为单位的术语"每日光合有效光量子通量密度累积量"（daily PPFD integral）DLI-P。

12.2.2.5　流明（lm）和显色指数（CRI 或 Ra）

白色 LED（是表面覆盖含有荧光粉塑料的蓝色 LED，可作波长转换之用）作为光源在人工光植物工厂（PFAL）中越来越受欢迎。由于每个光量子的强大能量，强蓝光会对人眼造成伤害。同时，当红光能量占总光能的 70% 以上时，红色 LED 发出的光可能会影响人的心理。这意味着在选择光源的光谱时，不仅要考虑植物的生长，还要考虑 PFAL 工作人员的健康，以及植物的颜色对人的影响。

从这个意义上讲，除了光合辐射能量效率和光合光量子数功效之外，显色指数（color rendering index，CRI 或 Ra）和在 320 ～ 780 nm 的光谱光分布是评价 PFAL 中所用灯具的重要指标。CRI 是对光源能力的定量测量，与理想光源或自然光源相比，CRI 能够更真实地揭示各种物体的颜色。

12.2.2.6　波长和光量子数

辐射通常以其在一定波长范围内的光谱分布为特征，而光量子的特征在于光量子数（或波数）而非波长。然而，由于光量子数与波长成反比，就算使用波长来理解光量子的光谱特性也不会产生混淆。应注意的是，由于光量子数与波长成反比，以波长为横轴绘制的某个辐射光谱的曲线形状和以光量子数作为横轴绘制的曲线的形状大不相同。

12.2.2.7　光合辐射和光量子的波长范围

人们普遍认为光合辐射（或光合光量子）的范围在 400 ～ 700 nm。众所周知，典型绿叶的作用光谱曲线范围在 350 ～ 750 nm，如第 11 章中的图 11.2 所示。这意味着在光合辐射通量（或 PPF）的定义中，350 ～ 400 nm 和 700 ～ 750 nm 波长激活的光合作用被忽略了，这可能是因为这些波长上的总光合速率被认为是微不足道的。而实际上，350 ～ 400 nm 和 700 ～ 750 nm 区域的净光合作用占 350 ～ 750 nm 区域的净光合作用的 5% 以上（第 11 章，图 11.2）。

近年来，用于测量净光合速率的廉价设备已经足够精确，可以测量 350 ～ 400 nm 至 700 ～ 750 nm 范围内的辐射（或光量子）激活的净光合速率。这意味着需要将光合辐射的波长范围重新界定为 350 ～ 750 nm。

12.2.2.8　量子产额和光量子产额

量子产额定义为光化学产物的产量（$mol \cdot m^{-2}$）除以在一定时间段内吸收的量子（$mol \cdot m^{-2}$）或光合辐射的总能量（$J \cdot m^{-2}$）。由于量子现在也被称为光量子，量子产额可以重命名为光合光量子产额或光量子产额。

12.2.2.9　吸光率和吸光系数

叶片的吸光率定义为叶片吸收入射光能的比例，而吸光系数是指吸收光能与入射光能的比值，二者不应该混淆。吸光率光谱和吸光系数光谱分别表示在某一波段上的某一特定波长的吸光率或吸光系数的曲线。

吸光系数 α 由 $F(x) = F(x_0) e^{-\alpha}(x - x_0)$ 表示，式中，$F(x)$ 表示层（或溶液）表面以下 x 点处的光量子通量密度；$F(x_0)$ 为表面点 x_0 处的光量子通量密度。

12.3　营　养　液

本节重新审议了几个与营养液相关的基本技术术语和单位，以使不同学术和商业背景的人在逻辑上更容易理解。基本上，植物从根部吸收无机营养离子（不是分子）和水，并从叶片吸收 CO_2 和光能，通过光合作用生长。植物可以在没有任何有机养分的情况下生长，而动物和微生物需要有机养分作为生长的必需元素。

此外，植物的根可能会吸收营养液中的少量有机物质，如氨基酸、维生素和单 / 双糖，在某些情况下这些有机质可能会影响植物生长（Ge et al., 2009）（本章不对此议题进行讨论）。

12.3.1　肥料、营养元素（utrients）和（养分）离子

肥料是含有一种或多种对植物生长有用的植物营养元素的天然或合成物质，可以是无机和（或）有机物质的混合物。营养元素分为大量（主要）和微量（次要）营养元素。大量元素包括氮（N）、磷（P）、钾（K）、钙（Ca）、硫（S）和镁（Mg），微量元素包括硼（B）、氯（Cl）、锰（Mn）、铁（Fe）、锌（Z）、铜（Cu）、钼（Mo）和镍（Ni）（Mohr and Schopfer, 1995）。肥料中含有的营养元素溶解在水（雨水、地下水、城市水等）中，并在被植物根部吸收之前电离。

当营养液中存在有机肥时，其中一部分在特定微生物存在下逐渐被分解为营养离子。由于植物根部不区分源自无机肥料和有机肥料的离子，因此无论来源如何，它们对离子的吸收都是一样的（图 12.1）。另外，在水培营养液中存在有益细菌的情况下，细菌可以存在于植物根系中并形成共生，影响根系形态、根系功能和养分吸收，进而促进地上部分的生长（Fang, 2017）。这个课题对于新一代水培来说是一个具有挑战性的领域。

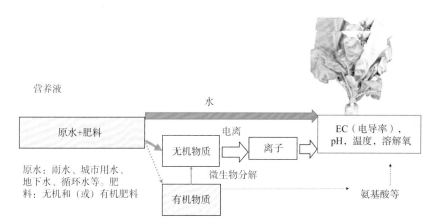

图 12.1　无机和有机肥料向营养液中可溶性营养离子的转化

12.3.2　离子、价态、当量和等效浓度

离子可以带正电荷或带负电荷。带正电荷的离子通常有 K^+、NH_4^+、Ca^{2+} 和 Mg^{2+}，带负电荷的离子通常有 NO_3^- 和 $H_2PO_4^-$。KNO_3（硝酸钾）溶于水时，被电离成 K^+ 和 NO_3^-，植物通过根部分别吸收 K^+ 和 NO_3^-。

离子（或原子）的价电子数表示最外层轨道为满或空以达到稳定状态所需的电子数，这是衡量一种离子与其他离子结合形成化合物或分子的能力的指标。K^+ 和 NO_3^- 的化合价为 1，Ca^{2+} 和 Mg^{2+} 的化合价为 2。

离子在溶液中的当量或摩尔当量（Eq）是通过将每个离子的分子数（以摩尔计）乘以其携带的电荷来计算的。如果将 1 mol KCl 和 1 mol $CaCl_2$ 溶解在溶液中，则在该溶液中存在 1 当量的 K^+，2 当量的 Ca^{2+} 和 3 当量的 Cl（钙的化合价是 2，因此 1 mol 的 Ca^{2+} 具有 2 当量）。

Eq 浓度用 $Eq \cdot kg^{-1}$（或 $Eq \cdot L^{-1}$）表示。单位 mEq（毫当量）和 $mEq \cdot kg^{-1}$ 分别是 Eq 和 $Eq \cdot kg^{-1}$ 的

1/1 000，通常用于水培法。所有营养离子的 $mEq \cdot kg^{-1}$ 的总和是一个主要的控制变量，比控制所有营养离子的 $mmol \cdot kg^{-1}$ 或 $mg \cdot kg^{-1}$ 的总和重要得多。另一个主要的控制变量是 pH（氢的电位：酸度范围为 $0 \sim 14$）。应注意，每个离子浓度的总和与每个离子的 $Eq \cdot kg^{-1}$ 总和不成比例。

12.3.3　EC 仪（电导率仪）

EC（电导率）用来量化一种物质对电流的促进作用强度。基本上，当所有离子解离（分离）时，$mEq \cdot kg^{-1}$ 与溶液的 EC 值成正比。EC 仪坚固耐用，价格相对低廉，只需偶尔校准即可用于连续测量和操控。

另外，离子传感器通常很昂贵并且不适合连续测量和操控，几乎不可能分别控制营养液中每种离子的 $mEq \cdot kg^{-1}$。这也是 EC 仪被广泛使用的原因。

12.3.4　为什么不把 EC 仪称为 $Eq \cdot kg^{-1}$ 仪?

既然 EC 仪在水培法中被用于估算营养液的总 $Eq \cdot kg^{-1}$，那么为什么不简单地通过改变其读数比例来称呼 EC 仪为 "Eq 计"？我们想知道的值是 $mEq \cdot kg^{-1}$ 值，而不是 EC 值，除了单位为 $dS \cdot m^{-1}$ 的读数之外，EC 仪至少应该具有单位为 $mEq \cdot kg^{-1}$ 的读数。因此，开发一种用于测量每个离子的 $mEq \cdot kg^{-1}$ 值的 $Eq \cdot kg^{-1}$ 计和/或用于分别测量营养离子和非营养离子的 $Eq \cdot kg^{-1}$ 计是人们的期望。在第 3.2 节 "离子平衡" 中就描述了一个这样的试验。

12.3.5　ppm 的定义

当质量（或重量）或体积为 W_1 的物质 "A"（如溶质）包含在质量或体积为 W_2 的 "B"（如溶剂）中时，A 的浓度由 $W_1/(W_1+W_2)$ 表示，其中分子和分母的单位相同，因此该单位是无量纲的。

尽管 "ppm（百万分之一，$1/10^6$ 或 10^{-6}）" 不是 SI 单位（国际单位制），但也被广泛用于稀释的物质，如大气中的 CO_2（约 400 ppm）。ppm 的 SI 单位是 $\mu mol \cdot mol^{-1}$ 或 $\mu L \cdot L^{-1}$。注意，CO_2 的 SI 单位和含 CO_2 的空气是相同的。

单位 "ppm" 也广泛地表示为单位 $mg \cdot L^{-1}$，用于表示水培营养液中的营养元素的浓度。在这种情况下，分子和分母的单位是不同的。然而，由于每升水的质量在 20℃时为 0.998 2 kg，在 30℃时为 0.995 7 kg，因此，用 $mol \cdot L^{-1}$ 表示的数值几乎等于用 $mol \cdot kg^{-1}$ 表示的值。如今，液体的质量（重量）可以通过低成本的电子天平来测量，其准确度与用量筒测量体积几乎一样。此外，单位 $mg \cdot kg^{-1}$ 比 $mg \cdot L^{-1}$ 或 $mol \cdot L^{-1}$ 更容易理解和测量。因此，建议在诸如人工光植物工厂的跨学科领域中使用 $mg \cdot kg^{-1}$ 和 $mol \cdot kg^{-1}$。

12.4　结　论

我们希望本章能够在重新审议光和营养液的技术术语和单位方面迈出一小步，通过在人工光植物工厂领域中使用统一的专业术语和单位，使不同学术背景的人之间更容易理解和交流。

致谢：感谢植物 LED 照明委员会的所有成员（主席：Eiji Goto），感谢水培溶液控制器委员会成员（主席：Yutaka Shinohara）。本章提出的一些重要观点是在委员会会议的讨论中获得的。

参 考 文 献

Fang W.（2017）From hydroponics to bioponics. In：Proceedings of international forum for advanced protected horticulture（2017 IFAPH）Organized by National Taiwan University 1-17

Fujiwara K.（2016）Radiometric，photometric and photonmetric quantities and their units（Chapter 26）. In：Kozai T，Fujiwara K，Runkle E（eds）LED lighting for urban agriculture. Springer Nature，pp 367-376

Ge T，Song S，Roberts P，Jones DL，Huang D，Iwasaki K（2009）Amino acids as a nitrogen source for tomato seedling：The use of dual-labeled（^{13}C，^{15}N）glycine to test for direct uptake by tomato seedlings. Environ Exp Bot. 66：357-361

Goto E，Fujiwara K，Kozai T.（2016）Proposed standards developed for LED lighting，vol 16. Urban Ag News online Magazine，pp 73-75

Goto E.（2016）Guideline for presenting LED grow lights properties. Committee on LED lighting for plant factories with artificial light. Abstract book for annual meeting of the Japanese Society of Agricultural，Biological and Environmental Engineers and Scientists. pp 48-49（in Japanese）

Mohr H，Schopfer H.（1995）Plant nutrition（Chapter 2）. In：Plant physiology.（translated into English by G. Lawlor and D.W. Lawlor）. Springer，Berlin，pp 9-30

第四篇

LED 光源的研究进展

第13章
宽谱白光 LED 未来在植物工厂中的应用

Hatsumi Nozue，Masao Gomi　著

李　阳，董　扬，郭晓云，韦坤华，覃　犇　译

摘　要： 本章描述了光源的光谱对植物生长的影响和控制发光二极管（LED）颜色的重要性。在常规蓝-红单色 LED 添加远红光极大地促进了植物生长，通过添加绿光提高了整株植物的产量，这些现象表明了宽谱白光 LED 的实用性。蓝光激发荧光材料转光技术的巨大进步使白光 LED 的颜色控制成为可能。对商用白光 LED 下植物生长的光谱特征开展了系统调查，结果显示构成白光 LED 中的蓝光、红光和远红光的平衡是确定合适 LED 光谱的关键因素。色温（CCT）和显色指数（CRI）可以作为选择白光 LED 的一种粗略而有限的指标。本章不仅讨论了植物工厂使用白光 LED 的好处，还讨论了其伴随的复杂性和潜在的策略。

关键词： 白光 LED；光谱 PFD；远红光；绿光；色温；显色指数

13.1 引　言

地球上的植物经过进化已经适应了阳光。植物通过复杂的光系统，在波动的阳光下保持光合效率，并通过散热的方式排出多余的能量来保护光系统（Horton et al.，1996）。在人工光植物工厂（PFAL）中，人们期望输入能量最大化地用于光合反应。为了实现高效照明，必须考虑的两个主要因素是照明系统本身的质量和植物对能源的利用效率。住宅和办公室中常用的理想 LED 并不总是有利于植物生长，因为植物生长很大程度上取决于 LED 的光谱特征（详见第 11 章）。一般认为，LED 的一个优点是其电光转化效率高，从而减少散热，延长使用寿命。LED 的另一个优点是其技术性能可以产生各种光谱（Kozai et al.，2016）。最近针对主流农业 LED 应用提出了密切相关的概念，包括选择 LED 光谱的重要性（Cocetta et al.，2017）及使用 LED 进行光谱调控的可能性（Pattison et al.，2016；Ahlman et al.，2016）。

作为信号系统，植物对各种光谱的响应一直是研究者们非常感兴趣的问题。但是，农业利益方关于实际应用的活动才刚刚开始。园艺中的 LED 应用始于单色的红光和蓝光，控制红蓝比以改善光合作用和植物生长，一直是 LED 使用时考虑的因素之一（Matsuda et al.，2004；Hogewoning et al.，2010；Naznin et al.，2016a；Naznin et al.，2016b），此外，白光对生菜具有显色优势和生长促进作用（Kim et al.，2004）。远红外光对光合作用和生产有效性的测试（Park and Runkle，2016；Zhen and Iersel，2017）可以通过使用 LED 光源开展。除了红/蓝（R/B）和红/远红（R/FR）值外，绿光也是 PFAL 照明的重要因素（详见第 11 章）。园艺用 LED 没有转向白光的原因可能是绿光 LED 的发光效率低和成本高。另外，荧光材料转光技术的进步使具有高显色性的 LED 照明产品在商业中得以应用，光谱可覆盖 PAR（400～700 nm）区域甚至更大（Xavier et al.，2017）。本章介绍了 LED 光谱如何促进植物生长及具有宽光谱的

白光 LED 在园艺中的实用性。此外，还描述了研究过程中出现的困难及解决这些困难的潜在策略。

13.2　单色 LED 组合促进植物生长

13.2.1　单色 LED 下生长的特征

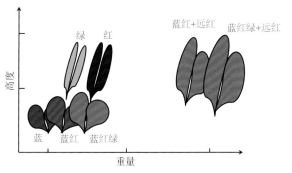

植物利用可见光（380 ～ 780 nm）作为生长的能源。尽管其光合效率与波长密切相关（详见第 11 章），但在此范围内的光都可以用于光合作用。最近使用单色 LED 的实验数据更清楚地揭示了不同波长对植物生长影响的差异（Naznin et al.，2016a，2016b；Park and Runkle，2016）。图 13.1 总结了在单色 LED 下生长的生菜的特征。在蓝光下，叶片朝着光打开，这些植物看起来很健康，但个头不大；在红光和绿光下，叶片较长，形态不正常，这些植物看上去很易碎，但相对较重；在蓝光和红光组合光下，叶片具有正常形状，植物生长得更好，但是，植物的整体形态与在阳光下不同，植株高度明显受到

图 13.1　单色光 LED 和组合光 LED 下生菜的生长特性。叶片颜色表示每个 LED 照明下的色觉。蓝光 . 445 nm；绿光 . 540 nm；红光 . 660 nm；远红光 . 730 nm

限制。关于红蓝光比值（R / B）对生长速率和植物形态的影响，较高的 R/B 会促进生长，但会形成细长而瘦弱的形态。在不包含绿光的光环境中，叶片不是绿色，而是深色，因此，很难注意到叶片的异常变化。

13.2.2　远红光的影响

在金鱼草幼苗的早期生长阶段，研究在红蓝光 LED 的基础上增加远红光对其根和茎的影响，结果清楚地显示远红光促进茎的伸长和叶片的舒张（Park and Runkle，2016）。在红蓝光和红绿蓝光 LED 基础上补充远红光对生菜增产效果明显。补充远红光下的生菜表型非常相似：茎和叶拉长，叶片明显变大，增加了光能的接收并加快了生长速率。红光 / 远红光（R / FR）对于远红光的应用很重要，因为 R / FR 负责与植物色素相关最有效的光信号传导。

13.2.3　绿光的影响

与暖色光的显著效果相比，蓝光和绿光对单个植物生长的影响因物种和辐照光子通量密度（photon flux density，PFD）水平不同而异（Bugbee，2016）。尽管如此，通常认为绿光对植物的影响是积极的。通过向红蓝光 LED 添加 24% 绿光（荧光灯）（Kim et al.，2004），可显著促进生菜的生长。然而，在人工光栽培条件下，实验发现绿光对生菜生长的影响远小于远红光的影响。在红光或蓝光的基础上增加绿光优化将是未来的研究课题。当在较高辐照剂量下种植植物时，绿光对产量的积极影响更加明显。

13.3.5　白光 LED 的能耗

众所周知，荧光粉白光 LED 有较低的能耗，我们的结果也显示出其在植物生长中的潜在价值。在光利用效率上与常规照明系统对比存在显著差异。当光量子通量密度（PFD）较低时，差异很明显。生产 1 g 生菜所需的电能少于红蓝光 LED，几乎是荧光灯的 1/3（图 13.7）。能耗值受高辐照度的影响，在 $180 \sim 200 \ \mu mol \cdot m^{-2} \cdot s^{-1}$ 下能耗值是在 $110 \sim 130 \ \mu mol \cdot m^{-2} \cdot s^{-1}$ 下的 $1.3 \sim 1.5$ 倍，原则上可以理解为光合特性对波长的依赖性消失。如果种植者选择的 PFD 大于 $200 \ \mu mol \cdot m^{-2} \cdot s^{-1}$，能耗的差异将减少。显然，使用白光 LED 有利于节能。

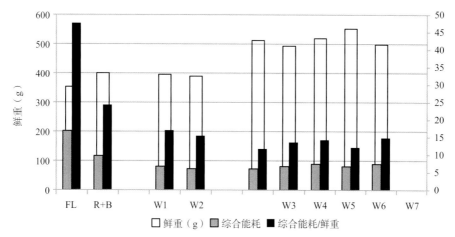

图 **13.7**　生菜地上部分生产用电消耗的比较。在 $130 \ \mu mol \cdot m^{-2} \cdot s^{-1}$ 的 PFD 下培育 6 株植物。栽培期间的综合能耗（KWH）除以鲜重（g），从测量值中获得每种光谱的能耗值，以食用部分的总产量作为鲜重。FL、R+B 分别表示荧光灯、单色红光和蓝光（2.5 ∶ 1）组合的 LED。W1 ~ 2 是低显色型白光 LED，W3 ~ 7 是高显色型白光 LED

13.4　LED 用于植物栽培的注意事项

13.4.1　光源能提供足够的 PFD

有效辐射与光谱分布密切相关。随着 PFD 的增加，生长速率得以加速，直到光合作用反应达到饱和为止。然而，由于每种光对光合作用的贡献能力有差异，所以不同 LED 光源的光曲线是不同的。在某些光谱下，较低的 PFD 植物就达到光饱和，较高的 PFD 仅是能量的浪费；在其他光谱下，较高的 PFD 反而会促进生长（图 13.8）。

在密闭条件下，植物有时对 LED 辐射极为敏感。受害风险主要与光谱、光强和植物品种密切相关，还受其他培养条件（如温度、湿度、通风及可能的 CO_2 浓度和营养元素）影响。不利于植物的环境似乎极为复杂。控制 PFD 是避免植物受害的有效手段。在日本室内植物工厂进行的工作导致人们对实验中 PFD 控制的实际方法知之甚少。种植者似乎更关注生产过程中色温（K）与植物受损的关系。如前所述，较低的 K 和较高的 PFD 会导致快速增长，但会增加质量下降的风险，并导致产量下降。值得注意的是，植物对光的响应因品种和生长阶段不同而异。

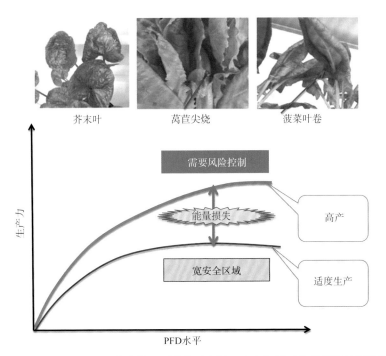

图 13.8　在植物工厂中控制光质和光量子通量密度的必要性的示意图。光合作用不能利用的过剩能量会增加产品受损的风险

13.4.2　通过调控光谱降低植物损伤

众所周知，红光通过提高光合活性促进植物生长。然而，如果植物生长在一个发射峰值为 660 nm 单色的红光下，由于植物光系统机理的特异性，植物不能感觉到过多的光对叶片造成光损伤。植物通过吸收蓝光感知过剩的能量，从而刺激光系统和细胞功能中的损伤避免反应（Gruszecki，2010）。问题是"红色和蓝色的组合够了吗？"为了回答这个问题，我们必须从三维的角度来理解光合功能。蓝光和红光被认为主要是被叶片的栅栏组织吸收，相反，绿光和远红光深入叶面以下（Sun，1998；Terashima，2009；Broadersen and Volgelmann，2010）。因此，在可见光区域（380 ~ 780 nm）宽波长光谱的白光 LED 的应用是实现工厂高效运行的合理途径。换句话说，宽光谱 LED 是更安全和更容易使用的农业工具。

13.4.3　生长阶段和问题

在生长早期阶段，园艺植物在一个无病虫害的植物工厂里很容易在 LED 下培养。大多数幼苗可以在任何类型的 LED 下生长，可能是因为幼叶对光照条件的反应比成熟叶片更灵活（Nozue et al.，2017b）。LED 灯下生长问题通常发生在后期的生长阶段，有时甚至在收获之前。看起来与不利的光照条件直接或间接相关的一些迹象是生菜叶的烧边、菠菜叶的固化及芥末叶的增厚和收缩（图 13.8）。

13.5　通往 PFAL 未来之路的步骤

LED 的光谱对植物影响的研究已经有很多。但是，对白光 LED 的关注较少。随着具有合理价格的商用宽光谱白光 LED 的出现，人工光植物工厂（PFAL）在园艺中广泛应用成为现实。白光 LED 已经遍布全球，因此，在农业系统中具有良好实用性的 LED 也会很快出现。荧光分光转换白光 LED 的优点除了总体上具有良好的可用性外，还包括熟悉的自然色、低成本和易于更换，所有这些都将有助于建成预期中的 PFAL。此外，为了提高植物的使用效率，需要对作为园艺设施的 LED 进行结构优化。人工光植物工厂被赋予在解决现实世界问题（如食品安全、自然灾害、医疗需求和营养强化等）中发挥广泛而重要的作用的期望。为了应付这种困难情况，需要较低的设施成本和运行费用。因此 LED 光源和照明系统的合理选择可能是未来植物工厂的关键。

　　致谢： 作者感谢所有的同事在本研究中所提供的帮助和协助。特别感谢 Kozai 教授（为我们提供了撰写本章的机会），Kajikawa 先生和 Shirai 博士（支持该研究的基本部分）及 Nozue 教授提供全面的建议。

参 考 文 献

Ahlman L，Bankestad D，Wik T（2016）. LED spectrum optimization using steady-state fluorescence gain. Acta Hortic. 1134. ISHS 2016. DOII 10.17660

Brodersen GR，Volgelmann TC（2010）Do changes in light direction affect absorption profiles in leaves? Funct Plant Biol 37（5）：403-412

Bugbee B（2016）Toward an optimal spectral quality for plant growth and development：the importance of radiation capture. Acta Hortic 1134. ISHS 2016. DOII 10.17660

Carney MJ，Venetucci P，Gesick E（2016）LED lighting in controlled environment agriculture. Conservation applied research & development（CARD）final report COMM-20130501-73630. Outsourced Innovation

Cocetta G，Casciani D，Bulgari R，Musante F，Kolton A，Rossi M，Ferrante A（2017）Light use efficiency for vegetables production in protected and indoor environments. Eur Phys J Plus 132：43

Gruszecki WI，Luchowski R，Zubik M，Grudzinski W，Janik E，Gospodarek M，Goc J，Gryczynski Z，Gryczynski I（2010）Blue light-controlled photoprotection in plants at the level of the photosynthetic antenna complex LHCII. J Plant Physiol 167：69-73

Han T，Vaganov V，Cao S，Li Q，Ling L，Cheng X，Peng L，Zhang C，Yakovlev AN，Zhong Y，Tu M（2017）Improving "color rendering" of LED lighting for the growth of lettuce. Sci Rep 7：45944. https://doi.org/10.1038/srep45944

Hogewoning SW，Trouwborst G，Maljaars H，Poorter H，van Ieperen W，Harbinson J（2010）Blue light dose–responses of leaf photosynthesis，morphology，and chemical composition of Cucumis sativus grown under different combinations of red and blue light. J Exp Bot 61（11）：3107-3117

Horton P，Ruban AV，Walters RG Regulation of light harvesting in green plants. Annu Rev Plant Physiol Plant Mol Biol 1996，1996，47：655-684

Kim H-H，Goins GD，Wheeler RM，Sager JC（2004）Green light supplementation for enhanced lettuce growth under red- and blue-light-emitting diodes. Hortscience 39（7）：1617-1622

Kozai T，Fujiwara K，Runkle E（eds）（2016）LED lighting for urban agriculture. Springer，454

Matsuda R，Ohashi-Kaneko K，Fujiwara K，Goto E，Kurata K（2004）Photosynthetic characteristics of rice leaves grown under red light with or without supplemental blue light. Plant Cell Physiol 45（12）：1870-1874

Maznin MT，Lefsrud M，Gravel V Hao X（2016a）Using different ratio of red and blue LEDs to improve the growth of strawberry plants. Acta Hortic 1134. ISHS 2016. DOII 10.17660

Maznin MT，Lefsrud M，Gravel V Hao X（2016b）Different ratios of red and blue LED light effects on coriander productivity and antioxidant property. Acta Hortic 1134. ISHS 2016. DOII 10.17660

Nozue H，Oono K，Ichikawa Y，Tanimurab S，Shirai K，Sonoike K，Nozue M，Hayashida N（2017b）Significance of structural variation in thylakoid membranes in maintaining functional photosystems during reproductive growth. Physiol Plant 160：111-123

Nozue H，Shirai K，Kajikawa K，Gomi M，Nozue M（2017a）White LED light with wide wavelength spectrum promotes high-yielding and energysaving indoor vegetable production. Acta Hortic.（GreenSys 2017，In press）

Park Y，Runkle ES（2016）Investigating the merit of including far-red radiation in the production of ornamental seedlings grown under sole-source lighting. Acta Hortic 1134. ISHS 2016. DOII 10.17660

Pattison PM，Tsao JT，Krames MR（2016）Light emitting diode technology status and directions：opportunities for horticultural lighting. Acta Hortic 1134. ISHS 2016. DOII 10.17660

Sun J，Nishino JN，Volgelmann TC（1998）Green light drives CO_2 fixation deep within leaves. Plant Cell Physiol 39（10）：1020-1026

Terashima I，T Fujita T Inoue，W S and O Oguchi. 2009. Green light drives leaf photosynthesis more efficiently than red light in strong white light：revisiting the enigmatic question of why leaved are green. Plant Cell Physiol 50（4）：684-697

Xavier D，Wakui S，Takuya N（2017）Future performances in CRI for indoor and CCT for outdoor LED lightings. In LED lighting technologies-smart technologies for lighting innovations. Luger research e.U-institute for innovation & Technology-Dornbirn 2017，pp 224-235. ISBN 978-3-9503209-8-5

Zhen S，van Iersel MW（2017）Far-red light is needed for efficient photochemistry and photosynthesis. J Plant Physiol 209：115-122. https://doi.org/10.1016/j.jplph.2016.12.004

第14章
利用 LED 光照技术调控植物生长发育和形态建成

Tomohiro Jishi　著

李　阳，董　扬，郭晓云，韦坤华，覃　犇　译

摘　要： 在人工光植物工厂中，利用窄带 LED 光源可以实现不同光谱的设计。不同光谱的光照主要通过光合作用影响植株生长，通过其他光受体影响形态建成。本章阐述了光合作用和光受体对光谱分布的响应。植物的净光合作用速率（P_n）受到每株植物所接收的光照量的影响，而植物的形态对于增加受光量和生长速率十分重要。光谱分布通过多种光受体调节植物的形态，光照强度也可以影响植株形态，二者的影响可能存在交互作用。因此，要想利用 LED 调控植物的生长发育和形态建成，就需要明白光谱和光强各自的影响及其相互作用。

关键词： 人工光植物工厂；光受体；光谱分布

14.1　引　　言

在以 LED 为光源的植物工厂中，光谱分布（spectral phton-flux density，SPFD）是由 LED 型号决定的。SPFD 影响植物生长发育和形态建成。农作物的大小和形状影响其价值，因此，光照方式影响农产品的价值。使用合适的 LED 光照技术调控植株生长发育和形态建成可以实现植物工厂利润的最大化。

SPFD 对植物的影响已经有大量报道，如害虫控制、植物花芽分化和有效成分合成积累等方面。本章主要根据当前研究从植物生理的角度综述了 LED 光照对植物生长速率和形态的影响。

14.2　光合作用

碳水化合物是植物体内主要的储能物质，是由光合作用同化产生的。用于蛋白质合成的能量也是来源于光合作用所截获的光能。植物生长依赖于光合作用，所以为了促进植物生长必须增加植物净光合作用速率。需要理解的是，单株植物的净光合速率受单叶的净光合速率和单株植物所能接收光照量的影响。

14.2.1　光吸收率

400～700 nm 波段的光主要被叶绿素吸收用于光合作用，被称为光合有效辐射（PAR）。400～

700 nm 的光量子通量密度被定义为光合有效光量子通量密度（PPFD，mol·m^{-2}·s^{-1}）。然而，400 ～ 700 nm 波段内的光并非有相同的光合效率。根据 McCree（1972）的光合响应光谱曲线，红光的相对量子产额高，绿光的则较低；波长大于 700 nm 的远红光同样对光合作用有效。考虑到这点，有效光量子通量密度（yield photon flux density，YPFD）有时被用来作为光照强度的指标（Sager et al.，1982）。YPFD 是经过相对量子产额校正的。

　　相对于红光和蓝光，绿光更能穿透叶片。在充足的白光下，补充绿光比补充红光或蓝光更能提高下部叶片叶绿体的光合作用（Terashima et al.，2009）。按照这个逻辑，绿光因为有更强的透过率，所以比红光和蓝光更能增加净光合作用。然而，这种净光合作用增加只能在光照饱和条件下进行。当我们利用常规的光合有效光量子通量密度（PPFD）培养植物，绿光并不能明显增加植物的净光合速率，因为叶片对它的反射率比红、蓝光高。

14.2.2　叶片角度

图 14.1　蓝色 LED 和红色 LED 下的直立生菜。下图是用红光照射时拍摄，上图改用蓝光照射 8 h 后拍摄

　　当植物被蓝光照射时，叶片会变得水平，叶表面会朝向光照的方向（图 14.1；Inoue et al.，2008）。如果并没有互相遮挡，这种叶片位置分布会增加光的吸收面积并促进生长。但在叶片互相遮挡时，水平的叶片会使整株植株的光合速率降低（Long et al.，2006）。在高光强下，用于光合作用的光利用效率通常会降低。虽然底层叶片可以高效率地利用光照进行光合作用，但上部水平叶片截获的光照被部分浪费了。当叶片更加直立时，光照方向和叶片表面几乎平行的时候，叶表面的 PPFD 降低（根据余弦定理），更多的光照射向冠层下部叶片。当每个叶片都能均匀地接受光照时，植株的净光合速率就会增加。

14.2.3　气孔开度

　　蓝光可促进气孔打开（Kinoshita et al.，2001），从而使更多 CO_2 进入叶片。但植物光合作用在较高的胞间 CO_2 浓度条件下很容易达到饱和状态。当 CO_2 浓度是光合作用限制因素时，气孔开度的增加可以提高植物净光合作用速率。但是，通常在植物工厂中 PPFD 相对较低，CO_2 浓度相对较高，这种条件下气孔开度的影响是较小的。

14.2.4　PPFD

　　植物光响应曲线通常是一条凹函数（图 14.2），单位光合有效光量子通量密度（PPFD）对应的 P_n 在特定的 PPFD 值处达到最大。从坐标原点（0，0）向曲线作切线，切点的位置的横坐标即是 P_n/PPFD 达到最大时的 PPFD 值。这个值可以使 P_n/PPFD 最大化，但是不能最大化植物工厂的效益。在生产过程中，除了 LED 光照产生的电能消耗外，还有空调、建筑和劳动力成本。因此，栽培时间越长，运行成本越大。最大利润点所对应的 PPFD 值应该在 P_n/PPFD 最大点和光饱和点之间。

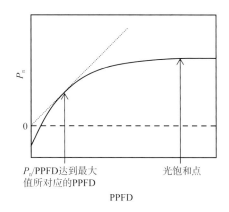

图 14.2 光合有效光量子通量密度（PPFD）对植物净光合速率（P_n）的影响

14.3 形态和其他响应

对于植物来说，拥有更大的受光面积就可以拥有高的 P_n 和生长速率。控制植物的形态不仅可以确保产品外观具有很高的商业价值，还可以提高植物的生长速率。除了光合作用外，光环境通过刺激多种光受体影响植物的形态和其他响应。光谱分布对植物生长发育的影响体现在一系列生理响应上。本节，笔者将简要介绍光受体，而后总结不同颜色的光对这些光受体的影响。通常而言，400 ~ 500 nm 的光被称为蓝光，500 ~ 600 nm 的光被称为绿光，600 ~ 700 nm 的光被称为红光，700 ~ 800 nm 的光被称为远红光，本节也遵循了这种光的分类惯例。

14.3.1 光受体

向光素、隐花色素和光敏色素是影响植物形态的光受体。光敏色素 b（称为光敏色素）是与避阴效应有关的光受体。光敏色素的响应主要受红光和远红光的影响，但蓝光和绿光同时对其也有相对较弱的作用。向光素和隐花色素都是蓝光受体，但二者的光吸收范围也包含了紫外光和绿光。

14.3.1.1 向光素

向光素，一种蓝光受体，参与植物的趋光性，影响茎朝光照的延伸方向。它也参与气孔开度的调节。此外，还与叶片平整度和叶片角度相关。

14.3.1.2 隐花色素

隐花色素是另一种蓝光受体，与抑制伸长有关（Kang and Ni，2006）。生菜幼苗（Hoenecke et al.，1992）和黄瓜幼苗（Hernández and Kubota，2016）在无蓝光条件下徒长。研究认为，蓝光缺失对生菜的形态有显著影响（Dougher and Bugbee，2001）。

14.3.1.3 光敏色素

影响光敏色素的波长范围较宽，但红光和远红光的效果较显著，而其他波长的影响通常被忽略。因此，600 ～ 700 nm 红光和 700 ～ 800 nm 远红光的光量子通量密度之比，即 R/FR，被用作 SPFD 对光敏色素影响的指标。光敏色素光稳态（steady state of photosensitive pigment，PSS），又被称为光敏色素光平衡，是另外一个更加贴切表示 SPFD 对光敏色素影响的指标。PSS 是衡量整个 350 ～ 800 nm 波长范围内光对光敏色素影响的指标。它的值在 0 ～ 1，PSS 越低表明此时光环境更有利于促进植株伸长。

14.3.2 光质的影响

14.3.2.1 蓝光

蓝光通过影响隐花色素的反应可以抑制植株伸长（表 14.1）。向红光添加蓝光可以抑制生菜伸长（Hoenecke et al.，1992），这被认为是隐花色素的作用。相反，单一蓝光会降低 PSS，通过影响光敏色素反应促进伸长。然而，蓝光对光敏色素的影响很弱，其效果会被相同强度的红光抵消（表 14.1）。在单一蓝光下，黄瓜的茎秆过度伸长（Hernández and Kubota，2016），这可能是光敏色素的作用。

表 14.1 蓝光、绿光、红光、远红光和红蓝光 LED 的光谱特性

	蓝光	绿光	红光	远红光	蓝光∶红光 =1∶1
	（400 ～ 500 nm）	（500 ～ 600 nm）	（600 ～ 700 nm）	（700 ～ 800 nm）	
光受体响应					
向光素	气孔开度				
	叶片展平				
隐花色素	抑制伸长				抑制伸长
光敏色素	促进伸长	抑制伸长	抑制伸长	促进伸长	抑制伸长
	（单一蓝光下）	（单一绿光下）			
界限值					
YPFD	71	76	90	13	81
（PFD 为 100 时的相对值）					
PSS	0.48	0.86	0.9	0.1	0.86

蓝光通过影响植物的向光素使叶片平展可以增加光接收面积，进而促进生长。
YPFD 和 PSS 是根据 Sager 等（1988）使用日本 CCS 株式会社的 ISL-305X302 系列 LED 光源计算所得。

14.3.2.2 绿光

绿光对光受体的影响不大。单一绿光下 PSS 的值较高，但与相同 PPFD 的红光和远红光相比，绿光对光敏色素的影响可忽略不计。

据报道，通过向蓝光和红光添加绿光促进叶生菜的生长（Kim et al.，2004）。绿光促进植物生长的机制目前尚不清楚。有研究表明，向蓝光和红光添加绿光会产生类似于避阴的效果（Zhang et al.，2011）。此外，绿光具有增加植物视觉可见度的优点。

14.3.2.3　红光

红光对光敏色素具有强烈影响，可以抑制植物伸长。同时用蓝光和红光照射会比用单一蓝光和单一红光具有更强的伸长抑制作用（Craver and Lopez，2016），这是因为植物伸长同时受到隐花色素和光敏色素的抑制作用（表 14.1）。

14.3.2.4　远红光

远红光对光敏色素有明显的影响，能够促进植物伸长。相比于红光来说，远红光对叶片有更高的透过率。因此，被遮挡的下部的植物会接收到高比例的远红光。在光合作用条件不利的情况下，这些植物通过伸长以摆脱弱光环境，这种反应被称为避阴效应。

从以上分析可知，如果远红光存在，被较高植物遮蔽的植物会伸长并"赶上"较高的植物，而没有远红光，遮阴植物不会伸长并"赶上"高的植物。因此，我们可以通过添加远红光来减小幼苗大小的差异，从而生产出大小均一的幼苗（Shibuya et al.，2016）。

14.3.3　光合有效光量子通量密度

通常，在弱光下生长的植物会伸长，在强光下生长的植物则株型紧凑。以碳水化合物浓度作为信号的反应一定程度影响形态建成（Kozuka et al.，2005）。相对促进植株伸长的光质会使植物在弱光条件下过度伸长，而相对抑制伸长的光质会使植物在强光条件下过于紧凑和矮化。我们可以通过选择特定的 PPFD 和光谱组成来平衡植物的伸长和收缩。例如，在 PPFD 为 300 $\mu mol \cdot m^{-2} \cdot s^{-1}$ 的强光下，生菜形态会过于紧凑，如使用单一蓝光会促进其伸长，生菜就会呈现正常形状（图 14.3）。通过控制 PPFD 和 SPFD 使伸长和收缩达到平衡，植物株型就会正常。换而言之，最佳光质配比取决于光照强度。

图 14.3　在 300 $\mu mol \cdot m^{-2} \cdot s^{-1}$ 的单一蓝光下生长的生菜

14.4　新型照明技术

用于植物照明的 LED 光照方式是多样的。本节将介绍一些随着时间变化而改变光质的光照方法。

14.4.1　脉冲光（间歇光）

脉冲调制技术（pulse width modulation，PWM）可用于调节 LED 光源。PWM 可以在很宽的范围内线性调节光强度，且电能损耗很小。人工光植物工厂中的 LED 光源控制也应考虑使用 PWM。大多数研究报道，低频脉冲光对光合作用不利（Tennessen et al.，1995；Jishi et al.，2015）。相反，这些研究还报道了频率大于 100 Hz 的脉冲光下植物净光合速率与连续光下的净光合速率相当。用于一般家庭照明的 PWM 通常设计为具有远高于 100 Hz 的频率以防止人类频繁眨眼。因此，当在人工光植物工厂中使用家庭照明的 PWM 系统时，净光合速率既不会减少也不会增加。研究表明特定频率的脉冲光可以促进藻类生长（Nedbal et al，1996）。脉冲光可能通过其他因素促进植物生长，而非光合作用。

14.4.2 基于光照时间的 SPFD 设置

当使用复合光的 LED 时，通过独立调整每种 LED 所产生的光照强度，可实现光质配比随时间变化而改变。相比于同时照射红光和蓝光，随着时间改变红光和蓝光的照射模式能够促进生菜生长（Jishi et al.，2016）（图 14.4～图 14.6）。使用定时器独立地控制不同波段光的照射时间，或许是一种简单的促进植物生长的光照方式，这需要进一步研究。

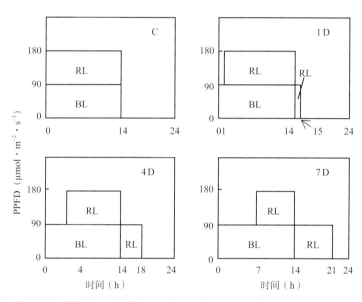

图 14.4　Jishi 等（2016）采用的光照模式。试验使用蓝色和红色 LED，每种光的强度为 90 μmol·m^{-2}·s^{-1}，照射时长为 14 h·d^{-1}。C 为红色 LED 和蓝色 LED 同时开始照射；1D、4D、7D 分别为红色 LED 的照射开始时间晚于蓝色 LED 1 h、4 h、7 h

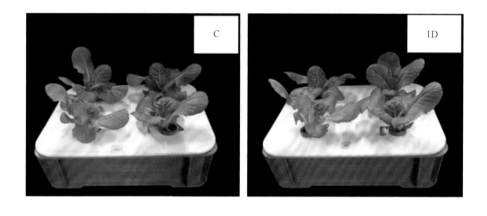

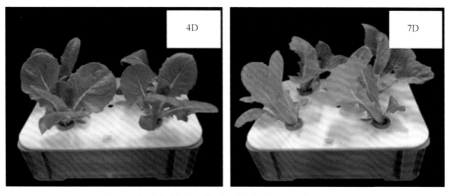

图 **14.5**　图 14.3 中对应的光照模式下生长的生菜（Jishi et al.，2016）

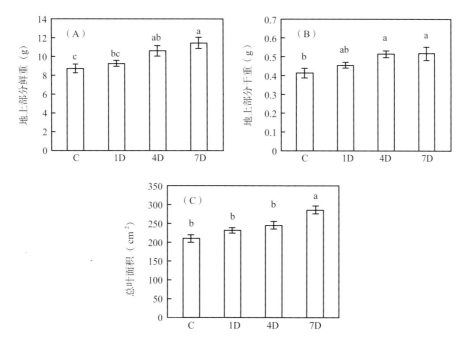

图 **14.6**　图 14.3 中采用的光照模式下的生菜的地上部分鲜重（A）、地上部分干重（B）和总叶面积（C）。误差线代表平均
值的标准误差（n=7 ～ 8）。使用 Tukey-Kramer HSD 进行显著性比较，不同小写字母表示在 5% 水平上有显著差异

　　另外，拟南芥的净光合速率和生长速率的变化与 24 h 的昼夜节律同步，当植物节律与环境变化不同
步时，其生长速率会降低（Dodd et al.，2005）。在设计 LED 光照方式时，应避免干扰植物昼夜节律，以
防植物生长速率降低。

14.4.3　基于栽培阶段的 SPFD 设置

　　有研究表明光质配比的改变时机应取决于植株的栽培阶段（Chang and Chang，2014）。该研究
的重点并非是光质配比的设置，而是在植株不同的栽培阶段使用紫外线以控制形态和促进增长。例
如，栽培初期薄而大的叶片对于生长有利。而栽培后期，则需要利用高光照强度促进植株净光合速
率和控制形状以提高商业价值。目前基于不同栽培阶段进行环境因子调控的研究较少，有必要进一
步研究。

参 考 文 献

Chang CL，Chang KP（2014）The growth response of leaf lettuce at different stages to multiple wavelength-band light-emitting diode lighting. Scientia Horticulturae 179：78-84. https://doi. org/10.1016/j.scienta.2014.09.013

Craver JK，Lopez RG（2016）Control of morphology by manipulating light quality and daily light integral using LEDs，Chapter 15. *In*：Kozai T，Fujiwara K，Runkle E（eds）LED lighting for urban agriculture. Springer Nature，Singapore，pp 203-217

Dodd AN，Salathia N，Hall A，Kevei E，Toth R，Nagy F，Hibberd JM，Millar AJ，Webb AAR（2005）Plant circadian clocks increase photosynthesis，growth，survival，and competitive advantage. Science 309（5734）：630-633. https://doi. org/10.1126/science.1115581

Dougher TAO，Bugbee B（2001）Differences in the response of wheat，soybean and lettuce to reduced blue radiation. Photochem Photobiol 73（2）：199-207. https://doi.org/10.1562/0031- 8655（2001）073＜0199：DITROW＞2.0.CO；2

Hernández R，Kubota C（2016）Physiological responses of cucumber seedlings under different blue and red photon flux ratios using LEDs. Environ Exp Bot 121：66-74. https://doi.org/10.1016/j. envexpbot.2015.04.001

Hoenecke ME，Bula RJ，Tibbitts TW（1992）Importance of "blue" photon levels for lettuce seedlings grown under red-light-emitting diodes. Hortscience 27（5）：427-430

Inoue SI，Kinoshita T，Takemiya A，Doi M，Shimazaki K（2008）Leaf positioning of Arabidopsis in response to blue light. Mol Plant 1（1）：15-26. https://doi.org/10.1093/mp/ssm001

Jishi T，Matsuda R，Fujiwara K（2015）A kinetic model for estimating net photosynthetic rates of cos lettuce leaves under pulsed light. Photosynth Res 124（1）：107. https://doi.org/10.1007/ s11120-015-0107-z

Jishi T，Kimura K，Matsuda R，Fujiwara K（2016）Effects of temporally shifted irradiation of blue and red LED light on cos lettuce growth and morphology. Sci Hortic 198：227-232. https://doi. org/10.1016/j.scienta.2015.12.005

Kang X，Ni M（2006）Arabidopsis SHORT HYPOCOTYL UNDER BLUE1 contains SPX and EXS domains and acts in cryptochrome signaling. Plant Cell 18（April）：921-934. https://doi.org/ 10.1105/tpc.105.037879

Kim H H，Goins G D，Wheeler R M，Sager J C（2004）. Green-light supplementation for enhanced lettuce growth under red-and blue-light-emitting diodes. Hortscience 39（7）：1617-1622

Kinoshita T，Doi M，Suetsugu N（2001）Regulation of stomatal opening. Nature 414（December）：0-4

Kozuka T，Horiguchi G，Kim GT，Ohgishi M，Sakai T，Tsukaya H（2005）The different growth responses of the Arabidopsis Thaliana leaf blade and the petiole during shade avoidance are regulated by photoreceptors and sugar. Plant Cell Physiol 46（1）：213-223

Long SP，Zhu XG，Naidu SL，Ort DR（2006）Can improvement in photosynthesis increase crop yields? Plant Cell and Environ 29（3）：315-330. https://doi.org/10.1111/j.1365-3040.2005.01493.x

McCree KJ（1972）The action spectrum，absorptance and quantum yield of photosynthesis in crop plants. Agric Meteorol 9（C）：191-216. https://doi.org/10.1016/0002-1571（71）90022-7

Nedbal L，Tichý V，Xiong F，Grobbelaar JU（1996）Microscopic green algae and cyanobacteria in high-frequency intermittent light. J Appl Phycol 8（4-5）：325-333. https://doi.org/10.1007/ BF02178575

Sager JC，Edwards JL，Klein WH（1982）Light energy utilization efficiency for photosynthesis. Trans ASAE 25：1737-1746

Sager JC，Smith WO，Edwards JL，Cyr KL（1988）Photosynthetic efficiency and Phytochrome Photoequilibria determination using spectral data. Trans ASAE 31：1882-1889

Shibuya T，Kishigami S，Takahashi S，Endo R，Kitaya Y（2016）Light competition within dense plant stands and their subsequent growth under illumination with different red：far-red ratios. Sci Hortic 213：49-54. https://doi.org/10.1016/ j.scienta.2016.10.013

Shibuya T，Kano K，Endo R，Kitaya Y（2018）Effects of the interaction between vapor-pressure deficit and salinity on growth and photosynthesis of Cucumis sativus seedlings under different CO_2 concentrations. Photosynthetica 56：893

Tennessen DJ，Bula RJ，Sharkey TD（1995）Efficiency of photosynthesis in continuous and pulsed ight emitting diode irradiation.

（Tanaka et al.，1998）。除了白光暗期干扰处理的植物叶绿素含量高于长日照处理，所有其他暗期干扰处理的植物叶绿素含量都比长日照处理的少（表 15.1），表明白光由于具有较宽的光谱（400 ～ 700 nm），能够有效地促进光合作用。当前研究表明，尽管暗期干扰的光强小，依然能有效地促进矮牵牛光合作用。

表 15.1　第 30、37、46 天时光强为 10 μmol · m^{-2} · s^{-1} 时暗期干扰光质对矮牵牛、天竺葵、菊花形态发生和开花的影响

暗期干扰（NI）	枝条长度或株高（cm）	叶片数	叶面积（cm²）	叶绿素（μg · mg^{-1}FW）
矮牵牛				
长日照	5.8 ab^a	109.3 a	448.0 d	2.412 a
绿光暗期干扰	7.4 a	90.6 a	447.1 d	1.542 bc
蓝光暗期干扰	7.1 a	102.6 a	546.7 b	1.767 bc
红光暗期干扰	4.7 b	104.0 a	610.3 a	1.631 bc
远红外光暗期干扰	7.0 a	111.6 a	491.3 c	1.425 c
白光暗期干扰	7.4 a	107.6 a	595.7 a	1.755 b
短日照	5.9 ab	114.3 a	441.3 d	1.044 d
天竺葵				
长日照	29.5 ab	28.3 a	522.3 a	2.565 ab
绿光暗期干扰	26.5 bc	19.6 bc	445.0 bc	1.466 b
蓝光暗期干扰	32.0 a	18.6 c	499.9 ab	2.037 b
红光暗期干扰	28.6 ab	19.6 bc	457.7 abc	2.185 b
远红外光暗期干扰	32.1 a	15.6 c	376.1 d	3.449 a
白光暗期干扰	25.0 bc	19.6 bc	411.5 cd	1.688 b
短日照	21.5 c	25.0 ab	423.7 bc	1.897 b
菊花				
长日照	19.4 a	155.3 a	387.9 a	2.828 b
绿光暗期干扰	16.2 cd	127.6 b	355.6 a	3.120 ab
蓝光暗期干扰	15.6 d	109.0 b	245.0 b	3.015 b
红光暗期干扰	18.2 ab	120.3 b	353.5 a	3.562 a
远红外光暗期干扰	17.7 bc	82.6 c	173.6 c	1.411 c
白光暗期干扰	17.0 bcd	121.3 b	370.0 a	2.949 ab
短日照	11.4 d	80.3 c	174.7 c	3.536 ab

注：^{a} 表示每种植物同列数据通过邓肯多距检定在 5% 水平差异显著

本研究统计了长日照与绿光、红光、远红外光、白光暗期干扰处理的矮牵牛花数（图 15.2）。长日照处理的矮牵牛 100% 地开花，而红光、远红外光、绿光暗期干扰处理的矮牵牛开花率分别为 33.3%、33.3%、16.6%。种植后出现花芽或花苞的时间，所有暗期干扰处理都比长日照处理的天数多。

总之，光照处理对形态发生的影响如下：绿光暗期干扰提高嫩枝长度，蓝光、红光、白光暗期干扰促进叶面积扩展，远红外光干扰提高株高却降低叶绿素含量（Park et al.，2016）。暗期干扰的光质显著影响形态发生与开花。尽管每株植物开花的数目减少，绿光、红光、远红外光和白光等暗期干扰促进开花，然而蓝光暗期干扰抑制开花，表明暗期干扰的光质对开花有不同的影响。对照实验，为了获得高品质的植物，可以考虑采用高光强的暗期干扰。

图 15.2　光强为 10 μmol·m⁻²·s⁻¹ 的暗期干扰光质在第 30、37、46 天时对矮牵牛（A，B）、天竺葵（C）、菊花（D）开
花的影响。暗期干扰光强细节详见图 15.1

15.2.3　日中性植物（天竺葵）

远红外光和蓝光暗期干扰的天竺葵株高最高，分别为 32.1 cm 和 32.0 cm（Park et al.，2017）
（表 15.1）。光周期中红光、蓝光暗期干扰抑制生长，远红外光促进生长。由 *phyA* 基因编码的光敏色
素 A 调节光周期中下胚轴延伸的远红外光抑制作用（Quail et al.，1995），而 *phyB* 基因主要调节对红
光与远红外光比值响应的信号传导，*phyB* 功能的缺失会导致类似于植物避阴反应的表型（Reddy and
Finlayson，2014）。Vandenbussche 等（2005）和 Franklin（2008）界定了避阴反应的表现：提高下胚
轴、茎、叶柄长度，多数叶片直立，明显的顶端优势，提前开花。当植物密集时，多数物种茎部变长、
叶片变小，这就是避阴反应（Hersch et al.，2014），这种反应能让某种植物高于其他植物获得阳光，
从而具有更大的竞争优势（Hersch et al.，2014）。这表明 *phyA* 基因能够提高本研究中远红外光干扰处
理植物的株高，类似于避阴反应响应的表型特征。据 Park 等（2016）报道，红光、远红外光比值低的
光源能够促进天竺葵开花、茎部生长，但由于徒长和分枝减少而降低经济价值。光周期中蓝光诱导的
对茎部生长的抑制是由细胞分裂减少引起的（Dougher and Bugbee，2004；Muneer et al.，2014），但
本研究发现蓝光提高天竺葵株高，表明蓝光暗期干扰的作用因物种不同而异。暗期干扰处理的天竺葵
叶片数比长日照和短日照处理的少，长日照处理的天竺葵叶片最多，远红外光暗期干扰的叶片最少（表
15.1）。在所有的暗期干扰处理中，蓝光、红光暗期干扰的单株叶面积增加显著高于单株叶片数的增加（表
15.1）。蓝光、红光暗期干扰提高叶面积，而远红外光暗期干扰降低叶面积，这是因为光周期中可见光谱
中蓝光、红光的光子能够被光合色素吸收（Possart et al.，2014）。红光与远红外光比值能显著影响拟南

芥等耐阴植物的生长与发育（Franklin，2008）。本研究发现远红外光暗期干扰降低叶面积，类似于避阴植物对远红外光的响应。远红外光暗期干扰处理的天竺葵叶绿素含量特别高，是所有暗期干扰处理中含量最高的，绿光暗期干扰处理的含量最低（表 15.1）。叶绿素含量与植物激素活性密切相关（Huq et al.，2004；Monte et al.，2004；Tepperman et al.，2004），而植物激素活性受红光与远红外光比值的影响（Smith，2000）。据推测，绿光对驱动光合作用的影响不大，主要因为纯叶绿素可见光吸收光谱中绿光的吸收系数低（Sun et al.，1998）。

所有处理都能诱导开花（表 15.1），暗期干扰光质对天竺葵开花百分比的影响不显著（表 15.1）。相对短日照，绿光、蓝光、红光、白光暗期干扰的植物肉眼可见花芽或蓓蕾产生所需的天数更短。对于天竺葵等日中性植物，低于补偿点（PPFD50 μmol·m^{-2}·s^{-1}，Yue et al.，1993）的光量子通量和具有光合有效辐射（绿光、蓝光、红光、白光）的暗期干扰对营养生长的帮助，并没有像叶面积增大那样达到期望值（表 15.1），但是能够促进开花（图 15.1）。

15.2.4　短日照植物（菊花）

长日照和暗期干扰处理的菊花株高高于短日照处理（表 15.1）。在暗期干扰处理菊花中，红光暗期干扰处理的株高最大（18.2 cm），远红外光暗期干扰处理的株高最小（17.7 cm）。这与 Kim 等（2004）报道的结果一致，即光周期中红光、红光加远红外光处理的菊花茎部和底部第三节长度最大。然而，红光对茎部生长的影响是不一致的。Heo 等（2002）发现，光周期中红光下的万寿菊茎长降低，这种差异可能是由于植物激素的不同协同作用抑制茎部生长。光周期中植物激素与光平衡的水平（Φ = PFr/P，表示远红外光诱导的激素与总植物激素的比值）降低菊花的株高（Heins and Wilkins，1979）。当前研究结果表明在光周期和暗期干扰中植物生长对光质的响应是不同的。

长日照环境的单株菊花叶片数，比短日照环境中的叶片数提高了93%（表 15.1），而远红外光暗期干扰（82.6）和短日照（80.3）环境下的菊花叶片数最少。叶面积与单株叶片数表现出相同的趋势（表 15.1）。白光暗期干扰下的叶面积最大（370.0 cm^2），随之是绿光暗期干扰（355.6 cm^2）、红光暗期干扰（353.5 cm^2）下的叶面积。

短日照环境下的菊花叶绿素含量最高（表 15.1），除了红光暗期干扰环境的菊花叶绿素含量相当于短日照菊花的叶绿素含量，其他暗期干扰处理尤其是远红外光暗期干扰处理的菊花都低于短日照菊花的叶绿素含量。远红外光暗期干扰的菊花比短日照菊花的叶绿素含量低了60%，这与 Li 和 Kubota（2009）报道的结果一致，即光周期中补充远红外光的植物化学物质降低归因为"稀释"，白光加远红外光处理的菊花干物质质量是增加的。

蓝光、远红外光暗期干扰和短日照均诱导开花（表 15.1），以前在菊花方面的研究（Higuchi et al.，2012；Jeong et al.，2012；Stack et al.，1998）具有类似的结果。哥伦比亚生态型 hy4 的等位基因突变体开花，晚于短日照与每天延长或暗期干扰的长日照，蓝光暗期干扰比白光、红光暗期干扰对开花诱导作用显著（Bagnall et al.，1996）。本研究中远红外光、蓝光暗期干扰处理的肉眼可见花芽或蓓蕾分别被延迟 1 天、4 天（表 15.1）。远红外光暗期干扰比蓝光暗期干扰、短日照处理的开花率提高了33%。短日照处理的 phyB 突变体提前开花反映了这些植物的避阴反应（Franklin，2008；Franklin and Quail，2010）。

15.3 暗期干扰光质转换对菊花形态发生和开花的影响

15.3.1 材料与方法

15.3.1.1 植物材料与生长条件

菊花插条被扦插在 50 穴的穴盘，并放在温室栽培床上。分别在移植和扦插的第 12 天转移到封闭植物工厂，继而在植物工厂炼苗 12 天后，这些植物（株高大约 13.3 cm）被用来进行光周期的光处理。光强、培养基、营养液等培养条件如 15.2.1.1 节所述。

15.3.1.2 光周期的光处理

在光周期处理期间，供试植物生长于（180 ± 10）μmol·m^{-2}·s^{-1} PPFD 白光 LED 下，光照周期设置为长日照（LD，16 h 光 /8 h 暗），或者短日照（SD，10 h 光 /14 h 暗），或者具有 4 h 暗期干扰的短日照，暗期干扰使用 LED 光源、光强为 10 μmol·m^{-2}·s^{-1}。暗期干扰的光质在第一种供光 2 h 后，由以下光质两两转换：蓝光（B，450 nm）、红光（R，660 nm）、远红外光（Fr，730 nm）和白光（W，400 ~ 700 nm）。长日照和短日照处理作为对照，另设置 12 组由 LED 供光的暗期干扰光质转换：蓝光转红光（NI-BR）、红光转蓝光（NI-RB）、红光转远红外光（NI-RFr）、远红外光转红光（NI-FrR）、蓝光转远红外光（NI-BFr）、远红外光转蓝光（NI-FrB）、白光转蓝光（NI-WB）、蓝光转白光（NI-BW）、远红外光转白光（NI-FrW）、白光转远红外光（NI-WFr）、红光转白光（NI-RW）、白光转红光（NI-WR）（图 15.3）。测量暗期干扰光强和光质的方法与 15.2.1.2 节所述一致。开始光周期处理的 49 天后，统计菊花的株高、每株叶片数、叶绿素含量、开花百分比、肉眼可见花芽或蓓蕾出现的天数、每株植物的花朵数。

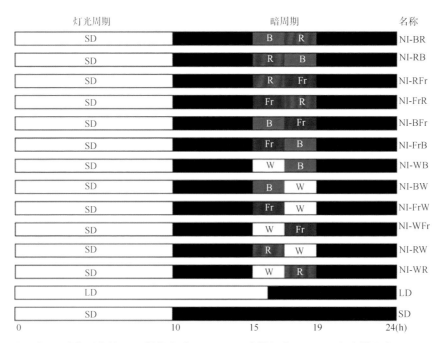

图 15.3　10 h 短日照处理中 4 h 暗期干扰的 LED 转换光质：NI-BR. 蓝光转红光；NI-RB. 红光转蓝光；NI-RFr. 红光转远红外光；NI-FrR. 远红外光转红光；NI-BFr. 蓝光转远红外光；NI-FrB. 远红外光转蓝光；NI-WB. 白光转蓝光；NI-BW. 蓝光转白光；NI-FrW. 远红外光转白光；NI-WFr. 白光转远红外光；NI-RW. 红光转白光；NI-WR. 白光转红光。LD 表示 16 h 的长日照处理

15.3.2　形态发生

　　除白光转蓝光暗期干扰外，其他暗期干扰处理的菊花株高都显著高于短日照组（表 15.2）。忽略远红外光的次序，菊花株高在有远红外光的暗期干扰处理组均高于其他组。这些结果与 Oyaert 等（1999）和 Kim 等（2004）对菊花的研究是一致的。前人对菊花的研究结果表明光周期中的蓝光抑制植物生长。Folta 和 Spalding（2001）发现，抑制作用与隐花色素与光蛋白的参与相关，抑制进程是一个去黄化反应。本研究中，白光转蓝光暗期干扰处理中蓝光的参与降低了菊花株高。

表 15.2　10 μmol · m⁻² · s⁻¹ PPFD 暗期干扰光质转换 49 天后对菊花形态发生与开花的影响

暗期干扰（NI）	枝条长度或株高（cm）	叶片数	叶面积（cm²）	叶绿素（μg · mg⁻¹ FW）
长日照	21.8 cdª	389 a	461 de	3.172 ab
蓝光转红光暗期干扰	20.8 d	399 a	719 ab	3.058 ab
红光转蓝光暗期干扰	21.9 cd	352 ab	762 a	3.237 ab
红光转远红外光暗期干扰	24.5 a	354 ab	614 bc	2.762 ab
远红外光转红光暗期干扰	24.2 ab	324 ab	707 ab	2.958 ab
蓝光转远红外光暗期干扰	24.7 a	171 c	464 de	2.565 ab
远红外光转蓝光暗期干扰	21.9 cd	102 d	262 f	3.213 ab
白光转蓝光暗期干扰	18.0 e	218 c	440 de	3.014 ab
蓝光转白光暗期干扰	22.5 bcd	331 ab	676 abc	3.181 ab
远红外光转白光暗期干扰	22.2 cd	336 ab	402 e	2.305 b
白光转远红外光暗期干扰	23.4 abc	199 c	407 e	2.916 ab
红光转白光暗期干扰	21.9 cd	294 b	556 cd	3.484 a
白光转红光暗期干扰	22.3 cd	295 b	562 cd	3.485 a
短日照	17.9 e	219 c	441 de	3.667 a

注：ª 表示同列数据通过邓肯多距检定在 5% 水平差异显著

　　远红外光转蓝光暗期干扰处理的菊花叶片数最少，很可能是提前开花造成的营养生长中断导致的（表 15.2）。并且，叶片数依赖于开花的天数，尤其是提前开花的天数（Lin，2000）。蓝光转红光、红光转蓝光暗期干扰处理的菊花叶面积显著提高，而远红外光转蓝光的叶面积降低（表 15.2），表明叶面积增长是暗期干扰中第一种和第二种光质联合作用的结果。例如，蓝光与红光联合作用促进叶面积扩展，而远红外光和蓝光联合作用降低叶面积。Matsuda 等（2007）发现，含 30 μmol · m⁻² · s⁻¹ PPFD 蓝光的 300 μmol · m⁻² · s⁻¹ PPFD 红光 / 蓝光混合光照处理下，菠菜有较高的光合能力，而单独的红光下菠菜光合作用弱。因此，本研究中红光转蓝光暗期干扰处理后生长率的提高，可能归因于红光与蓝光的协同作用。

　　忽略暗期干扰中光质的次序，含远红外光的暗期干扰处理的菊花叶绿素总含量低于其他处理（表 15.2）。远红外光转白光暗期干扰处理的菊花叶绿素含量比短日照组低了 37%。此响应表明远红外光的光强低于这个光谱区域中叶片反射的光强水平（Smorenburg et al.，2002）。

15.3.3　开花

　　红光转蓝光、远红外光转红光、蓝光转远红外光、远红外光转蓝光、白光转蓝光、远红外光转白光、白光转远红外光、白光转红光暗期干扰与短日照均诱导开花，蓝光转远红外光、远红外光转蓝光处理后出现肉眼可见花芽或蓓蕾的时间缩短（图 15.4）。这表明蓝光和红光的协同作用能促进短日照植物（菊花）开花。在红光转蓝光或白光转蓝光暗期干扰中的光质转换，暗期干扰处理被蓝光诱导的开花终止。这很可能是因为蓝光受体能够强化开花诱导活性。然而，红光转远红外光、远红外光转蓝光暗期干扰处理中红光和远红外光的联合作用对开花的作用不明显。这些发现表明红光 / 远红外光的值可能比暗期干扰中光质转换的影响更大。在许多短日照植物中，只有光强充分保证光敏色素（光敏色素吸收红光）的光电转换时，暗期干扰才是有效的（Purohit and Ranjan，2002）。随后暴露在远红外光下，远红外光将色素转换为没有生理活性的光敏色素形态，恢复开花反应。红光转蓝光、远红外光转红光、白光转红光暗期干扰处理肉眼可见花芽或蓓蕾出现的时间延长。该结果表明，蓝光、红光、白光、远红外光受体在菊花开花抑制和促进作用中具有拮抗。蓝光转远红外光暗期干扰相比于短日照，每株菊花的花数提高了 32%。

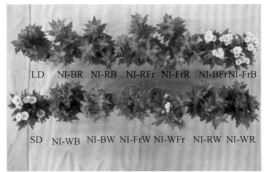

图 15.4　PPFD 10 μmol·m⁻²·s⁻¹ 的暗期干扰光质转换 49 天后对菊花开花的影响。暗期干扰的光质细节详见图 15.1

15.4　结　论

总而言之，绿光暗期干扰提高长日照植物的枝条长度，提高日中性植物的下胚轴长度，降低日中性植物的叶绿素含量，并且提高短日照植物的株高和叶面积。蓝光、红光暗期干扰均能提高长日照、日中性、短日照三类植物的叶面积，红光暗期干扰还能提高短日照植物的株高。远红外光暗期干扰提高长日照、日中性、短日照 3 类植物的株高，降低长日照、短日照植物的叶绿素含量，不影响日中性植物的叶绿素含量；降低日中性植物和短日照植物的叶面积。白光暗期干扰增大长日照、日中性、短日照 3 类植物的叶面积。暗期干扰光能显著影响 3 种光周期模式植物的形态发生与开花，尤其是短日照植物。暗期干扰的光质对日中性植物形态发生的影响显著高于对开花的影响。该发现表明，在短日照季节红光或白光暗期干扰是控制长日照植物形态发生与开花的最佳暗期干扰策略。而且，蓝光适宜于短日照植物的开花控制。

　　白光转蓝光暗期干扰比所有其他暗期干扰处理的植物株高低。忽略光质的出现次序，蓝光和红光，或者红光和白光的联合作用，在低光强的暗期干扰光质转换作用下，就能提高叶面积。红光转蓝光、远红外光转红光、蓝光转远红外光、远红外光转蓝光、白光转蓝光、远红外光转白光、白光转远红外光、白光转红光暗期干扰和短日照处理，尤其是蓝光转远红外光、远红外光转蓝光暗期干扰处理促进开花。蓝光和红光或者蓝光和白光的联合光质转换、红光转蓝光、白光转蓝光等含蓝光的暗期干扰处理诱导开花。因此，很可能蓝光受体促进开花诱导的活性，能够满足促进开花所需要的较高能量需求。据统计，暗期干扰前 2 h 的光质既不能影响形态发生，也不影响开花，而后 2 h 的光质如我们假设的一样显著影响形态发生与开花。补充蓝光对菊花其他品种的开花促进作用、光受体基因表达、蛋白质合成等方面的影响，需要进一步研究。

参 考 文 献

Bagnall DJ，King RW，Hangarter RP（1996）Blue-light promotion of flowering is absent in *hy4* mutants of *Arabidopsis*. Planta 200：278-280

Bunning E，Moser I（1969）Interference of moonlight with the photoperiodic measurement of time by plants，and their adaptive reaction. Proc Natl Acad Sci USA 62：1018-1022

Craig DS，Runkle ES（2012）Using LEDs to quantify the effect of the red to far-red ratio of night interruption lighting on flowering of photoperiodic crops. Acta Hort（956）：179-185

Dougher TAO，Bugbee B（2004）Long-term blue light effects on the histology of lettuce and soybean leaves and stems. J Amer Soc Hort Sci 129：497-472

Evans LT（1971）Flower induction and the florigen concept. Ann Rev Plant Physiol 22：365-394

Folta KM，Spalding EP（2001）Unexpected roles for cryptochrome 2 and phototropin revealed by high-resolution analysis of blue light-mediated hypocotyl growth inhibition. Plant J 26：471-478

Franklin KA（2008）Shade avoidance. New Phytol 179：930-944

Franklin KA，Quail PH（2010）Phytochrome functions in *Arabidopsis* development. J Expt Bot 61：11-24

Heins RD，Wilkins HF（1979）The influence of node number，light source，and time of irradiation during darkness on lateral branching and cutting production in 'bright golden Anne' chrysanthemum. J Amer Soc Hort Sci 104：265-270

Heo JW，Lee CW，Chakrabarty D，Paek KY（2002）Growth responses of marigold and salvia bedding plants as affected by monochromic or mixture radiation provided by a light emitting diode（LED）. Plant Growth Regul 38：225-230

Hersch M，Lorrain S，Wit M，Trevisan M，Ljung K，Bergmann S（2014）Light intensity modulates the regulatory network of the shade avoidance responses in *Arabidopsis*. Proc Natl Acad Sci USA 111：6515-6520

Higuchi Y，Narumi T，Oda A，Nakano Y，Sumitomo K，Fukai S，Hisamatsu T（2013）The gated induction system of a systemic floral inhibitor，antiflorigen，determines obligate short-day flowering in chrysanthemums. Proc Natl Acad Sci USA 110：17137-17142

Higuchi Y，Sumitomo K，Oda A，Shimizu H，Hisamatsu T（2012）Days light quality affects the night-break response in the short-day plant chrysanthemum，suggesting differential phytochrome-mediated regulation of flowering. J Plant Physiol 169：1789-1796

Huq E，Al-Sady B，Hudson M，Kim C，Apel K，Quail PH（2004）Phytochrome-interacting factor 1 is a critical bHLH regulator of chlorophyll biosynthesis. Sci Signaling 305：1937-1941

Jeong SW，Park S，Jin SJS，Seo O，Kim GS，Kim YH，Bae H，Lee G，Kim ST，Lee WS，Shin SC（2012）Influences of four different light-emitting diode lights on flowering and polyphenol variations in the leaves of chrysanthemum. J Agric Food Chem 60：9793-9800

Kadman-Zahavi AVISHAG，Peiper D（1987）Effects of moonlight on flower induction in *Pharbitis nil*，using a single dark period. Ann Bot 60：621-623

Kim SJ，Hahn EJ，Heo JW，Paek KY（2004）Effects of LEDs on net photosynthetic rate，growth and leaf stomata of chrysanthemum plantlets in vitro. Sci Hort 101：143-151

Kim YJ，Lee HJ，Kim KS（2011）Night interruption promotes vegetative growth and flowering of *Cymbidium*. Sci Hort 130：887-893

Li Q，Kubota C（2009）Effects of supplemental light quality on growth and phytochemicals of baby leaf lettuce. Environ Expt Bot 67：59-64

Lin CT（2000）Plant blue-light receptors. Trends Plant Sci 5：337-342

Matsuda R，Ohashi-Kaneko K，Fujiwara K，Kurata K（2007）Analysis of the relationship between blue-light photon flux density and the photosynthetic properties of spinach（*Spinacia oleracea* L.）leaves with regard to the acclimation of photosynthesis to growth irradiance. Soil Sci Plant Nutr 53：459-465

Monte E，Tepperman JM，Al-Sady B，Kaczorowski KA，Alonso JM，Ecker JR，Li X，Zhang Y，Quail PH（2004）The phytochrome-interacting transcription factor，PIF3，acts early，selectively，and positively in light-induced chloroplast development. Proc Natl Acad Sci USA 101：16091-16098

Muneer S，Kim EJ，Park JS，Lee JH（2014）Influence of green，red and blue light emitting diodes on multi protein complex proteins and photosynthetic activity under different light intensities in lettuce leaves（*Lactuca sativa* L.）. Intl J Mol Sci 15：4657-4670

Oh W，Rhie YH，Park JH，Runkle ES，Kim KS（2008）Flowering of cyclamen is accelerated by an increase in temperature，photoperiod and daily light integral. J Hort Sci Biotechnol 83：559-562

Oyaert E，Volckaert E，Debergh PC（1999）Growth of chrysanthemum under coloured plastic films with different light qualities and quantities. Sci Hort 79：195 205

Park YG，Muneer S，Jeong BR（2015）Morphogenesis，flowering，and gene expression of *Dendranthema grandiflorum* in response to shift in light quality of night interruption. Intl J Mol Sci 16：16497-16513

Park YG，Muneer S，Soundararajan P，Manivnnan A，Jeong B（2017）Light quality during night interruption affects morphogenesis and flowering in geranium. Hort Environ Biotechnol 58：212-217

Park YG，Muneer S，Soundararajan P，Manivnnan A，Jeong BR（2016）Light quality during night interruption affects morphogenesis and flowering in *Petunia hybrida*，a qualitative long-day plant. Hort Environ Biotechnol 57：371-377

Park YJ，Kim YJ，Kim KS（2013）Vegetative growth and flowering of *Dianthus*，*Zinnia*，and *Pelargonium* as affected by night interruption at different timings. Hort Environ Biotechnol 54：236-242

Possart A，Fleck C，Hiltbrunner A（2014）Shedding（far-red）light on phytochrome mechanisms and responses in land plants. Plant Sci 217-218：34-46

Purohit SS，Ranjan R（2002）Flowering. *In*：Purohit SS，Ranjan R（eds）Phytochrome and flowering. Agrobios，Jodhpur，pp 52-61

Quail PH，Boylan MT，Parks BM，Short TW，Xu Y，Wagner D（1995）Phytochromes：Photosensory perception and signal transduction. Science 268：675-680

Reddy SK，Finlayson SA（2014）Phytochrome B promotes branching in *Arabidopsis* by suppressing auxin signaling. Plant Physiol 164：1542-1550

Saebo A，Krekling T，Appelgren M（1995）Light quality affects photosynthesis and leaf anatomy of birch plantlets in vitro. Plant Cell Tissue Organ Cult 41：177-185

Smith H（2000）Phytochromes and light signal perception by plants an emerging synthesis. Nature 407：585-591

Smorenburg K，Bazalgette CLG，Berger M，Buschmann C，Court A，Bello UD，Langsdorf G，Lichtenthaler HK，Sioris C，Stoll MP，Visser H（2002）Remote sensing of solar induced fluorescence of vegetation. Proc SPIE 4542：178-190

Stack PΛ，Drummond FA，Stack LB（1998）Chrysanthemum flowering in a blue light supplemented long day maintained for biocontrol of thrips. Hortscience 33：710-715

Sun J，Nishio JN，Vogelmann TC（1998）Green light drives CO_2 fixation deep within leaves. Plant Cell Physiol 39：1020-1026

Tanaka M，Takamura T，Watanabe H，Endo M，Yanagi T，Okamoto K（1998）In vitro growth of *Cymbidium* plantlets cultured under superbright red and blue light-emitting diodes（LEDs）. J Hort Sci Biotech 73：39-44

Tepperman JM，Hudson ME，Khanna R，Zhu T，Chang SH，Wang X，Quail PH（2004）Expression profiling of *phyB* mutant demonstrates substantial contribution of other phytochromes to red light-regulated gene expression during seedling de-etiolation.

Plant J 38：725-739

Tong Z，Wang T，Xu Y（1990）Evidence for involvement of phytochrome regulation in male sterility of a mutant of *Oryza sativa* L. Photochem Photobiol 52：161-164

Vandenbussche F，Pierik R，Millenaar FF，Voesenek LA，Van Der Straeten D（2005）Reaching out of the shade. Curr Opin Plant Biol 8：462-468

Vince-Prue D，Canham AE（1983）Horticultural significance of photomorphogenesis. 518-544. *In*：Shropshire W，Mohr H（eds）Encyclopedia of plant physiology（NS）. Springer-Verlag，Berlin

Yamada AT，Tanigawa T，Suyama T，Matsuno T，Kunitake T（2009）Red：far-red light ratio and far-red light integral promote or retard growth and flowering in *Eustoma grandiflorum*（Raf.）Shinn. Sci Hort 120：101-106

Yue D，Gosselin A，Desjardins Y（1993）Effects of forced ventilation at different relative humidities on growth，photosynthesis and transpiration of geranium plantlets in vitro. Can J Plant Sci 73：249-256

第五篇

未来将应用到智能植物工厂的先进技术

第 16 章
农业机械化的商业模式

Tamio Tanikawa   著

韦筱媚，韦坤华，缪剑华，郭晓云   译

摘　要：随着科技的发展，人们发现物联网、大数据、人工智能和机器人等技术的应用显著改变了商业模式。将农业技术与这些技术相结合将会显著提高农业的生产效率，强化农业产业链，但这些目标仅在农业领域很难实现。在本章中，我们将围绕商业模式的回溯讨论如何实现强大的农业经济数字化。

关键词：机械化农业；机器人技术；数据分析；商业模式

16.1　引　言

在日本和许多发达国家，快速的人口老龄化给社会带来了重大挑战。特别是出生率下降与人口老龄化所引起的劳动力缺乏问题，将会导致国内工业竞争力急剧下降。以工业机器人为代表的自动化技术已经广泛应用于以汽车和电器为代表的第二产业中，也是支撑日本工业发展的重要技术之一。为扩大机器人的应用领域，应对老龄化社会出现的服务人员短缺的问题，生活领域、护理领域与福利领域的服务型机器人的生产应用技术得到不断的发展。这是机器人技术在第三产业中的主要应用。第三产业是劳动密集型产业，在这一产业中应用服务型机器人可有效地补充服务人员的不足。同时，在第一产业中，由于老龄化导致的劳动力短缺也越来越严重，许多易于机械化的工作正在转向自动化发展。许多农业也是劳动密集型产业，在未来的老龄化社会中，生产力将不可避免地降低。因此在第一产业中，类似机器人的机械化也将得到广泛的应用。

16.2　农业机械化

农业机械化方面的研究历史悠久，在技术上并不逊色，并且在不断的发展进步。虽然技术方面比较成熟，但实际应用起来却不会总是那么成功。

图 16.1 展示了从基础研究到商业的障碍。众所周知，从基础研究到技术开发再到实际应用的过程，存在着"死亡之谷"。这里的技术发展是逐渐"加成"的。另外，"达尔文海"模仿商业化的成本竞争是农业机械商业化的障碍。这就是"减法"的概念，它根据商业模式降低了开发技术的成本。换句话说，如果过于消极，要求更多的减法，那就意味着它不是一种商业，因此，我们必须创造"减法"较少的商

业模式。具体而言，在实际应用中，重要的是能否存在可以机械化的大市场。比如，根据第二产业具有国际市场，可预计将有充足的资金作为大规模生产设施的投资。因此，以机器人技术为代表的自动化技术是第二产业中的一大行业。但在农业方面，虽然技术能力很强，但目前尚未形成庞大的国际市场，所以我们也不能依靠资本投资建立产业。换句话说，如果与机械化相关的效益和成本之间的平衡没有做到向效益方面倾斜，就算是技术能力再强，也很难投入到实际应用中。到目前为止，随着服务机器人技术的发展，机器人有望用于第三产业的生命支持和三级护理等领域，但也同样面临着上述问题。

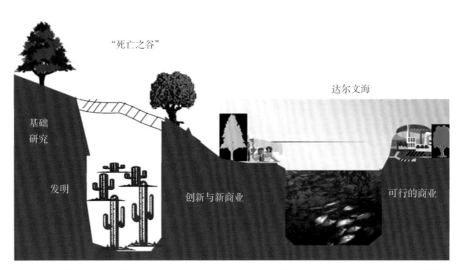

图 16.1　技术开发中的死亡之谷和实际应用的达尔文海（C. Wessner OECD 讲座材料）

即使我们的目标是将农业机械化的优点等同于工业领域的大规模生产，但如上一节所述，由于国际市场不存在，农业机械化就很难实现商业化。因此，重新考虑机械化对商业的好处便成了推进农业机械化的重要一环。传统的机械化旨在取代人力劳动，因此，成本的比较变成了机械化与人工劳动力之间的比较。如果商业市场不广，机器销售站就会很少，机械的单价也会比较高，这样的话，雇用工人的成本就会低于机械化，而且机械工作只是农业生产过程的一部分，这种情况下，机械化的效益就会很低。

为了使农业生产者进行资本投资，就要保证投入者获得稳定的利润，这点非常重要。因为这不仅是一种通过大规模生产获取巨额利润为目的的机械化；还包含有一种新的理念，不受天气影响，每年都能保持稳定的农产品供应。这样一来，通过维持农产品的市场价格，如果我们能够实现年内稳定的利润，就可以估算出必要的资本投入。目前，虽然机械化的成本仍然很高，但植物工厂无疑是一个解决这个难题的很好的方案。植物工厂不受天气影响，可以确保稳定的生产量，并且易于预测生产量。综合成本等因素考虑，植物工厂生产出来的农产品因没有使用农药而具有较高的安全性，植物工厂企业也有可能成功建立。目前植物工厂还不是一种适用于各种农作物的生产技术。但不管怎样，像植物工厂这样稳定的机械化生产是农业中的一个重要概念。

稳定农业产出是机械化的第一步。为了获得更高的利润，机械化的另一个目的是增加农作物的附加值和使生产过程可视化。建立通过提高农作物的附加值（如有机农业或有机农药种植）来高价销售农产品的企业，是一种建立在信用基础上的商业模式。如果能够清楚地看到附加值，对于日本优质农作物来说，似乎可以获得国际竞争力。这种机械化的一个重要的元素是生产过程中的数据。

16.3　基于生产数据的精准农业

我们都知道，智能手机现在已成为一个巨大的产业，电子笔记本与智能手机功能相同，但为什么电子笔记本不受欢迎？现在为什么具有相同概念的智能手机却非常受欢迎？其中一个主要原因是互联网和无线技术的普及，可以进行海量数据传输。事物连接到互联网的物联网技术基础设施已经开发出来，许多从未存在过的商业模式已经诞生。同样在农业方面，这种趋势也可能导致重大改革。通过将互联网添加到上一节中的机械化，便可以广泛使用通过机械化获得的数据，并创建新的附加值。到目前为止，机械化的问题仅仅在于与人工劳动的成本对比。然而，通过机械化，农业劳作可以通过精确数据记录下来，这是一个优势，而人工操作时，是完全不可能的。农业等劳动密集型领域的工作内容在很大程度上取决于工人的经验，很难精准化和数据化。农业之所以特别难以精准化，是因为农产品的生产需要从各种变化的作物生长环境中选择出最佳环境条件。近年来，农业生产中作为大数据的各种环境数据和工作历史信息可利用人工智能技术进行分析，基于科学证据的精准农业也在发展。这里的精准农业是指基于科学理论，通过使用人工智能技术从获得的数据中将经验性、隐性知识的工作内容进行优化的农业精准化。此外，通过将生产过程中的数据与产品的可追溯性相结合，可以把产品的安全性和味道等品质做到可视化。因此，以上这些有可能作为与生产过程的劳动相对应的高附加值，将商品高价出售。面对国际市场，这种追溯系统不但保证了日本产品的品牌化，还有可能建立一种不会陷入价格竞争的高附加值农产品商业模式。农业机械化不仅需要在生产范围内讨论机械化，还需要涉及分配到各个流程的整体商业模式，然后，必要的机械化应该在这个商业模式中讨论。

16.4　结　　论

虽然最近的物联网、大数据和人工智能技术备受关注，但其最初的优势将通过跨行业和相互使用每种数据来体现。在日本垂直整合商业模式中很难将各行业联系起来。而智能农业不仅是与传统农业之间的争议，也需要配合物流和食品服务（第六阶段工业化）等行业的优化设计。换句话说，新的商业模式不能通过传统技术发展形成新产业的探讨预测来完成，我们首先需要设计一个实现强大农业的商业模式。接下来，我们将研究商业必需的技术利用率（云、物联网、人工智能、机器人等）和利用这些技术的社交系统，关于这样回溯法的讨论应该继续进行。

参 考 文 献

Wessner C（1998）Public/private partnerships for innovation：experiences and perspectives from the U.S. OECD lecture material

第 *17* 章
城市农场作物增产能耗的量化模型研究

Rebecca Ward，Melanie Jan-Singh，Ruchi choud hary　著

朱艳霞，谷筱玉，郭晓云，全昌乾　译

摘　要：目前，使用经典的建筑物模型无法充分模拟城市基础设施内室内农场的环境和能源消耗。一方面，因为经典模型不包括模拟植物和室内空气间潜在的重要能量和物质转化能力；另一方面，为模拟气候控制的温室而开发的工具不能与现有建筑和基础设施进行复杂的交互作用。本章介绍了一个能够模拟作物生长对室内气候变化响应的城市一体化温室模型，并且用一个城市农场（面积为 50 ㎡，位于地下）的数据来验证这个模型。通过数值模拟模型对资源需求和可用性进行分析，可以研究在城市空间内种植粮食作物时优化环境和能源效益的机制。

关键词：城市一体化农业；数值模拟；协同效益潜力

17.1 引　言

城市人口的增加和气候变化已经给城市生活带来了压力，预计未来人们对城市的需求将重塑城乡环境。城市人口过度利用当地的和偏远地区的自然资源，已经对生物多样性和生态系统的服务功能产生了连锁反应。高度城市化的世界还将面临气候变化带来的压力，气候变化的压力表现为不断变化的气候模式、人口结构和社会结构。然而，到2030年，全球还有60%以上的城市尚未建成，因此为未来的城市转型提供了机会（Secretariat of the Convention on Biological Diversity，2012）。

全球人均可耕地面积从1965年的0.39 hm² 减少到了2016年的0.20 hm²（World Bank，2016），城市人口的不断增加意味着食物里程有上升的趋势（译者注："食物里程"意思是食物在被购买前行驶过的距离）。如本书所述的都市农业，食品生产更接近使用点，提供了一种更直接的方式来缓解这些压力。在当地进行食品生产的吸引力逐渐增加，可能与生产成本有关，过去10年作物生产成本上升了9%，而现代城市需要的食品几乎完全依赖外部输入。随着贸易全球化，食品能完全自给的国家很少，复杂的供应和运输系统控制着食物如何到达我们的盘子。例如，在美国，食物的平均运输距离为1 650 km（Weber and Matthews，2008），英国消费的食物只有54% 产自本国（Department of Agriculture Food and Rural Affairs，2016）。内陆或人口稠密地区尤其易受到全球贸易的影响，如新加坡、中国香港、阿联酋、埃及和挪威等耕地不足5%的国家或地区（World Bank，2016）。因此，建立水培城市农场，以一种既有利于提高土地利用率又有利于改善城市生态环境的方式生产食品，为在城市环境中生产食品提供了一种非常有前景的途径。Touliatos 等（2016）研究表明，尽管环境条件存在空间差异，但垂直水培系统均可以显著提高单位面积生菜产量。这样的城市农场不必一定建在专门的建筑物里，而是可以建在离使用点更近的地方，无缝地融入城市的结构中。例如，最近的一项研究表明，与里斯本现有的番茄供应链相比，水

培屋顶温室可以减少一半的能源消耗（Benis et al., 2017）。

　　除了提高食品安全和减少食品里程外，都市农业还有其他潜在的好处。当城市管理空气质量、水资源、能源供应和货物流动时，城市不断扩张给城市基础设施带来了巨大压力。例如，由于城市建筑的低孔隙率和高建筑密度，目前城市雨水管理严重依赖大型灰色基础设施。而可以使雨水在本地再利用的都市农业，为解决城市排水问题提供了一种有效的替代方案（Zahmatkesh et al., 2015）。此外，为缓解城市热岛效应（UHI）及全球气候变化导致的温度升高，冷却城市的能源消耗将增加 30%（Kolokotroni et al., 2012）。使用屋顶绿化（Xu et al., 2016）或树木（Skelhorn et al., 2016），增加植被比例已被证明可以减少城市热岛效应，从而减少冷却建筑物的能源消耗。Kikegawa 等（2006）利用建筑能耗模拟证明了侧墙绿化是一种有效的应对城市热岛效应的措施，因为侧墙绿化降低了城市景观的基准温度。城市绿化的这些影响不仅表现在降低冷却能耗上，在一项对屋顶绿化的小规模研究表明，将水培技术与建筑通风设计相结合，可以将供暖的能源消耗需求减少 41%（Delor, 2011）。

　　本章的目的是为城市设计师提供一个方法，该方法可以量化位于城市空间的小型农场的效益，重点在于设计时将封闭式温室融入未利用的城市空间。17.2 节在此基础上探讨了城市农业项目、未利用的城市空间和相应的城市农场设计的动机和机遇。17.3 节阐述了生长环境与现有城市资源相协调所需的资源和策略。目前，人们已为独立温室开发了环控农业的模拟模型，其中较著名的是荷兰 Vathoor（2011）和美国亚利桑那州的环控农业研究小组（kacira, 2016）开发的模型，但模拟城市一体化温室气候的模型尚处于萌芽阶段（Benis and Ferrao, 2017；Graamans et al., 2017），因此 17.4 节回顾了建筑物模型的发展进程。17.5 节详细介绍了伦敦城市一体化农场的能源模拟与监测。

17.2　城市闲置空间

　　城市农场可以有不同的形式：（城镇居民可以租来种菜的）小块土地，传统的温室或建筑一体化农业（BIA）。这项工作的重点是将城市闲置空间用于城市农业，下面列出了不同的 BIA 类型，如图 17.1 所示。

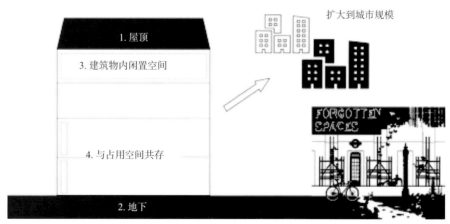

1. 屋顶：未利用的平坦屋顶
2. 地下：未使用的隧道和地下室
3. 建筑物内闲置空间（废弃或空置的楼层）
4. 与占用空间共存：中庭，走廊和开放式空间等并存空间

图 17.1　城市可用于水培种植的 4 种闲置空间。"被遗忘的空间"（右下角）图片是指由 Studio Glowacka（2013）为 RIBA（英国皇家建筑师协会）在萨默塞特宫设计的展览，探讨伦敦的闲置空间如何被重新利用

闲置空间经常被城市规划者和开发者遗忘，但它仍然可以提供资源，有效地生产食品。2013 年，伦敦的"被遗忘的空间"展览展示了这个创新概念，旨在将这个"遗忘"的空间利用起来（Studio Glowacka，2013）。在美国，Grewal 和 Grewal（2012）发现，利用城市商业屋顶和空地进行农业生产可以百分之百满足克利夫兰地区对新鲜农产品的需求，将该地城市食品自给率从 0.1% 提高到 17%。在欧洲，城市人口已经达到 70%～80%，城市扩张正在减少可用的农业用地。然而，空间的可用性不一定是城市农业的限制因素，因为在城市总体规划时就可以将闲置空间的再利用一并考虑进去（Viljoen et al.，2010；Custot et al.，2012）

世界各地城市农场的增长情况各不相同（Opitz et al.，2016），部分原因是"北方国家"的城市发展与"南方国家"中发展较快的城市之间存在差异。在亚洲，专用建筑中的高科技"植物工厂"呈指数级增长，而发展中国家的城市则充斥着小型城市花园（Orsini et al.，2013）。西方城市对水培和新技术的兴趣不断增长，通常由初创公司和迎合市场需求的非盈利性组织领导。北美和欧洲各城市的 BIA 项目的主要例子如图 17.2 所示，从图中可以看出，大多数城市农场集中分布在北美和屋顶。事实上，城市农场概念在欧洲逐渐消失，1918 年，"胜利花园"在伦敦四处涌现，蔬菜产量高达 200 万 t（House of Commons，1998），但自第二次世界大战以来的城市规划导致灰色城市建筑的扩张，相应的绿色空间在欧洲逐渐消失（Barthel et al.，2010）。

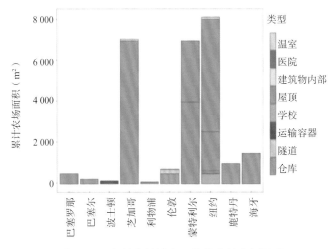

图 17.2　各城市的城市一体化农场空间组成

图 17.3　城市农民重新布置了海牙一家废弃菲利普工厂的顶层。它是欧洲最大的养耕共生农场（Urban Farmers AG，2016）

近来，全球范围内一些不同规模的城市农场实例如图 17.3～图 17.8 所示。荷兰的温室工程在全球处于最前沿，欧洲最大的城市农场于 2016 年 4 月在海牙一家废弃工厂的顶层开放（图 17.3）。图 17.4 是屋顶温室的另一个例子，这是在英国伦敦的一个较小规模的城市农场。虽然屋顶农业并非西方国家专用，但其他城市没有发现闲置空间与城市农业相结合的环控农业生产的例子。发展中国家的农村人口外流确实为大城市带来了农业知识，如在尼泊尔的加德满都，许多人在屋顶和任何可用空间种植蔬菜。欧洲和北美以外的不同气候有时会使温室变得不必要，而且先进的农业设施过于昂贵。图 17.5 和图 17.6 显示了尼泊尔的加德满都屋顶上如何种植绿色蔬菜。闲置空间并不仅仅存在于建筑物里，图 17.7 显示了英国伦敦废弃地下隧道中的水培农场。城市农场可能不仅以农业生产为目的，也可以带来其他益处，图 17.8 显示了英国利物浦一家医院的水培系统为儿童带来知识与愉悦身心的双重益处。

图 17.4　英国伦敦的屋顶海水水培温室

图 17.5　尼泊尔加德满都的屋顶被再利用于常年种植作物

图 17.6　城乡人口外流给成长中的城市带来了农业知识

图 17.7　英国伦敦的地下水培农场

图 17.8　利物浦 Alder Hey 儿童医院的阳台上展示鱼菜共生系统

17.3　城市水培农场的资源需求

城市密集区现有建筑的复杂性，包括结构性约束，恰恰说明了水培农场具有非常大的吸引力。通过定期将营养液循环浇灌到植物根部，水培可以在小范围内高密度、高周转率地生产作物（Kozai et al.，2015），且比传统的种植方式节约了 3/4 的水（Grewal et al.，2011）。鱼菜共生系统是水培技术的另外一个方式，结合水产养殖与农业耕作，通过将来自鱼缸的水再循环到植物进行农业生产。这些系统既可以在封闭环境内使用人工光照明，也可以利用透过玻璃窗的自然光照明。

尽管温室在生产过程中灌溉、照明和通风需要消耗能源，但水培体系不一定会消耗资源。例如，在美国曼哈顿，一座 120 m^2 的温室通过收集雨水、使用风力发电机和太阳能电池板产生可再生能源，在没有接入电网的情况下也成功运行（Nelkin and Caplow，2008）。为了将水培农场的小气候与城市环境有机结合起来，首先需要了解资源的物理特性及如何获取资源。图 17.9 显示了城市农场运行所需的 6 种主要资源：热量、光、CO_2、水、空气流和空间。17.2 节已经讨论了空间的有效利用率，在剩下的 5 种必需资源中，热量、水和 CO_2 三种资源在城市中作为废物流大量存在；光和气流则取决于场地。矿质营养的摄入对植物的生长发育也很重要（Kozai et al.，2015；Teitel et al.，2010；Tei et al.，1996），但由于它不受气候的影响，因此在这里假设植物在任何时候都能获得适量的营养。下面将详细地讨论这6种资源的利用率。

图 17.9 城市水培农场的资源。彩色圈内显示的是城市水培农场运行所需的六大资源及一个城市内潜在的可利用资源；灰色圈内农场所需的城市来源由最近的弧线表示；灰色圈外提出了城市综合农业更广泛的效益和影响

17.3.1 热量

城市一体化农场的热源主要是进入农场的空气和光源散发的热量、周围基础设施传递的热量和补充供暖。对于半开放式农场，太阳光是主要的热辐射源，而封闭的环境则依赖于人工照明。植物与周围环境之间的热量交换是通过植物冠层对直接辐射的反射、蒸腾作用、热传导和对流来实现的。如图17.9所示，阳光和工业产生的废热可以用来稳定温室的温度。

自20世纪70年代以来，低级废热被再利用于温室，特别是在北美和北欧的大型水培番茄温室中。但是，由于技术和地理位置的原因，这些协同系统对热量的使用率仍然有限（Parker and Kiessling，2016）。温室很难通过其他途径获取热源，但随着可回收热量不断增加，如英国的可回收热量为 11.4 TW·h，其中 1/4 来自食品和饮料加工行业（Law et al. 2013），以及很容易就能重复利用废热的换热器的使用，使得在寒冷环境中，温室能更经济地利用这些废热流。

17.3.2 水

水是植物生长所必需的，是植物进行光合作用的原料之一。在封闭的农场环境中，水循环由植物蒸腾作用、任何其他水面的蒸发和凝结，还有空气中进入的水蒸气组成。因此，植物所用的水量由潜热流量决定，本章以下各节将对潜热流量进行更详细的解释。

城市农场的灌溉用水通常来自电网（如图17.7所示伦敦的地下水培农场，或日本的植物工厂），也可以从城市的废水流中获得。为了方便处理，城市中的雨水和废水常常合并在一起，但对污水处理服务业和基础设施所有者来说，却要付出巨大的代价。在当地，已有温室能成功再利用收集的雨水。

17.3.3　空气流

作物周围的空气流动可以增强对流过程，如叶片表面的散热和气体交换（Wheeler et al.，1994；Van Iersel，2003）。气流运动通过影响空气中的温度、湿度和 CO_2 浓度，从而影响作物的生长和发育。通风可以利用空气的自然浮力来影响最佳的昼夜温差（Chaudhary et al.，2011）。机械辅助通风非常普遍，但通常需要进行充分的分析，以确保每小时换气充足。

17.3.4　光

植物生长过程中需要光，尤其是光合有效辐射（PAR）是光合作用的必要条件。叶片在适宜的温度条件下优先吸收红光和蓝光，这一过程受光辐射量的控制。在一个完全封闭的环境中，人工光源必须与太阳光的组成部分相同，才能给植物生长提供适宜的光能、光周期。Martineau 等（2012）研究比较了两种最广泛的替代自然光技术（发光二极管 LED 和高压钠灯 HSD），发现虽然高压钠灯可产生更多的光能，但两种技术每摩尔光量子的能量的生产率相似，而且发光二极管使用的能量比高压钠灯少 33%。因此，在寻找植物吸收红光和蓝光平衡点和最佳光周期上，使用 LED 技术已经成为一个热点研究课题（Davis，2015）。

在传统或半开放式温室中，人工光源只需补充日光，光合有效辐射可使用公式（17.1）计算（式中，PAR_{supp} 表示应补充的光合有效辐射量，PAR_{req} 表示植物生长对光合有效辐射的需求总量，$PAR_{daylight}$ 表示太阳光中光合有效辐射量）。充分了解入射光的角度可以最大限度地利用太阳光，并最大限度地减少所需的辅助照明。

$$PAR_{supp}= PAR_{req}-PAR_{daylight}（W \cdot m^{-2}）\tag{17.1}$$

温室的潜热流量主要由冠层的蒸腾作用决定。假设蒸腾作用与内部和外部空气之间的含水量差是分离的（Boulard et al.，2000），则 Graamans 等（2017）基于作物蒸腾作用的 Penman-Monteith 公式（Teitel et al.，2010；Boulard et al. 2000）改进的计算公式（17.2）可用于计算蒸腾量。

$$Q=LAI \times h_{fg} \times（C_v-C_a）/（r_s+r_a）（W \cdot m^{-2}）\tag{17.2}$$

式中，LAI 表示叶面积指数；h_{fg} 表示水分蒸腾潜热（$J \cdot kg^{-1}$）；C_v 和 C_a 分别表示蒸腾面和空气中的水分含量（$kg \cdot m^{-3}$）；r_s 和 r_a 分别表示水汽输送过程中来自气孔和空气的附加阻力（$s \cdot m^{-1}$）。

17.3.5　CO_2

温室里 CO_2 的浓度变化是由居住者（呼吸作用）、植物（光合作用和呼吸作用）及通过通风供应空气中的 CO_2 引起。大气中 CO_2 含量为 0.04%，而人类呼出的空气中 CO_2 含量高达 2%～5.3%。2017 年 4 月，最新的全球平均 CO_2 浓度记录为 406 ppm（Earth System Research Laboratory，2017）。在光周期期间，由于植物光合作用，CO_2 浓度可以显著减少，而农场中的人类活动会显著提高 CO_2 浓度（Portis，1982）。人类感到舒适的 CO_2 浓度为 350～540 ppm，而 ASHRAE（美国采暖、制冷与空调工程师学会）对人类感到舒适的 CO_2 浓度指导值是低于 1 000 ppm，但 ASHRAE 仅规定了 CO_2 浓度高于 5 000 ppm 时人体机能会发生严重混乱（ASHRAE，2010）。

提高温室 CO_2 浓度至 700～1 000 ppm，作物产量可增加 30%（Hartz et al.，1991）。小型植物工厂占用的空间小，可以重复利用富含 CO_2 的空气，事实上植物工厂内的 CO_2 浓度通常高于

1 000 ppm（Cerón-Palma et al.，2012）。而温室内人员对 CO_2 浓度的贡献可通过人员耗氧量公式（17.3）来确定（ASHRAE，2013）。

$$Vo=0.002\ 76\times A_D\times M/（0.23\times RQ+0.77）（L\cdot s^{-1}） \tag{17.3}$$

式中，RQ 表示呼吸系数，一般为 0.83；M 表示代谢率，一般行走活动时代谢率为 2；A_D 表示由身高 H（m）和体重 W（kg）估算得出的 DuBois 等效表面积，计算公式为

$$A_D=0.203\times H^{0.725}\times W^{0.425}（m^{-2}） \tag{17.4}$$

CO_2 生成率用 $Vo\times RQ$（$L\cdot s^{-1}$）表示。另外，回收工业过程中产生的废 CO_2 可以有更规律和更大的贡献。

17.3.6 最优条件

通过将温室的需求（热量、水、CO_2）与城市建筑中的可用资源（废热、雨水、人类产生的 CO_2）结合起来，建设都市综合农场有助于以最大效率缓解城市问题（Benis et al.，2017；Specht et al.，2013；Nadal et al.，2017）。虽然目前大多数的城市温室并没有利用城市废弃资源（Pons et al.，2015），但已有少量农场在重复利用收集的雨水（蒙特利尔的卢法农场）和利用建筑物的热量（伦敦的地下水培农场，图 17.7）。在巴塞罗那，第一个专门建造的综合屋顶温室于 2016 年开放，温室对建筑物的物理影响正在被密切监测（Nadal et al.，2017）。为了合理分配资源并给植物生长创造一个最优的环境，必须确定最易受影响的环境因子的最佳范围。表 17.1 列出了生菜生长初期各环境因子的推荐值。

表 17.1　文献中发现的生菜生长初期最佳环境条件

序号	环境因子	生菜	参考文献
1	温度	20～25 ℃，最佳水和空气温度为 24 ℃	Thompson 和 Langhans（1998）
2	湿度	60%～80%	Stine 等（2005）
3	CO_2 浓度	＞400 ppm，最佳浓度为 1 000 ppm。若换气次数＞3.5 次·h^{-1}，CO_2 浓度超过 400 ppm 并不划算	Ferentinos 等（2000）
4	气流速度	气流速度从 0.01 m·s^{-1} 提高至 0.2 m·s^{-1}。高于 0.5 m·s^{-1} 对生长无显著改善	Kitaya 等（2000）
5	光	早期生长阶段有较高的光能利用率；18 h 的光周期是最佳的	Tei 等（1996）

在现有空间内建设一个都市综合农场十分具有挑战性，因为必须综合考虑两个（或更多的）独立系统，以实现可能的共同利益。对环控农业的研究有必要深入，以进一步分析都市农业与城市基础设施整合的可行性。Benis 等（2017）开发了一个资源利用模型，根据建筑物的高度和气候选择城市农场的建设位置。Graamans（2015）和 Nadal 等（2017）研究了如何将环控农业整合到城市建筑代谢中。在充分考虑建筑物的物理因素的情况下，研究一个能够量化城市资源量并实现建筑一体化的模拟模型，对成功建设城市农场至关重要。

17.4　模拟模型在城市一体化农业中的作用

17.4.1 历史背景

控制温室气候的传统方法是在不同的天气条件下调整环境参数，并通过反复试验对参数进行调整。

因此，温室栽培成为一种技术，在温室种植专家的管理下，作物产量可以达到最大化。Druma（1998）概述了在 20 世纪后期使用计算机程序后这种方法的进展，核心步骤是连续监测环境状态从而识别最佳环境参数，然而上述步骤可被基于物理的数值模拟改善，通过使用适当的经过校准的模拟来了解在一系列情景下作物生长对环境的响应，从而协调优化生长环境参数。使用计算机控制系统控制温室中的环境条件目前在园艺生产中是十分常见的，但是温室环境对控制参数和边界条件变化的动态响应仍然主要限于学术研究。

早期与温室环境相关的物理学研究，深入探讨了热交换过程，并计算了所需的能量消耗，以补偿平衡时的总热损失（Morris，1964）。这些静态模型和后续发展的方法（Jolliet and Bailey，1992）分析快速、使用简便，但也有缺点，当瞬态能量交换条件显著增加时，在更短的时间内精度会降低（Fernández and Bailey，1992）。相比之下，动态模型可以模拟系统中随时间的变化而发生的能量交换的瞬态特性。利用动态模型能够预测在温室环境条件下作物生长的能量需求，从而根据当地边界条件和气候进行系统优化。最早的动态模型是在 20 世纪 70 年代和 80 年代开发的（Takakura et al.，1971；Kindelan，1980；Bot，1983），并且在过去的 30 ～ 40 年中形成了动态建模方法的基础。最近，温室环境的计算流体动力学模型已被探索开发出来。虽然这些可能需要大量的计算，但它们提供了对温室环境中局部气流的有效分析，这对于作物产量有显著影响（Boulard et al.，2017）。

在控制植物与其生长环境之间的热量和物质传递的物理过程中，模拟植物蒸腾作用一直是过去 40 年中的研究热点。Katsoulas 和 Kittas（2011）对蒸腾模型的研究进展进行了全面的综述，该领域的最早研究者是 Penman（1948），他提出了一种以作物电导为特征的开放式植物模型，随后 Monteith（1966）对模型进行了改进，他将模型结合作物的气孔阻力，最终产生了用于模拟植物蒸腾作用的 Penman-Monteith 公式。在最初的公式中，该公式不是特定用于温室环境中生长的植物，并且需要输入许多难以量化的作物特定参数。然而，公式中假设作物是具有聚合参数值的"大叶子"，确实有助于模拟温室作物，特别是当这些作物没有表现出显著的性质变异时。因此，后来科研人员花费了很多努力来简化该公式，并将其应用于受控温室环境。用于模拟植物蒸腾作用的 Penman-Monteith 公式仍然是迄今为止开发的大多数温室模型的基础，如 Stanghellini（1987），Jolliet 和 Bailey（1992），以及 Kittas 等（1999）开发的模型。

根据 Penman-Monteith 公式及其最新版本，植物蒸腾速率是依赖于影响叶片气孔导度的参数，即气孔的气体交换速率。由于生理和环境因素，气孔导度的变化意味着电导机械模型的发展是复杂的，并且仍处于相对早期阶段，Damour 等（2010）综述了基于叶水势、水力模型和流体力学模型的现有模型的研究进展。然而，将这种机械模型纳入温室气候模型尚未成熟，当前的模拟模型使用的是经验导出的和植物特定的参数。研究倾向于关注那些具有当地商业价值的作物，如西红柿（Stanghellini，1987；Jolliet and Bailey，1992）、生菜（van Henten，1994；Yang et al.，1990）、黄瓜（Yang et al.，1990）和玫瑰（Katsoulas et al.，2001）。气孔导度还取决于叶面蒸气压力差，因此也取决于温室的温度和通风状况。如果主要气候条件明显不同，那么为一个地点开发的模型可能不适用于其他地点（Katsoulas et al.，2001）。

对作物发育和产量建模首先需要建立光合作用和生物量积累模型。对光合作用机理和建模的研究可以追溯到 19 世纪（El-Sharkawy，2011），并且直到现在这个领域仍进行着广泛的研究（Von Caemmerer，2013）。光合作用最广泛和最基础的模型是 Farquhar 等（1980）的模型。该模型是 C_3 植物的稳态生化模型，是基于自 20 世纪 60 年代以来已知的在光合作用中起重要调速作用的核酮糖 -1, 5- 二磷酸羧化酶 / 加氧酶（RuBisCo）的动力学特性建立的（Bjorkman，1968；Wareing et al.，1968）。光合作用模型在 20 世纪 90 年代被纳入温室模拟中（Gijzen et al.，1990），随后开发了用于温室番茄生产的稳态模拟工具 TOMSIM（Heuvelink，1996），之后，Vanthoor（2011）又将其纳入动态模拟模型。

目前这些模型正在进一步优化调整，因此这些模型可应用不同气候条件下一系列植物的温室优化设计，如 Vanthoor（2011）的研究。Fitz-Rodríguez 等（2010）开发的基于网络的应用程序，作为温室物理学和环境控制原理的教学工具。在实际操作中，优化生产非常重要，Körner 和 Hansen（2012）开发了一个在线决策支持系统，该系统将监测到的气候数据与温室设计数据结合起来，分析能源性能，并确定提高作物产量的策略。

17.4.2 城市一体化农场模拟模型

17.4.1 节介绍了独立温室仿真模型的开发。如本章引言中所述，还存在其他不同类型的城市农场，但都可以使用类似的建模方法。不同类型城市农场的主要差异在于农场边界条件是否与周边环境产生交互作用，据此，目前可将城市农场分为三类，即

（1）相对独立城市农场：与周围环境脱钩，最接近传统温室（图 17.10A）。

（2）城市一体化农场：与城市基础设施相结合，如屋顶上或闲置空间的温室（图 17.10B）。

（3）建筑一体化农场：与建筑物完全耦合，利用建筑物里的 CO_2、水和热量，并通过冷却和供应氧气来改善空气质量，从而提高建筑的舒适度（图 17.10C）。

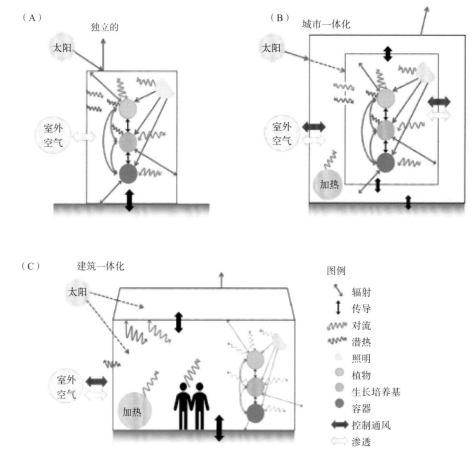

图 17.10　三种类型城市农场的能量转移模型。（A）专用建筑物中建立的"独立"农场模型；（B）闲置空间建立的"城市一体化"环控农场模型，在可用的情况下重新利用城市资源；（C）"建筑一体化"环控农场模型，热交换过程与建筑物中已存在的因素相关联，如采暖、通风和电热传导等

适用于三种不同类型的模型如图 17.10 所示。对于相对独立的城市农场（图 17.1A），边界条件是当地的小气候，包括来自邻近建筑物（及任何障碍物）的影响，以及它们对太阳辐射水平、温度和风速的影响，因为在没有现场测量的情况下很难获得当时的天气条件，这些本身就会带来困难。对于城市一体化农场（图 17.10B），其模型取决于一体化情况，如屋顶温室，需要将建筑物之间通过屋顶进行的任何热交换纳入

模型中，而地下农场，则应考虑对地面温度的影响。如果城市农场位于现有的封闭空间内，边界条件可能会发生显著变化，可能需要考虑局部热源/汇。建筑一体化农场的模拟是复杂的，植物与其周围环境之间的交换机制是模拟的一个组成部分（图 17.10C）。建筑物内的传热过程和环境的模拟是一个很成熟的研究课题，并已经开发了许多开放源代码的和商业建筑能量模拟软件包，如 EnergyPlus（Crawley et al.，2000）、TRNSYS（Klein，2017）和 IES-VE（McLean，2017）。然而，标准建筑能量模拟模型不能用于温室，因为温室内植物与其环境间发生着复杂的相互作用，且在潜热传递过程中，温室内植物的蒸腾作用对人体热舒适性的时间动态有显著影响。

17.5　都市综合农场模型

建立都市综合农场模型主要有三个目的：①用于优化生长环境；②如果农场与建筑物或现有城市基础设施相结合，它可以用于量化交换的热量和其他资源；③可以是 CO_2 和光等资源的函数，用于优化产量。前两个目标要求在模型中将能量转换为热量，将质量转换为水蒸气。如果第三个目标（作物产量）是关注量，那么同时还得考虑植物与其周围环境之间的 CO_2 交换量，及植物的光合作用和生长模型。

17.5.1　热质交换模型

与建筑物类似，植物与其周围环境之间的热质交换模型用以下数学方程式表示：辐射、对流、传导和潜热输送（图 17.11）。

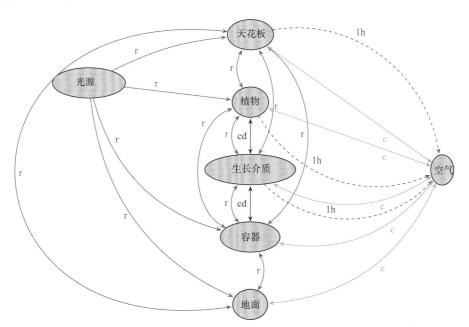

图 17.11　节点表示法模拟温室一维传热过程。r 表示辐射（红色），cd 表示传导（黑色），c 表示对流（绿色），lh 表示潜热（蓝色）。每个元素，容器、生长介质、植物、天花板、光源，构成模型的 J 层

17.5.1.1　辐射

由于物体和周围表面之间存在温差，所有物体都以辐射的形式交换热量。对于传统的温室来说，植

物生长所必需的热量（红外辐射）和光合有效辐射的来源是太阳辐射。两个物体表面之间的净辐射量取决于它们的温度、辐射率及根据它们的相对几何形状和面积得出的从第一个表面辐射到第二个表面的程度。净辐射量可以用修改的斯特藩 - 玻尔兹曼黑体辐射交换定律模拟，见式（17.5）。

$$q_{1\rightarrow2} = F_{1\rightarrow2} \times \sigma \times (T_1^4 - T_2^4) \ (W \cdot m^{-2}) \tag{17.5}$$

式中，T_1 和 T_2 为物体 1 表面和物体 2 表面的温度（K）；σ 为 stefan boltzmann 常数（$W \cdot m^{-2} \cdot K^{-4}$）；$F_{1\rightarrow2}$ 是用两个物体表面的辐射率和几何形状计算得出的一个视图因子。

17.5.1.2　传导

当不同温度的两个物体表面相互接触时，热量将从较热的表面传导到较冷的表面。在温室中热量传导主要发生在地板和生长介质之间，已知均匀材料板的导热系数为 λ，则热传导量可根据傅里叶定律计算，见式（17.6）。

$$q_{1\rightarrow2} = \lambda (T_1 - T_2)/L \ (W \cdot m^{-2}) \tag{17.6}$$

式中，T_1 和 T_2 为物体 1 表面和物体 2 表面的温度（K）；L 为两个材料之间的距离（m）。

17.5.1.3　对流

热量由于空气的移动而传递，这一过程称为对流。在温室中，空气对流可以是自然发生的，也可以是强制产生的。自然的空气对流是由热空气的自然浮力产生，热空气膨胀上升，冷空气下沉。强制的空气对流是由通风系统（抽气和循环风机）驱动产生。对于通风的空间，跨越边界的对流交换对温度变化有重要的贡献。

由于生长单元内的自然空气流动和跨单元边界的通风，温室内的对流传热可发生在不同的生长单元（植物）之间。如果通风率 R_a（s^{-1}）已知，则由通风产生的热交换量，可根据更换空气量的热含量计算得出，见式（17.7）。

$$q_{i\rightarrow e} = R_a \times \sigma_i \times (V/A_g) \times c_i \times (T_i - T_e) \ (W \cdot m^{-2}) \tag{17.7}$$

式中，V 为植物的体积；σ_i 为内部空气的密度（$kg \cdot m^{-3}$）；c_i 为内部空气的热容量（$J \cdot kg^{-1} \cdot K^{-1}$）。表面和内部空气之间的对流换热也取决于表面和空气的相对温度，相应的对流换热方程可以用式（17.8）表示。

$$q_{1\rightarrow a} = h \times (T_1 - T_a) \ (W \cdot m^{-2}) \tag{17.8}$$

式中，h 为待确定的传热系数（$W \cdot m^{-2} \cdot K^{-1}$）。实际上，这种传热系数是温度、流量特性、空气和表面几何特性的复杂函数，但遵循 Gembloux 温室气体动态模型（GDGCM）（Pieters and Deltour，1999），它可以用式（17.9）估算。

$$h = Nu \times \lambda/d \ (W \cdot m^{-2} \cdot K^{-1}) \tag{17.9}$$

式中，λ 为空气导热系数（$W \cdot m^{-1} \cdot K^{-1}$）；$d$ 为材料表面的长度（m）；Nu 为无量纲努塞尔数，可由自由对流 $Nu = A \times (Gr \times Pr)^m$，或强制对流 $Nu = B \times Re^n \times Pr^m$ 计算，其中 A、B、n 和 m 为依赖于材料几何形状和流动类型的常数；Pr 为无量纲普朗特数，它是空气的运动黏度与热扩散率的比值；Gr 为无量纲格拉斯霍夫数，近似于浮力与黏力的比值，如式（17.10）所示。

$$Gr = \beta \times g \times d^3 \times (T_1 - T_a)/v^2 \tag{17.10}$$

式中，β 为空气的热膨胀系数（K^{-1}）；g 为重力加速度（$m \cdot s^{-2}$）；v 为空气运动黏度的系数（$m^2 \cdot s^{-1}$）。在文献中可以找到一系列材料的几何形状常数 A、B、n 和 m。Pieters 和 Deltour（1999）建议使用 Monteith（1966）提出的沿地板流动的普朗特数值（0.7），这是湿空气的典型值，即

	层流模型	湍流模型
自由对流	$0.54 \times (Gr \times Pr)^{1/4}$	$0.15 \times (Gr \times Pr)^{1/3}$
强制对流	$0.66 \times Re^{1/2} \times Pr^{1/3}$	$0.036 \times Re^{4/5} \times Pr^{1/3}$

17.5.1.4　潜热输送

潜热输送与温室内部空气的水分含量变化有关。可以通过三种方式实现：

（1）通风，进气水分含量与被更换的空气水分含量不同，对于通风空间，去除潮湿空气也会从空间中吸收热量。

（2）装置内表面的冷凝或蒸发，如果它们与周围空气的温度明显不同。

（3）植物蒸腾作用，这是封闭空间植物的主要冷却机制。

通风潜热输送量可以根据空气交换率和离开该单元的空气水分含量与被更换空气水分含量之差来计算。类似地，从单元内表面凝结和蒸发的潜热输送量，是表面温度下的饱和蒸汽压力与空气的水分含量之差的函数。

植物蒸腾作用是潜热输送过程中最复杂的方式。如 17.4.1 节所述，Penman-Monteith（PM）公式假设植物表层是一个均匀和广泛的"大叶子"，将单叶蒸腾的方程式推导到整个植物冠层（尽管有修改过的参数）。即，根据 P-M 公式，超气孔叶片（叶片仅一侧有气孔）的潜热输送方程式见式（17.11）。

$$q_{v \to a} = LAI \times h_{fg} \times [1/(r_s + r_a)] \times (C_v - C_a) \quad (W \cdot m^{-2}) \tag{17.11}$$

式中，LAI 为叶面积指数，即叶面积与生长介质面积之比；h_{fg} 为水分蒸发潜热（$J \cdot kg^{-1}$）；r_s 和 r_a 分别为水汽输送过程中来自气孔和空气的附加阻力（$s \cdot m^{-1}$）；C_v 为蒸腾面的水分含量（$kg \cdot m^{-3}$）。

该等式还需要估计空气阻力值。已有许多不同的方法可以估算出空气动力学阻力，如空气速度函数（Graamans et al.，2017）、作物显热能量平衡和温差函数（Seginer，1984）或使用 Stanghellini（1987）所述的边界层传热经典理论并在 GDGCM（Pieters and Deltour 1999）中实施的函数。以与上述对流方程类似的方式，后一种方法涉及计算 Sh（表示无量纲舍伍德数，它是对流与扩散质量传递的比值，来自努塞尔数 Nu 和另一个无量纲参数——路易斯数 Le，Le 等于热扩散系数与质量的比值），$Sh = Nu \times Le^m$。同样，m 是一个参数，受流动状态的影响，可以从文献报道的实验数据中估算出来。空气动力学阻力使用无量纲参数 Sh 和 Le 表示，见式（17.12）。

$$r_a = \rho_a \times C_a \times (d/\lambda) \times (Le/Sh) \quad (s \cdot m^{-1}) \tag{17.12}$$

有证据表明，空气动力学阻力对温室植物蒸腾作用的影响不如气孔阻力（Stanghellini，1987）。气孔阻力是植物特有的，但对于温室作物来说，气孔阻力似乎主要取决于辐照度，很大程度上取决于叶表面的蒸汽压差，以及对空气中温度和 CO_2 浓度的某些依赖性。最常见的气孔阻力模型是基于 Jarvis（1976）结合局部环境效应的影响而得出的乘法模型。例如，Stanghellini（1987）提出了一个在一系列条件下具有代表性的番茄气孔阻力的多点模型。在这个模型中，气孔阻力可用式（17.13）表示：

$$r_s = r_{min} \times f(I_{sol}) \times f(T_v) \times f(CO_2) \times f(vpd) \quad (s \cdot m^{-1}) \tag{17.13}$$

式中，r_{min} 为最小阻力；$f(I_{sol})$ 为平均辐射的函数；$f(T_v)$ 为植被温度的函数；$f(CO_2)$ 为 CO_2 浓度的函数；$f(vpd)$ 为蒸气压的函数，根据此模型，任何一个限制气体传输速率的变量，数值增加都会导致气孔阻力增加。在 Stanghellini（1987）的番茄阻力模型中，各参数值见式（17.14）～式（17.18）：

$$r_{min} = 82.0 \times \quad (s \cdot m^{-1}) \tag{17.14}$$

$$f(I_{sol}) = (I_{sol} + 4.30)/(I_{sol} + 0.54) \tag{17.15}$$

$$f(T_v) = 1 + 2.3 \times 10^{-2} \times (T_v - 24.5)^2 \tag{17.16}$$

$$
\begin{aligned}
f(CO_2) &= 1 & I_{sol} = 0 \text{ W} \cdot \text{m}^{-2} \\
&= 1 + 6.1 \times 10^{-7} \times (CO_2\text{–}200)^2 & CO_2 < 1\,100 \text{ ppm} \\
&= 1.5 & CO_2 \geqslant 1\,100 \text{ ppm}
\end{aligned} \tag{17.17}
$$

$$
\begin{aligned}
f(\text{vpd}) &= 1 + 4.3 \times (\text{vpd})^2 & \text{vpd} < 800 \text{ Pa} \\
&= 3.8 & \text{vpd} \geqslant 800 \text{ Pa}
\end{aligned} \tag{17.18}
$$

除此之外，基于不同植物的实验数据还提出了一些其他模型，如 Yang 等（1990）提出了黄瓜的气孔阻力的经验模型，Pollet 等（2000）和 Graamans 等（2017）研究了几种生菜模型。随着越来越多的植物在人工光下生长，在研究植物对不同比例红光和蓝光的响应时得出气孔阻力随着辐照度的增加而降低，而降低的速率取决于红 / 蓝光的值（Wang et al.，2016）。

17.5.1.5 整体模型

由于上述过程，温室环境条件是植物与其周围环境之间高度复杂的 3D 相互作用的结果。然而，假设典型的温室在布局和朝向上都是高度规则的，则有助于简化问题。即将温室视为一个一维的切片，可计算出不同层（如生长介质、植被、空气和覆盖层）的温度随时间变化的趋势，和受外部波动边界条件的影响，如图 17.11 所示。

使用这种方法，可以通过式（17.19）计算时间 t 内每个层 j 的热平衡。

$$
\frac{\mathrm{d}T_j}{\mathrm{d}t} = \frac{A_g}{m_j c_j} \sum_i q_{i,j} \tag{17.19}
$$

式中，A_g 为表面积（m^2）；t 为温度（K）；m 为质量（kg）；c 为热容（$J \cdot kg^{-1} \cdot K^{-1}$）；$q_{i,j}$ 为 i 个不同层 j 的传热流，如辐射、传导等（$W \cdot m^{-2}$）。

热平衡与系统的质量平衡直接相关，因为空气湿度的变化与潜热的传递相关。内部空气的含水量也可以使用类似的方程式计算，即式（17.20）。

$$
\frac{\mathrm{d}C_a}{\mathrm{d}t} = \frac{A_g}{h_{fg} V} \sum_k q_k \tag{17.20}
$$

式中，C_a 为空气的含水量（$kg \cdot m^{-3}$）；h_{fg} 为水的凝结潜热（$J \cdot kg^{-1}$）；V 为单位体积（m^3）；q_k 为潜热输送过程来自 k 的热量，如图 17.11 所示。

利用这两个平衡方程，可以计算温室内温度和湿度随时间变化的变化水平。或者，给定一组温度和湿度的范围参数，可以计算出温室所需的总能量。

17.5.2 植物生长模型

如前所述，植物和环境之间的 CO_2 交换也是有意义的，因为它有助于改善室内空气质量，同时促进植物生长。估算植物产量也是有意义的，特别是对于商业温室来说。

17.5.2.1 CO₂ 交换

光合作用是植物在光合有效辐射存在的情况下将 CO_2 和水转化为碳水化合物和氧气，将光能转化成化学能储存起来的过程。相反，呼吸作用是消耗光合作用产生的能量，并释放 CO_2。虽然空气中的 CO_2 水平对蒸腾速率的影响很小，但模拟作物 CO_2 交换的主要目的是模拟作物生长和潜在产量。事实上，这样的模型可能是优化生长条件，最大限度地提高作物产量的一个有用工具。

作物产量取决于植物光合速率和呼吸速率，优化产量是最大限度地将光合有效辐射转化为生物量或碳水化合物（Castilla，2013）。光合作用的过程取决于以下三个方面。

（1）光质、光强度和光持续时间，特别是光合作用有效辐射的发生率。

（2）温度，发生光合作用的最低温度约为 5 ℃，最高为 25 ～ 35 ℃，此后温度越高光合速率降低。最适温度随着辐射和 CO_2 水平的增加而增加，即如果光合作用有效辐射水平低，加热也是多余的。

（3）CO_2 浓度，如果辐射和温度不受限制，在低 CO_2 水平下，光合作用的速率几乎与 CO_2 浓度成正比。

在根系有足够的水分供应时，光合作用不直接依赖于湿度（或蒸汽压），且光合作用与作物本身也似乎无显著关联性（Castilla，2013）。

Farquhar-von Caemmerer-Berry 生化叶片光合作用模型（Farquhar et al.，1980）常用于模拟冠层的光合作用（Wang et al.，2016），并已被 Vanthoor（2011）应用于温室作物生长模型。在这个模型中，光合作用是由冠层截获的光合有效辐射激发的电子运动。净光合速率等于空气中 CO_2 浓度变化的速率，与总光合速率 P 和光呼吸 R 的差值成正比。总光合速率 P 取决于环境条件，如光、温度、CO_2 和氧气的含量，受以下三种生物化学过程中最慢的一种限制：

（1）RuBisCo（核酮糖 -1, 5- 二磷酸羧化酶 / 加氧酶）催化的最大羧化速率；

（2）电子传递生成 RuBP（核酮糖 -1, 5- 二磷酸）的速率；

（3）利用磷酸三碳糖再生成 RuBP 的速率。

光合作用的速率取决于 CO_2 的水平，商业种植者通常会增加 CO_2 浓度。在极端的 CO_2 浓度下，需要限制方程，但在典型的商业生长条件下，冠层的总光合速率 P 可以用这些生化过程中的第二个过程来充分描述，其中电子传输受限率的计算方法如下，见式（17.21）。

$$P = \frac{J \times (CO_{2stom} - \Gamma)}{4 \times (CO_{2stom} - 2\Gamma)} \quad [\mu mol(CO_2) \cdot m^{-2} \cdot s^{-1}] \tag{17.21}$$

式中，J 为冠层的电子传输速率；4 为每个固定 CO_2 分子的电子数；CO_{2stom} 为气孔中的 CO_2 浓度，可以假设它是空气中 CO_2 浓度的固定部分（Vanthoor et al.，2011）；Γ 为 CO_2 补偿点，即 $P–R=0$ 时 CO_2 的浓度；光呼吸 R 可由式（17.22）计算得出。

$$R = P \times \frac{\Gamma}{CO_{2stom}} \quad [\mu mol(CO_2) \cdot m^{-2} \cdot s^{-1}] \tag{17.22}$$

冠层的电子传递速率 J 是叶片的最大电子传递速率和植物截获的光合有效辐射 PAR 的函数，可以从经验公式（17.23）估算得出。

$$J = \frac{J^{POT} + \alpha \times PAR_{can} - \sqrt{(J^{POT} + \alpha \times PAR_{can})^2 - 4 \times \Theta \times J^{POT} \times \alpha \times PAR_{can}}}{2\Theta} \quad [\mu mol(e^{-1}) \cdot m^{-2} \cdot s^{-1}] \tag{17.23}$$

式中，α 和 Θ 为经验参数（Ogren，1993）。α 为叶片吸收的光合有效辐射（PAR）的百分数，是叶吸收率的函数，通常为 0.85，也表示吸收光在全光谱中的分布；Θ 为一个经验曲率因子，平均值约为 0.7（Von Caemmerer，2013）。J^{POT} 为冠层电子传输的潜在速率，取决于温度（Farquhar et al.，1980）。前人已经为计算 J^{POT} 提出了许多方程，通常是类似于 Arrhenius 的函数，如 Vanthoor（2011）使用的公式 [式（17.24）]。

$$J^{POT} = J_{25,can}^{MAX} \times e^{\frac{E_J \times (T_{can} - 25)}{298 R \times (T_{can} + 273)}} \frac{1 + e^{f(25)}}{1 + e^{f(T_{can})}} \quad [\mu mol(e^{-1}) \cdot m^{-2} \cdot s^{-1}] \tag{17.24}$$

式中，$J_{25,can}^{MAX}$ 为 25 ℃时冠层最大的电子传输速率；E_J 为活化能（J·mol^{-1}）；T_{can} 为冠层的温度（℃）；R 为气体常数（J·mol^{-1}·K^{-1}）；$f(T)=[S \times (T + 273) – H]/[R \cdot (T + 273)]$，其中 S 为熵（J·mol^{-1}·K^{-1}），

H 为失活能量（J·mol^{-1}）。

光合速率直接取决于植被层截获的光合有效辐射，而植被层又强烈依赖于植被密度。因此，常用负指数衰减法描述冠层直接吸收的光合有效辐射对叶面积指数的依赖性，即式（17.25）。

$$PAR_{can} = PAR(1-\rho_v) \times [1-\exp(-k\,LAI)] \quad [\mu mol(photons) \cdot m^{-2} \cdot s^{-1}] \tag{17.25}$$

式中，PAR 为入射的光合有效辐射，依赖于光源，无论是太阳光还是人工光；ρ_v 为植被的反射系数；k 为消光系数。

光合作用导致空气中 CO_2 浓度降低的速率可由式（17.26）计算得出。

$$MC_{i \to v} = m_{CO_2} \times h \times (P-R) \times \frac{A_v}{V} \quad (kg \cdot m^{-3} \cdot s^{-1}) \tag{17.26}$$

式中，m_{CO_2} 为 CO_2 的摩尔质量（kg·μmol^{-1}）；h 为植物中碳水化合物储存限制因子。

植物生长和呼吸作用还为空气提供 CO_2。生长呼吸速率与植物器官中碳水化合物的含量呈线性关系，与温度无关（Heuvelink，1996）。对于番茄的叶片和茎，生长呼吸可由式（17.27）估算。

$$MC_{v \to i} = \frac{m_{CO_2}}{m_{CH_2O}} \times (h_{buf} \times h_{Tcan24} \times g_{Tcan24} \times rg_{org}) \times \frac{A_v}{V} \quad (kg \cdot m^{-3} \cdot s^{-1}) \tag{17.27}$$

式中，m_{CH_2O} 为碳水化合物的摩尔质量；h_{buf} 和 h_{Tcan24} 为抑制因子（$0 < h < 1$），分别代表了缓冲液中碳水化合物不足和非最佳 24 h 冠层温度的影响；rg_{org} 为生长速率系数 [kg（CH$_2$O）·m^{-2}·s^{-1}]，与温度无关，因此采用无量纲参数 g_{Tcan24} 来表征日平均温度对生长的影响。

相比生长速率系数，维持呼吸强烈依赖于温度，并且不同的植物器官呼吸强度各有不同。基于 Heuvelink（1996）为番茄建立的呼吸模型，Vanthoor 等（2011）提出了式（17.28）。

$$MC_{m \to i} = \frac{m_{CO_2}}{m_{CH_2O}} \times \left[c_m \times Q_{10}^{0.1(T_{can24}-25)} \times C_{org}(1 - e^{-c_{RGR}\,RGR}) \right] \times \frac{A_v}{V} \quad (kg \cdot m^{-3} \cdot s^{-1}) \tag{17.28}$$

式中，c_m 为维持呼吸系数（s^{-1}）；Q_{10} 为控制温度依赖性；T_{can24} 为 24 h 内冠层的平均温度（℃）；C_{org} 为植物器官的碳水化合物重量；RGR 为净相对生长率（s^{-1}）；c_{RGR} 为回归系数。

加入补充的 CO_2（MC_{supp}）和通风损失（$MC_{i \to e}$），内部空气中相应的 CO_2 浓度（MC），可以通过式（17.29）计算：

$$\frac{dMC}{dt} = MC_{supp} - MC_{i \to e} - MC_{i \to v} + \sum_{org} MC_{m \to i} + \sum_{org} MC_{v \to i} \quad (kg \cdot m^{-3} \cdot s^{-1}) \tag{17.29}$$

17.5.2.2 植物生长和作物发育

一旦 CO_2 转化为碳水化合物，植物就会将这些碳水化合物用于生长和果实发育。显然，这是作物特有的，干物质积累和分配模型在不同作物上都已有研究结果，如番茄（Stanghellini，1987）、黄瓜（Marcelis，1994）、甜椒（Marcelis et al.，2006）和生菜（van Henten，1994）。从建模的角度来看，将模型视为一种基本的后处理工具是有用的，因为干物质分配对温室内环境参数的平衡几乎没有影响。

Vanthoor 建立的番茄模型采用复杂的"矩形波串法"，模拟了番茄果实的各个发育阶段，并计算了每个阶段的果实数量。相比之下，对于无果植物来说，情况可能更简单。例如，van Henten（1994）建立的生菜模型中，干物质（D）的增长与总光合作用速率（P）和气温（T_a）相关，见式（17.30）。

$$\frac{dD}{dt} = c_{\alpha\beta} \times P - c_{D,c_a} \times D2^{(0.1T_a - 2.5)} \quad (kg \cdot m^{-2} \cdot s^{-1}) \tag{17.30}$$

式中，$c_{a\beta}$、c_{D, c_a} 是经验常数，分别表示产量因子和呼吸速率因子。

17.5.3　地下农场：模型在城市农场中的应用实例

英国伦敦在一个废弃的空间内建设了地下水培农场，在这里把它作为城市一体化农场的实例来分析。这个创新型水培农场由零碳食品厂发展而来，利用一个废弃的第二次世界大战时的防空洞，在地面以下 33 m 的地方种植绿色植物。农场为酒店、餐厅和超市提供服务，生产各种农作物，包括豌豆、各种罗勒、香菜、欧芹、芥末和红芥末、芝麻芥和芹菜等。

农场建在两条平行隧道中，隧道分为上下两段，全长约 400 m。这些隧道是在伦敦黏土中开挖的，内衬混凝土和钢衬。农场种植区占据了一条约 46 m 长的隧道，由两个垂直堆叠的水培托盘通道组成，每个托盘上都设有一个潮汐式供液系统及 LED 光源。种植区分成 4 层，每个过道由 23 个 2 m 长的托盘组成，相当于总共 368 m² 的生长空间。

通过抽风机、空气流动风机、LED 光源等设备管理隧道的环境。抽风机的目的是每小时提供 4 次完整的空气交换，而再循环风机的目的是提高托盘局部的空气流速，改善农场内的空气混合，从而最大限度地减少局部空气停滞而造成作物损害的可能性。LED 光源提供热量，同时为植物生长提供光合有效辐射。由于隧道有一定的深度保证了内部相对稳定的温度，因此不提供额外的热量。这些 LED 光源每天打开 16 h，通常从午夜到下午 4 点，以确保在空气最冷的时候提供热量，这也有助于室内温度相对稳定。

17.5.3.1　模型说明

按照 17.5.2 所述的方法将热量和质量交换机制结合起来，将农场视为一个简单一维切片。假设通道是对称的，则这个模型代表了一个只有一半空间的托盘通道。模型中的各层包括：地板、内部空气、托盘、垫子、植被（代表四个托盘集总性能）；隧道内的塑料衬里；混凝土隧道；隧道周围地面条件。模型的边界条件是外界空气的温度和含水量、深层土壤温度和地面温度（根据监测到的温度数据初步假设为 17 ℃）。据推测，输入空气的温度和湿度与最近的英国圣詹姆斯公园气象站（距离农场地点以北大约 4 mi①）的温度和湿度相同。假设深层土壤温度为 14 ℃。该模型还需要表征许多其他材料的特性和操作条件参数，这些数值详见表 17.2，并已用于种植的各种作物。

表 17.2　地下农场一维模型参数

参数	值	参数	值
操作参数			
通风频率	4 次·h⁻¹	光合有效辐射	77 W·m⁻²
内部空气流速	0.5 m·s⁻¹	光温	27.5 ℃
材料参数			
内衬厚度	0.005 m	生长介质厚度	0.01 m
内衬密度	1 500 kg·m⁻³	生长介质密度	511 kg·m⁻³
内衬辐射量	0.9	生长介质辐射量	0.95
内衬电导率	0.03 W·m·K⁻¹	生长介质电导率	0.32 W·m·K⁻¹
内衬比热	1 670 J·kg⁻¹·K⁻¹	生长介质比热	1 250 J·kg⁻¹·K⁻¹
混凝土隧道厚度	0.15 m	托盘厚度	0.005 m

---

① 1 mi=1.609 km，译者。

续表

参数	值	参数	值
混凝土密度	$2\ 400\ kg \cdot m^{-3}$	托盘密度	$1\ 500\ kg \cdot m^{-3}$
混凝土电导率	$0.8\ W \cdot m \cdot K^{-1}$	托盘电导率	$0.25\ W \cdot m \cdot K^{-1}$
混凝土比热	$840\ J \cdot kg^{-1} \cdot K^{-1}$	托盘比热	$1\ 670\ J \cdot kg^{-1} \cdot K^{-1}$
混凝土地板厚度	0.15 m		
工厂参数			
植被比热	$3\ 500\ J \cdot kg^{-1} \cdot K^{-1}$	辐射	0.9
消光系数	0.94	最大叶面积指数	2.4

17.5.3.2　验证和结果

建模最重要的目的在于揭示观察到的数据之间的相互关系,分析发展规律,为未发生条件下可能发生的情况提供预测。因此,获取大量的监测数据对模型是否能充分模拟所有条件至关重要。为了给农场管理者提供更多有用的信息,同时也为了促进模型的验证,已经开发了一个监测程序,用于监测隧道内温度、湿度和 CO_2 水平。监视器的位置如图 17.12 所示。为了与模型预测进行比较,位于第 18 栏的三个农场监视器上记录的数值尤其有用(图 17.13)。

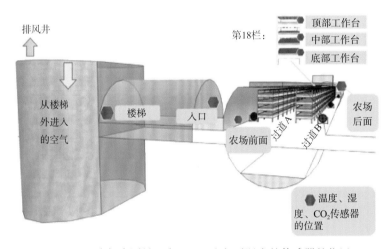

图 17.12　农场中测量温度、CO_2 和相对湿度的传感器的位置

图 17.13　农场中间三个传感器的位置。使用的传感器型号是 Advanticsys IAQM-THCO2

该模型模拟了隧道内的平均温度和湿度。图 17.14 中浅蓝色表示模型预测的 18 个月数据，黑色表示模拟外部条件的数据，红色表示第 18 栏农场监视器监测的数据。其中，上图显示了温度，很明显，隧道位置对外部温度有"缓冲"作用；虽然外部温度和内部温度之间存在相关性，但模拟预测全年的最高温度和最低温度均低于外部温度，这一结果被两个不同时期（红色部分）的监测温度证实，这表明隧道内冬暖夏凉。下图显示的是湿度数据，由于温室的潮湿环境，预测室内全年的水分含量均高于室外。同样，模拟结果由监测数据（深蓝色部分）证实。

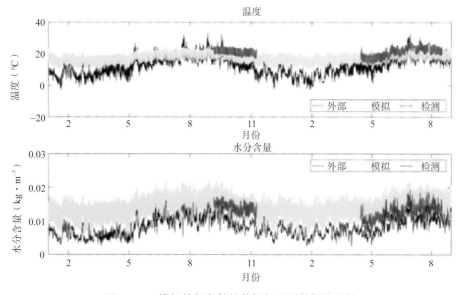

图 17.14　模拟外部条件的数据与监测数据的比较

图 17.14 显示了该模型的长期预测功能，同时，该模型也可预测单个样本日的数据。图 17.15 中将一个典型夏日和典型冬日的样本监测数据与模型预测的平均气温和水分含量数据进行比较。每个图表底部的黄色条表示农场中 LED 光源打开的时间。左侧两幅图显示了一个典型冬日的温度和湿度数据，右侧两幅图显示了一个典型夏日的温度和湿度数据，外部温度变化用黑色表示。在模型中，假设隧道内的空气完全混合，农场中不同的种植托盘不表示为单独的节点，温度预测可以指示隧道内的平均条件。监测数据清楚地表明，在靠近地板的底部托盘有一些温度分层，温度较低。监测数据还显示了模型未模拟的局部波动，很可能是农场工人在隧道日常管理中的行为所致。通过模型预测的温度始终低于监测数据，尤其是在 LED 光源关闭期间。

图 17.15 下面的两张图显示了典型冬日和典型夏日的湿度数据，外部空气的含水量用黑色表示。同样，湿度沿着托盘的高度存在一些局部分层，尤其是在 LED 光源关闭期间，内部空气的含水量明显降低。总之，该模型低估了 LED 光源关闭时的温度，过高预测了 LED 光源打开时内部空气的含水量。前者可能是农场工人在"正常"工作时间内活动使热量增加和环境光照未计入造成的，后者则可能是过高地预测了 LED 光源打开时对蒸腾速率的影响，这与过高估计叶面积指数（LAI）有关，因为并非所有植物在给定时间都处于同一生长阶段。

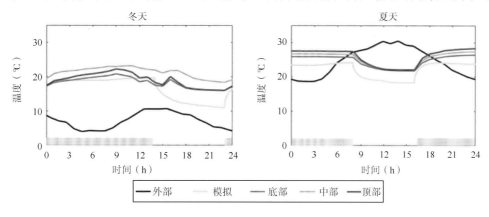

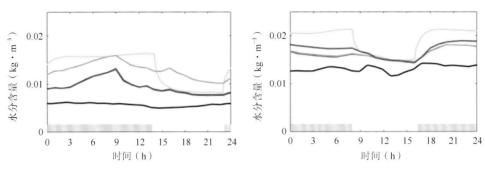

图 17.15　典型冬日和夏日内比较模拟的和监测的温度及含水量数据

17.5.3.3 · 利用模型优化环境条件

经验证的模型可用于预测边界条件变化、极端天气或操作程序变化而引起的室内环境条件变化。

地下生产的一个好处是能够控制照明，从而控制加热条件，以保持稳定的环境。LED 光源每天需要打开 16 h 左右，但根据作物的不同，打开时间可能会有所不同。图 17.16～图 17.18 显示了改变光周期对环境的影响。图 17.16 分别用浅蓝色和红色表示了当温度低于规定的最低值（17 ℃）或高于最高值（25 ℃）时每天气温下降的小时数，用绿色表示了在最适温度条件下每天气温下降的小时数。图 17.16 上面两幅图显示了冬季夜间照明（左侧）与白天照明（右侧）的区别。显然，在照明总小时数低于最佳值的情况下，冬季的照明时间是否为白天并不重要。图中实心黑线显示了室外日平均温度，在冬季，室外平均温度始终低于室内适宜温度的最低值（17 ℃）。当外部温度最低时，在白天打开 LED 灯具，晚上关闭 LED 灯具，模型预测的最低室内温度更低。

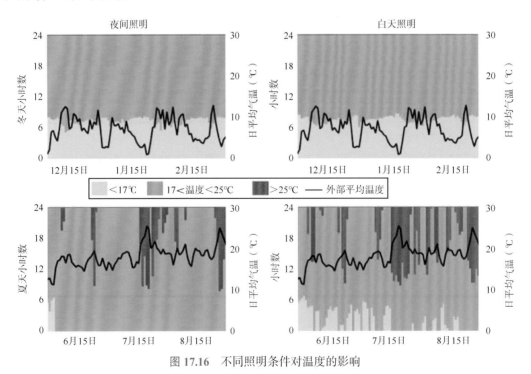

图 17.16　不同照明条件对温度的影响

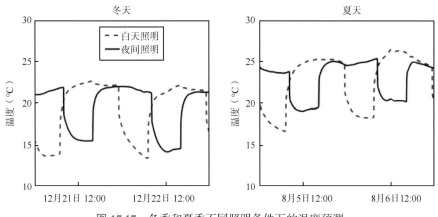

图 17.17　冬季和夏季不同照明条件下的温度预测

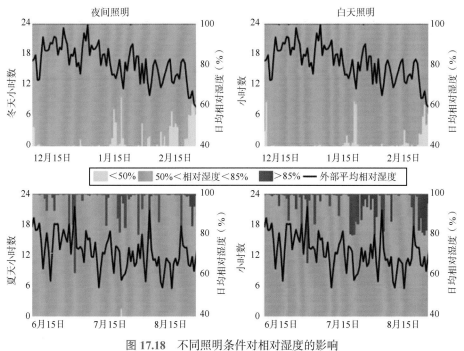

图 17.18　不同照明条件对相对湿度的影响

然而，夏季与冬季的情况不同，如图 17.16 下面两幅图所示，如果在白天打开 LED 光源（右图），则室内温度在最佳范围之外的时间比例更大，即白天更热，晚上更冷。这一结果说明在夏季夜间使用 LED 照明，有助于维持稳定的环境。而光源开启时间对冬季和夏季相对湿度的影响是相似的（图 17.18），这里假设最佳相对湿度在 50% ～ 85%，并且预测改变光周期在夏季会产生更大的影响。

除调节 LED 光源的打开时间外，农场经营者还可通过操纵通风率来控制室内环境，且一个简单的模型就可以帮助优化环境条件。上述结果说明了在冬季保持最佳温度是多么困难，为了抵消这一困难，有必要通过降低通风率来减少外部冷空气的流入。图 17.19 显示了改变通风率对温度的影响，图 17.20 显示了不同通风条件对相对湿度的影响，换气率分别为每小时换气 2 次、4 次、6 次和 8 次。左上角的图显示，在最冷的日子里，即使在通风率很低的情况下，也很难避免有几个小时温度不理想。然而，当外部温度高于 12 ℃时，降低通风率则有可能保持足够的温度，甚至使环境变得过于温暖。相比之下，右下角的图显示，在通风率高的情况下，在最冷的日子里，农场的温度有可能永远不会达到最佳水平，这显然是一种必须要避免的情况。

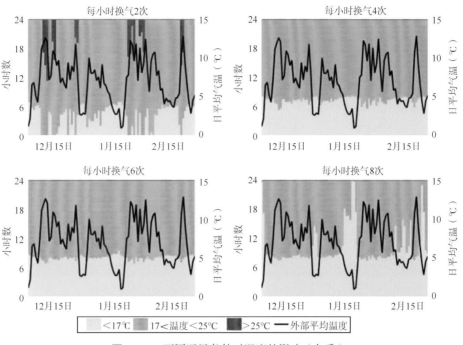

图 17.19　不同通风条件对温度的影响（冬季）

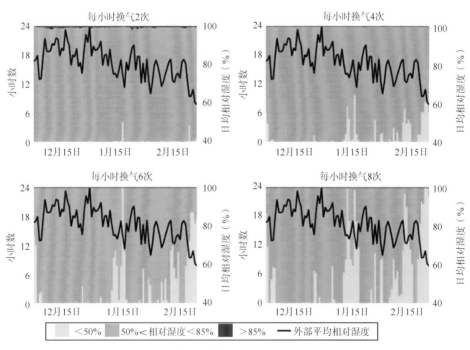

图 17.20　不同通风条件对相对湿度的影响（冬季）

　　模拟结果表明，相对湿度的变化显示出与温度类似的情况，在冬季减少通风能提供更好的湿度条件，夏季高温天气的情况正好相反。图 17.21 和图 17.22 显示，如果夏季通风率较低（约每小时换气 2 次），则会出现明显的过热和过湿现象，随着通风率的增加，环境条件得到改善。

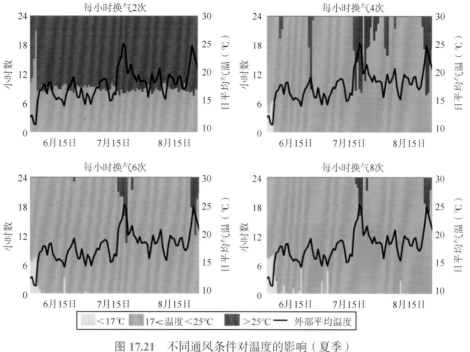

图 17.21　不同通风条件对温度的影响（夏季）

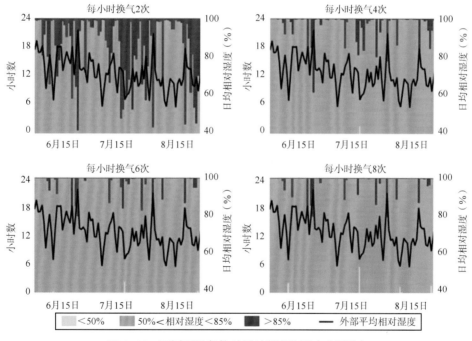

图 17.22　不同通风条件对相对湿度的影响（夏季）

最后，该模型可用于研究当地环境变化对农场经营状况的影响。图 17.23 显示了当深层土壤温度与假设值 14 ℃不同时，土壤温度对隧道温度的影响。这种变化可能是由于附近地铁隧道的运行或是更局部的干预措施，如安装局部地源热泵等的变化而发生的。如前所述，假设冬季（左图）和夏季（右图）深层土壤温度分别为 10 ℃（顶排）、14 ℃（中排）和 22 ℃（底排），用浅蓝色和红色曲线分别表示当温度低于规定的最低值（17 ℃）或高于最高值（25 ℃）时每天气温下降的小时数。当土壤深层温度大幅降低时，冬季和夏季均需要消耗更多的热量才能维持最佳温湿度条件，而如果土壤深层温度显著升高，则夏季隧道内则可能会出现过热现象。

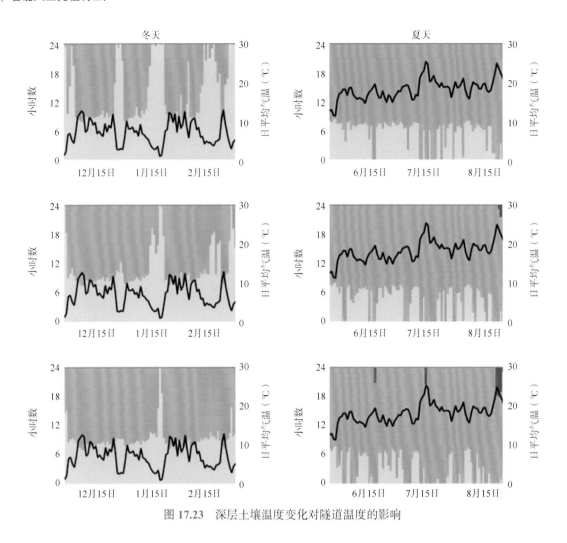

图 17.23 深层土壤温度变化对隧道温度的影响

17.5.4 意义和展望

本章提出的模型可用于研究城市农业中废弃资源的再利用，特别是利用各种场地的废热、光和 CO_2 资源。这将有助于量化室内植物生长环境条件及所需的资源量。此外，所开发的工具可以帮助城市规划者了解城市小规模农场与其周围环境之间的相互作用。

总之，本章介绍了城市一体化农场环境模型的开发和应用。将该模型应用于地下水培农场（一个位于伦敦废弃隧道中的创新水培农场），能够预测不同环境条件下的温湿度变化，从而优化农场运营。通过对工厂和建筑物进行适当的调整和协同模拟，可以使用相同的模型来研究建筑一体化农场的时间动态协同效应。从人类和植物舒适度的角度来看，这确实是必要的，尤其是当植物和人类占据相同的空间或在相邻空间共享资源时。

目前，受控环境模型尚未成熟。获取更多类型的城市农场监测数据将继续改进模型在不同场景下的响应。这将有助于理解建设城市农业一体化对城市规模环境的影响。

致谢：我们非常感谢伦敦地下水培农场（Growing Underground）的合作，让我们有机会分析这样一个有趣的案例。我们要特别感谢 Richard Ballard 和 Daniel Negoita 在安装和维护传感器网络方面提供的帮助。我们还要感谢 Paul Fidler 在设计用于监控的无线传感器方面做出的宝贵贡献。

参 考 文 献

ASHRAE（2010）ANSI/ASHRAE Standard 62，Ventilation for Acceptable Air Quality

ASHRAE（2013）Fundamentals handbook. Technical report，American Society for Heating，refrigerating，and air conditioning engineers. ASHRAE，Atlanta

Barthel S，Folke C，Colding J（2010）Social-ecological memory in urban gardens-retaining the capacity for management of ecosystem services. Glob Environ Chang 20：255-265. https://doi.org/10.1016/j.gloenvcha.2010.01.001

Benis K，Ferrao P（2017）Potential mitigation of the environmental impacts of food systems through urban and peri-urban agriculture（UPA）a life cycle assessment approach. J Clean Prod 140：784-795. https://doi.org/10.1016/J.JCLEPRO.2016.05.176，http://www.sciencedirect. com/science/article/pii/S0959652616306552#sec5

Benis K，Reinhart C，Ferrao P（2017）Development of a simulation-based decision support workflow for the implementation of Building-Integrated Agriculture（BIA）in urban contexts. J Clean Prod 147：589-602. https://doi.org/10.1016/j.jclepro.2017.01.130，http://www. sciencedirect.com/science/article/pii/S0959652617301452

Bjorkman O（1968）Carboxydismutase activity in shade-adapted and sun-adapted species of higher plants. Physiol Plant 21（1）：1-10. http://doi.wiley.com/10.1111/j.1399-3054.1968.tb07225.x

Bot GPA（1983）Greenhouse climate：from physical processes to a dynamic model. PhD thesis，Wageningen University

Boulard T，Roy JC，Pouillard JB，Fatnassi H，Grisey A（2017）Modelling of micrometeorology，canopy transpiration and photosynthesis in a closed greenhouse using computational fluid dynamics. Biosyst Eng 158：110-133. https://doi.org/10.1016/j.biosystemseng.2017.04.001

Boulard T，Wang S，Haxaire R（2000）Mean and turbulent air flows and microclimatic patterns in an empty greenhouse tunnel. Agric For Meteorol 100（2-3）：169-181. https://doi.org/10.1016/S0168-1923（99）00136-7

Castilla N（2013）Greenhouse technology and management，1st edn. CABI，Oxford

Cerón-Palma I，Sanyé-Mengual E，Oliver-Solà J，Montero JI，Rieradevall J（2012）Barriers and opportunities regarding the implementation of rooftop eco.greenhouses（RTEG）in Mediterra- nean cities of Europe. J Urban Technol 19（4）：1-17. https://doi.org/10.1080/10630732.2012. 717685

Chaudhary DD，Nayse SP，Waghmare LM（2011）Application of wireless sensor networks for greenhouse parameter control in precision agriculture. Int J Wirel Mob Netw（IJWMN）3（1）. https://doi.org/10.5121/ijwmn.2011.3113，https://pdfs. semanticscholar.org/5f71/20d409a0eb7228f282c7898b50166762438e.pdf

Crawley DB，Crawley DB，Pedersen CO，Lawrie LK，Winkelmann FC（2000）EnergyPlus：energy simulation program. ASHRAE J 42：49-56. http://citeseerx.ist.psu.edu/viewdoc/summary? doi=10.1.1.122.6852

Custot J，Dubbeling M，Getz-Escudero A，Padgham J，Tuts R，Wabbes S（2012）Resilient food systems for resilient cities. In：Otto-Zimmermman K（ed）Resilient cities 2：cities and adaptation to climate change-proceedings of global forum 2011，2nd edn. Springer，Bonn，p 436. http:// www.springerlink.com/index/10.1007/978-94-007-4223-9_14

Damour G，Simonneau T，Cochard H，Urban L（2010）An overview of models of stomatal conductance at the leaf level. Plant Cell Environ 33（9）：1419-1438. https://doi.org/10.1111/j. 1365-3040.2010.02181.x

Davis P（2015）Lighting：the principles，Technical guide. Technical report. Stockbridge Technology Centre，Stockbridge. https:// horticulture.ahdb.org.uk/sites/default/files/u3089/ Lighting_The- principles.pdf

Delor M（2011）Current state of building-integrated agriculture，its energy benefits and comparison with green roofs-Summary. Technical report，University of Sheffield，Sheffield

Department of Agriculture Food and Rural Affairs（2016）Agriculture in the United Kingdom -2015. Technical report，Department for Environment，Food and Rural Affairs，London

Druma AM（1998）Dynamic climate model of a greenhouse. Technical report，The United Nations University，Reykjavik. http:// www.os.is/gogn/unu-gtp-report/UNU-GTP-1998-03.pdf

Earth System Research Laboratory（2017）ESRL global monitoring division-global greenhouse gas reference network. https://www. esrl.noaa.gov/gmd/ccgg/trends/global.html

El-Sharkawy MA（2011）Overview：early history of crop growth and photosynthesis modeling. BioSystems 103（2）：205-211.

https://doi.org/10.1016/j.biosystems.2010.08.004

Farquhar GD，Von Caemmerer S，Berry JA（1980）A biochemical model of photosynthetic CO_2 assimilation in leaves of C3 Species. Planta 149：78-90

Ferentinos KP，Albright LD，Ramani DV（2000）Optimal light integral and carbon dioxide concentration combinations for lettuce in ventilated greenhouses. J Agric Engng Res 77（3）：309-315. https://doi.org/10.1006，http://www.idealibrary.com

Fernández JE，Bailey BJ（1992）Measurement and prediction of greenhouse ventilation rates. Agric For Meteorol 58（3-4）：229-245. https://doi.org/10.1016/0168-1923（92）90063-A，http://linkinghub.elsevier.com/retrieve/pii/016819239290063A

Fitz-Rodríguez E，Kubota C，Giacomelli GA，Tignor ME，Wilson SB，McMahon M（2010）Dynamic modeling and simulation of greenhouse environments under several scenarios：a web-based application. Comput Electron Agri 70（1）：105-116. https://doi.org/10.1016/j. compag.2009.09.010

Gijzen H，Vegter GJ，Nederhoff EM（1990）Simulation of greenhouse crop photosynthesis：validation with cucumber，sweet pepper and tomato. Acta Horticulturae 268：71-80

Graamans L（2015）VERTICAL——the re-development of vacant urban structures into viable food production centres utilising agricultural production techniques. PhD thesis，TU Delft. https://repository.tudelft.nl/islandora/object/uuid：f9dd86ce-22a9-4dfe-b66e-ef55230e3856/? collection=research

Graamans L，van den Dobbelsteen A，Meinen E，Stanghellini C（2017）Plant factories；crop transpiration and energy balance. Agri Syst 153：138-147. https://doi.org/10.1016/j.agsy.2017. 01.003，http://linkinghub.elsevier.com/retrieve/pii/S0308521X16306515

Grewal HS，Maheshwari B，Parks SE（2011）Water and nutrient use efficiency of a low-cost hydroponic greenhouse for a cucumber crop：an Australian case study. Agri Water Manag 98（5）：841-846. https://doi.org/10.1016/j.agwat.2010.12.010

Grewal SS，Grewal PS（2012）Can cities become self-reliant in food? Cities 29（1）：1-11. http://dx.doi.org/10.1016/j.cities.2011.06.003

Hartz TK，Baameur A，Holt DB（1991）Carbon dioxide enrichment of high-value crops under tunnel culture 116（6）：970-973

Heuvelink E（1996）Dry matter partitioning in tomato：validation of a dynamic simulation model. Ann Bot 77（1）：71-80. https://academic.oup.com/aob/article-lookup/doi/10.1006/anbo.1996. 0009

House of Commons（1998）The United Kingdom parliament，select committee on environmental，transport，and regional affairs. Technical report，Fifth Report to the House of Commons，London

Jarvis PG（1976）The interpretation of the variations in leaf water potential and stomatal conductance found in canopies in the field. Philos Trans R Soc B Biol Sci 273（927）：593-610. http://rstb.royalsocietypublishing.org/cgi/doi/10.1098/rstb.1976.0035

Jolliet O，Bailey BJ（1992）The effect of climate on tomato transpiration in greenhouses：measurements and models comparison. Agri Meteor 58（1-2）：43-62. https://doi.org/10.1016/0168-1923 （92）90110-P

Kacira M（2016）Controlled environment agriculture research group at the University of Arizona. http://cals.arizona.edu/abe/content/cea

Katsoulas N，Baille A，Kittas C（2001）Effect of misting on transpiration and conductances of a greenhouse rose canopy. Agri Meteor 106（3）：233-247. https://doi.org/10.1016/S0168-1923（00）00211-2

Katsoulas N，Kittas C（2011）Greenhouse crop transpiration modelling，chap 16. In：Evapotranspiration——from measurements to agricultural and environmental applications，INTECH Open，pp 312-328. https://doi.org/10.5772/991

Kikegawa Y，Genchi Y，Kondo H，Hanaki K（2006）Impacts of city-block-scale countermeasures against urban heat-island phenomena upon a building's energy-consumption for air-conditioning. Appl Energy 83：649-668. https://doi.org/10.1016/j.apenergy.2005.06.001，www.elsevier.com/locate/apenergy

Kindelan M（1980）Dynamic modelling of greenhouse environment. Trans ASAE 23（5）：1232-1239. https://doi.org/10.13031/2013.34752

Kitaya Y，Tsuruyama J，Kawai M，Shibuya T，Kiyota M（2000）Effects of air current on transpiration and net photosynthetic rates of plants in a closed plant production system. In：Kubota C，Chun C（eds）Transplant production in the 21st century. Springer Netherlands，Dordrecht，pp 83-90. http://link.springer.com/10.1007/978-94-015-9371-7_13

Kittas C，Katsoulas K，Baille A（1999）Transpiration and canopy resistance of greenhouse soilless roses：measurements and modelling. ASHS Acta Horticulturae 507：61-68. https://doi.org/10. 17660/ActaHortic.1999.507.6

Klein S（2017）TRNSYS 18：a transient system simulation program. http://sel.me.wisc.edu/trnsys

Kolokotroni M，Ren X，Davies M，Mavrogianni A（2012）London's urban heat island：impact on current and future energy consumption in office buildings. Energy Build 47：302-311

Körner O，Hansen JB（2012）An on-line tool for optimising greenhouse crop production. Acta Horticulturae. https://doi. org/10.17660/ActaHortic.2012.957.16

Kozai T，Niu G，Takagaki M（eds）（2015）Plant factory——an indoor vertical farming system for efficient quality food production. Elsevier，Oxford

Law R，Harvey A，Reay D（2013）Opportunities for low-grade heat recovery in the UK food processing industry. Appl Therm Eng 53（2）：188-196. https://doi.org/10.1016/J. APPLTHERMALENG.2012.03.024，http://www.sciencedirect.com/science/ article/pii/S1359431112002086

Marcelis L（1994）A simulation model for dry matter partitioning in cucumber. Ann Bot 74（1）：43-52

Marcelis L，Elings A，Bakker M，Brajeul E，Dieleman J，de Visser P，Heuvelink E（2006）Modelling dry matter production and partitioning in sweet pepper. In：ISHS Acta Horticulturae 718：III international symposium on models for plant growth， environmental control and farm management in protected cultivation（HortiModel 2006），pp 121-128. https://doi.org/10.17660/ ActaHortic.2006.718.13

Martineau V，Lefsrud M，Naznin MT，Kopsell DA（2012）Comparison of light-emitting diode and high-pressure sodium light treatments for hydroponics growth of Boston lettuce. HortScience 47（4）：477-482. https://doi.org/10.1017/ CBO9781107415324.004

McLean D（2017）Integrated environmental solutions Ltd. www.iesve.com

Monteith JL（1966）Photosynthesis and transpiration of crops. Exp Agric 2：1-14

Morris W（1964）The heating and ventilation of greenhouses. Technical report，National institute of agricultural engineering. Silsoe，Bedfordshire

Moss KJ（2007）Heat and mass transfer in buildings，2nd edn. Taylor & Francis

Nadal A，Llorach-Massana P，Cuerva E，López-Capel E，Montero JI，Josa A，Rieradevall J，Royapoor M（2017） Building-integrated rooftop greenhouses：an energy and environmental assessment in the Mediterranean context. Appl Energy 187：338-351. https://doi.org/10.1016/j. apenergy.2016.11.051，http://www.sciencedirect.com/science/article/pii/ S0306261916316361

Nelkin J，Caplow T（2008）Sustainable controlled environment agriculture for urban areas. Acta Horticulturae 801 Part 1：449-455. https://doi.org/10.17660/ActaHortic.2008.801.48

Ogren E（1993）Convexity of the photosynthetic light-response curve in relation to intensity and direction of light during growth. Plant Phys 101：1013-1019. https://www.ncbi.nlm.nih.gov/ pmc/articles/PMC158720/pdf/1011013.pdf

Opitz I，Berges R，Piorr A，Krikser T（2016）Contributing to food security in urban areas：differences between urban agriculture and peri-urban agriculture in the Global North. Agri Human Values 33（2）：341-358. http://link.springer.com/10.1007/s10460-015-9610-2

Orsini F，Kahane R，Nono-Womdim R，Gianquinto G（2013）Urban agriculture in the developing world：a review. Agron Sustain Dev 33（4）：695-720. http://link.springer.com/10.1007/s13593- 013-0143-z

Parker T，Kiessling A（2016）Low-grade heat recycling for system synergies between waste heat and food production，a case study at the European Spallation Source. Energy Sci Eng 4（2）：153-165. http://doi.wiley.com/10.1002/ese3.113

Penman HL（1948）Natural evaporation from open water，bare soil and grass. In：Proceedings of the royal society

Pieters J，Deltour J（1999）Modelling solar energy input in greenhouses. Solar Energy 67（1-3）：119-130. https://doi. org/10.1016/S0038-092X（00）00054-2

Pollet S，Bleyaert P，Lemeur R（2000）Application of the Penman-Monteith model to calculate the evapotranspiration of head lettuce in glasshouse conditions. Acta Horticulturae 519：151-162

Pons O，Nadal A，Sanyé-Mengual E，Llorach-Massana P，Cuerva E，Sanjuan-Delmàs D，Muñoz P，Oliver-Solà J，Planas C，Rovira MR（2015）Roofs of the future：rooftop greenhouses to improve buildings metabolism. Procedia Eng 123：441-448. https://doi.org/10.1016/j.proeng.2015.10. 084，http://linkinghub.elsevier.com/retrieve/pii/S1877705815031859

Portis AR（1982）Photosynthesis volume II：development，carbon metabolism，and plant productivity. Academic Press，London

Secretariat of the Convention on Biological Diversity（2012）Cities and biodiversity outlook. Action and policy，a global assessment of the links between urbanization, biodiversity, and ecosystem services. Technical report, Montreal. http://www.cbd.int/en/subnational/partners- and-initiatives/cbo

Seginer I (1984) On the night transpiration of greenhouse roses under glass or plastic cover. Agric Meteorol 30: 257-268. Elsevier Science Publishers BV

Skelhorn CP, Levermore G, Lindley SJ (2016) Impacts on cooling energy consumption due to the UHI and vegetation changes in Manchester. Energy Build 122: 150-159. https://doi.org/10. 1016/j.enbuild.2016.01.035, http://www.sciencedirect.com/science/article/pii/S0378778816300354

Specht K, Siebert R, Hartmann I, Freisinger UB, Sawicka M, Werner A, Thomaier S, Henckel D, Walk H, Dierich A (2013) Urban agriculture of the future: an overview of sustainability aspects of food production in and on buildings. Agri Human Values 1-19. https://doi.org/10.1007/ s10460-013-9448-4

Stanghellini C (1987) Transpiration of greenhouse crops——an aid to climate management. PhD thesis, University of Agriculture, Wageningen. http://edepot.wur.nl/202121

Stine SW, Song I, Choi CY, Gerba CP (2005) Effect of relative humidity on preharvest survival of bacterial and viral pathogens on the surface of cantaloupe, lettuce, and bell peppers. J Food Prot 68 (7): 1352-1358

Studio Glowacka (2013) RIBA Forgotten Spaces 2013— Studio Glowacka. http://www.studio- glowacka.com/riba-forgotten-spaces-2013/

Takakura T, Jordan T, Boyd L (1971) Dynamic simulation of plant growth and environment in the greenhouse. Trans ASAE 14 (5): 964-971. https://doi.org/10.13031/2013.38432

Tei F, Scaife A, Aikman DP (1996) Growth of lettuce, onion, and red beet. 1. Growth analysis, light interception, and radiation use efficiency. Ann Bot 78 (5): 633-643. https://academic.oup.com/ aob/article-lookup/doi/10.1006/anbo.1996.0171

Teitel M, Atias M, Barak M (2010) Gradients of temperature, humidity and CO_2 along a fan-ventilated greenhouse. Biosyst Eng 106 (2): 166-174. https://doi.org/10.1016/j.biosystemseng.2010.03.007, http://linkinghub.elsevier.com/retrieve/pii/S1537511010000590

Thompson HC, Langhans RW (1998) Shoot and root temperature effects on lettuce growth in a floating hydroponic system. J Amer Soc Hortic Sci 123 (3): 361-364. http://journal.ashspublications.org/content/123/3/361.full.pdf

Touliatos D, Dodd IC, McAinsh M (2016) Vertical farming increases lettuce yield per unit area compared to conventional horizontal hydroponics. Food and Energy Secur. http://doi.wiley.com/10.1002/fes3.83

UrbanFarmers AG (2016) UF de Schilde-The "Times Square of Urban Farming". https://urbanfarmers.com/projects/the-hague/

van Henten E (1994) Greenhouse climate management: an optimal control approach. PhD thesis, Wageningen University

Van Iersel MW (2003) Carbon use efficiency depends on growth respiration, maintenance respiration, and relative growth rate. A case study with lettuce. Plant Cell Environ 26 (9): 1441-1449. https://doi.org/10.1046/j.0016-8025.2003.01067.x

Vanthoor BHE (2011) A model based greenhouse design method. PhD thesis, Wageningen University

Vanthoor BHE, Stanghellini C, van Henten E, De Visser P (2011) A methodology for model-based greenhouse design: part 1, a greenhouse climate model for a broad range of designs and climates. Biosyst Eng 110 (4): 363-377. http://dx.doi.org/10.1016/j.biosystemseng.2011.06.001

Viljoen A, Bohn K, Tomkins M, Denny G (2010) Places for people, places for plants: evolving thoughts on continuous productive urban landscape. Acta Horticulturae 881: 57-65

Von Caemmerer S (2013) Steady-state models of photosynthesis. Plant Cell Environ. https://doi. org/10.1111/pce.12098

Wang J, Lu W, Tong Y, Yang Q (2016) Leaf morphology, photosynthetic performance, chlorophyll fluorescence, stomatal development of lettuce (Lactuca sativa L.) Exposed to different ratios of red light to blue light. Front Plant Sci 7: 250. https://doi.org/10.3389/fpls.2016.00250, http:// www.ncbi.nlm.nih.gov/pubmed/27014285, http://www.pubmedcentral.nih.gov/articlerender.fcgi?artid=PMC4785143

Wareing PF, Khalifa MM, Treharne KJ (1968) Rate-limiting processes in photosynthesis at saturating light intensities. Nature 220 (5166): 453-457

Weber CL, Matthews HS (2008) Food-miles and the relative climate impacts of food choices in the United States. Environ Sci Technol 42 (10): 3508-3513. http://www.ncbi.nlm.nih.gov/pubmed/ 18546681. http://pubs.acs.org/doi/abs/10.1021/

es702969f

Wheeler RM，Mackowiak CL，Sager JC，Yorio NC，Knott WM，Berry WL（1994）Growth and gas exchange by lettuce stands in a closed，controlled environment. J Amer Soc Hortic Sci 119（3）：610-615

World Bank（2016）Data. http://data.worldbank.org/

Xu F，Bao HX，Li H，Kwan MP，Huang X（2016）Land use policy and spatiotemporal changes in the water area of an arid region. Land Use Policy 54：366-377. https://doi.org/10.1016/j. landusepol.2016.02.027

Yang X，Short TH，Fox RD，Bauerle WL（1990）Transpiration，leaf temperature and stomatal resistance of a greenhouse cucumber crop. Agri For Meteor. https://doi.org/10.1016/0168-1923（90）90108-I

Zahmatkesh Z，Burian SJ，Karamouz M，Tavakol-Davani H，Goharian E（2015）Low-impact development practices to mitigate climate change effects on urban stormwater runoff：case study of New York City. J Irrig Drain Eng 141（1）：04014043. https://doi.org/10.1061/（ASCE）IR.1943-4774.0000770

第 18 章
植物工厂在番茄育种和高产中的应用

Marc Kreuger，Lianne Meeuws，Gertjan Meeuws 著
李 翠，郭晓云，缪剑华 译

摘 要：要使室内农业成为农业的发展趋势，就必须选择最有营养和健康的作物在室内种植。从经济角度看，一些水果和目前（高科技）温室里种植的蔬菜成本价格和产量都相对较高，是比较适合的选项。高架栽培的番茄就是符合这个条件的品种，育种公司利用室内农场可以不必关注生物胁迫而专注于选择口味和营养。本章描述了室内农场中番茄的生长和生产，在这里番茄的生长情况和产量与温室种植的效果相当，显示出此类作物在室内农业中具有良好发展前景。

关键词：番茄；藤类作物；室内种植；水果；产量

18.1 引 言

近年来，室内、城市和垂直农业受到了广泛关注。许多本地企业、初创公司，甚至跨国公司都进入这一领域进行食品等的生产。本地、安全和新鲜食物的概念吸引了很多生产者和消费者。最初，许多农场的重点作物是青菜和草药，因为它们是小型、快速轮作的植物，所以是室内农场的理想选择。然而，为了满足人们的均衡饮食，室内农场生产需要生产更多种类的植物。虽然小麦、大麦、水稻和玉米等大田作物由于价格低廉而不适合，但还有足够的替代品可供选择。目前在温室（高科技）种植的一些水果和蔬菜从经济角度来看是合适的品种，成本价格和产量均相对较高。这方面的一个例子是高架栽培的番茄。在欧洲，中等规模番茄售价为每千克 1～3 欧元，据报道产量为每年 60～80 kg·m^{-2}；而樱桃番茄每千克售价为 10 欧元，温室栽培条件下每年产量 30～40 kg·m^{-2}。然而，随着环境条件和季节变化，番茄全年的质量和产量都有不同。而室内农场可以确保全年环境条件不变，因此可以实现恒定和预期的产量。此外，作物品质会随着环境中生长发育条件的优化而得到提高。

随着适合种植品种的增加，成立育种公司会变得更有吸引力。能够在世界各地种植相同品种及封闭控制系统的优势使育种者能够集中精力工作，并且重新定义育种目标：病虫害、干旱和其他非生物胁迫的抗性不再是育种的主要目标，而是更多地关注口味、营养和健康。

此外，室内种植技术可以极大地提高育种速度。育种过程中的许多步骤已能在封闭环境中进行，现在室内种植实现了从种子到种子的生产过程，为后续的育种工作提供了很好的机会。

本章讲述第 8 章提到的如何在室内环境中种植番茄及在这种环境下可能的育种应用。

18.2　在育种中的应用

对于育种公司来说，加快新品种上市是工作的重点。田间和温室的繁殖周期都与季节有关，因此限制了亲本繁殖的速度。杂交后代的繁育通常需要经历亲本的繁殖周期为 5～10 代。为了杂种优势被充分表达，创建均一和纯合的亲本对于产生杂合子和均一杂种是必不可少的，选择正确的亲本很可能需要 10 年时间，而对于像卷心菜这样的两年生品种，甚至需要 20 年的时间。因此，育种者希望加快这一进程，有几种方法可以实现这一目标。

一种方法是把亲本繁殖过程带到室内农场，育种工作将不受气候和季节影响，随时可以授粉和播种。植物发育的特定阶段可以在室内农场中模拟，如春化作用［冬季冷处理植物会诱导开花（Sung and Amasino，2005）］。在封闭的环境中完成植物生长周期更为困难，因为它需要提供最佳的开花和结实条件。如第 8 章所述的室内种植技术可以加速植物的生活史，假设植物像在室外一样遵循正常的发育周期，在室内农场所用时间至少可以减少 30%。

另一种方法是在发育周期中寻找捷径。植物遵循从幼苗期到成熟期的规律，以达到开花和结实的目的。这些阶段所用时间可以缩短，或者可以采用完全不同的路径。Evans（1987）描述了一个很好的例子：通过在冬小麦幼苗期提供短日照可以在没有春化的情况下开花，实现这一目标的方法是在幼苗期使用短日照处理。通过以上方法，植物选择不同的路线并被诱导开花。有人称这种方法为"胁迫诱导开花"，但对育种人员来说结果是一样的，即收获种子。研究显示尽管植物在发育过程中大部分路径相同，但是其存在一定的可塑性。

通过缩短周期或应用捷径加速育种将缩短新性状和杂交种上市的时间。在市场上处于领先地位对于许多特性如抗病性来说是非常重要的。在这些特殊试验中，需要花费大量精力和投资来识别这些特征，对表型进行对照评估。例如，在封闭的温室环境，用某种疾病的孢子悬浮液处理一批幼嫩的植物。显然，在室内做所有事情都会提高表型分析的质量和一致性，从而加快对正确性状的鉴定。

要使室内农场技术成为育种公司的综合工具，基本的一点是作物需要在这样的环境中实现从种子到种子的过程。对于某些作物来说，这可能是比较容易的，但众所周知的是番茄是很难在室内种植的。第 8 章描述的室内种植番茄品种的方案，目的是证明番茄可以在室内环境中实现从种子到种子，并且达到在高科技温室种植相同的质量和产量。

18.3　高架番茄生产

18.3.1　引言

为了使室内农业具有商业吸引力，商品成本、产量和销售价格之间需要保持平衡。由于启动资金高，室内农业的运行成本比传统温室更昂贵，因此盈利能力很重要。使用工厂平衡模型（参见第 8 章）可以计算和预测产量，并反馈到农场的业务案例中。作物和品种的选择最终将推动盈利能力。番茄是室内种植中很有利可图的作物之一，特别是樱桃番茄具有较高的销售价格和收益率。与之相比，草药虽具有较高的销售价格和产量，但市场容量较低；生菜具有较高的产量和较低的价格，但市场容量高。

近年来在室内种植番茄的能力不断提高（见第 8 章）。在起初的试验中，评估了番茄质量、产量和果实品质。总体而言，在室内种植番茄的难度主要在于发育的早期阶段。在开花之前，番茄幼苗可能存在源库比不平衡（Li et al.，2015），这意味着番茄幼苗少量的库产生了过多的能量（糖）。假设叶片中的糖含量过高就会出现水肿，叶片表皮细胞由于渗透压而膨胀甚至破裂，从而破坏叶片，且修复非常困难，进而会影响产量。有些品种会比其他品种更容易受到影响，这点与遗传因素有关。

有报道称远红光、白光或其他方法可以预防水肿（Williams et al，2016）。源库比的降低可以预防水肿发生，有多种方法可以实现这一目标。例如，改变光谱能减少糖的产生，与仅有蓝光和红光相比，在白光的条件下，植物光合作用效果较差，相同面积同等光强条件，白光照射下糖产量较低。在远红光的条件下，诱导生长素产生并发挥作用，糖在生长发育过程中储存在茎秆细胞的液泡中，导致细胞伸长。这种额外的糖储存和茎的生物量积累降低了源库比，从而防止了水肿。还有一种方法是通过调节光强控制糖的生产，或通过蒸腾控制糖在植物中的运输来控制糖的产生。虽然木质部是蒸腾的主要通道，但糖通过韧皮部的运输也取决于水分的运输。在保持温度和光强相同时增加蒸腾通常会阻止水肿的进一步发展，在这里单独控制蒸腾、光照和温度的能力是关键，具体方法是可以通过调节层流气流、蓝色和红色LED 光源及基于饱和蒸气压差的湿度控制来实现（见第 8 章）。现在可以证明上述假设是否成立。

植物平衡模型是在温室中开发的，因此需要在室内农场环境进行验证。为此，室内培养两个品种的番茄，每周采集完整的植物样本，测定叶、茎和果实的鲜物质和干物质，计算叶面积指数（LAI）等生长指标（更多细节见 Schramm，2017）。

18.3.2 结果

使用红蓝光比为 7∶3 的 LED 光源，安装在 4 m 高的天花板上。因此，种植沟水平上的光强低于光源下方。在三个水平上测量显示光强随着高度增加而增加（图 18.1）。在图中，颜色表示三个级别的光强，也表示水平面的均匀性。由于模块的尺寸有限（4 m×8 m），存在大的边缘效应，导致均匀性有限。

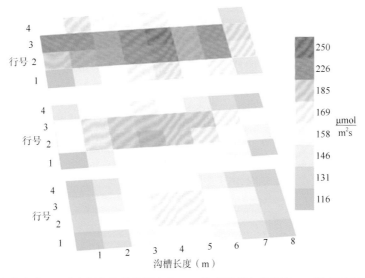

图 18.1　沟槽水平（底部）和上方 1 m（中间）以及沟槽上方 2 m 处（顶部）的光强。Y 轴表示行号，X 轴表示沟槽的长度。每个框表示三次光强测量的平均值（µmol·m^{-2}·s^{-1}）

在沟槽水平，光强可低至 116 µmol·m^{-2}·s^{-1}；在槽沟水平上方 2 m 处，光强可达到 250 µmol·m^{-2}·s^{-1}。沟槽水平面上方 2 m 的平均光强比沟槽水平面高 35%，比沟槽水平面上方 1 m 的平均光强高 19%。此外，在每一层中，光的分布并不是均匀的，中间一排（第 2 行和第 3 行）比两侧（第 1 行和第 4 行）光强高。在沟槽水平，这一差异平均为 10%，在其上方 1 m 处为 25%，在上面 2 m 处则是 45%。每层的第一个和最后一个 1.5 m（第 1～2 行和第 7～8 行）处比中心部分（第 3～6 行）的光强要低。在沟槽水平和上方 1 m 处上面的平均低 25%，而高于沟槽 2 m 的平均低 10%。

内部各行（第 2 和 3 行）与外部（第 1 和 4 行）之间的温度没有显著差异（数据未显示）。但是，沟槽层上 2 m 处的温度明显高于沟槽层和沟槽层上 1 m 处（图 18.2）。在离进气口较远的地方，温度也会升高。这是由于安装在天花板上的 LED 产生热量。这还说明在植物表面，即便高达 2 m，单个沟槽的温度也是恒定的。模块内温度的一致性保证了植物生长的均匀性。

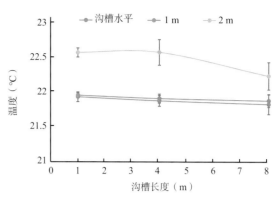

图 18.2 光源打开时模块内的温度分布。所有点是每三个不同行的三次测量的平均值。数据为平均值 ± 标准误（α < 5%）。气流是从右到左

两个不同品种的番茄（*Solanum lycopersicum* L.）植株，樱桃番茄 "Axiany"（品种 A）和丛生中型番茄 "Axiradius"（品种 B）由 Axia 蔬菜种业（荷兰 Naaldwijk）提供。藤蔓作物有一个不确定的生长习性，即在实验温度下平均每周生长一个新的部分，包括 3 片叶子、3 个节间和 1 个果串。

在试验期间每株植物的总鲜重（total fresh weight，TFW）和总干重（total dry weight，TDW）呈线性增长（图 18.3），线性回归结果表明，两个品种的 TFW 和 TDW 的 R^2 均大于 0.95。两个品种茎的长度也呈线性增长（图 18.4）。播种后 11 周左右，部分叶片被移去，总叶面积呈波动性增长。总体而言，作物生物量、茎长度和叶片的生长速率一致。

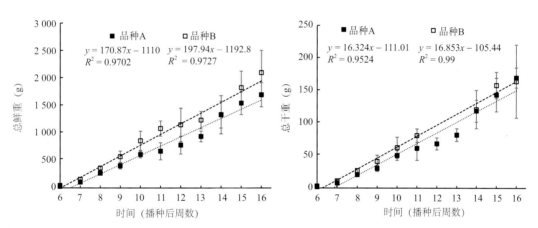

图 18.3 每株植物的总鲜重（左）和总干重（右）的平均值随时间的变化。每个品种每周采 4 株计算平均值。数据为平均值 ± 标准误（α < 5%）

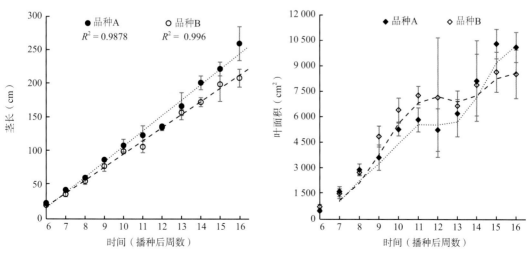

图 18.4 两个番茄品种的植物营养生长随时间的变化。左图为每株植物的茎长，右图为叶面积。数据为平均值 ± 标准误（α < 5%）

已知叶面积指数（LAI，单位土地面积上的植物叶片总面积占土地面积的倍数）影响光的吸收。一般来说，LAI 为 3 可捕获大部分阳光。两个品种的叶片数和叶面积指数之间存在良好的相关性（图 18.5），可以根据叶片数的多少来确定叶面积指数。当每个植株只有一个茎，植株密度为 6 棵·m^{-2} 时，品种 A 需要大约 20 片叶子，而品种 B 需要大约 15 片叶子，LAI 才能达到 3。这两个品种从播种到 LAI 为 3 均需要 9 ~ 10 周的时间。

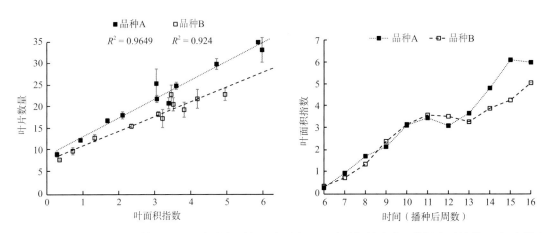

图 18.5　左图为叶片数和叶面积指数（LAI）之间的相关性；右图为 LAI 随时间的变化。数据为平均值 ± 标准误（α < 5%）

干物质分配随时间的变化如图 18.6 所示。随着播种时间的延长，茎的比例保持稳定，叶片比例逐渐降低。因为叶片会枯萎死亡，所以叶的干物质分配会减少，而茎则不会。随着果实发育，干物质比例相对增加，最终实现率即为收获指数，可用于第 8 章的植物平衡模型。通过使用鲜重和果串重量（未显示）测量数据线性外推（图 18.3），可以估算一年内单株植物的总鲜重；由此每年的总果实产量也可以计算，但要考虑到时间因素，从播种到第一个果串收获需要 16 周，还有 36 周的收获时间。通过以上计算最后可以计算收获指数，即年水果产量与总鲜重的比值（表 18.1）。到目前为止，实验数据与温室测量结果一致（Li et al.，2015），表明番茄的生长在温室和室内农场中是相似的。图 18.7 显示了在上述试验相同条件下，三个不同品种番茄的生长。

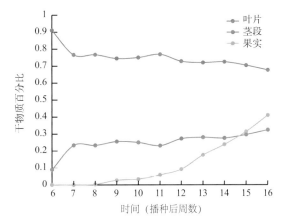

图 18.6　品种 A 干物质分配随时间变化的变化

图 18.7　模块中种植了三个品种的番茄，与所述试验的设置相同

表 18.1 两个品种单株植物的总鲜重（TFW）、总鲜果重量（total fresh fruit weight，FFW）和收获指数（harvest index，HI）的计算

	品种 A 重量（g）	品种 B 重量（g）
总鲜重	7 775	9 100
总鲜果重量	3 542	7 553
收获指数	45%	82%

18.3.3 结论

数据证明了番茄在室内环境中生长的能力。层流送风、红色和蓝色光谱及恒定温度可以使果实产量和质量达到实用化水平，虽然最终产量只能通过数据推断，但作物的管理和条件的改善将进一步提高番茄产量。室内农场仍处于发展中，此研究仅为第一步，预计在未来几年内，使用这项技术生产具有商业价值的番茄将证明它的有效性。

18.3.4 材料和方法

实验在第 8 章所述的模块中进行，该模块位于荷兰德里尔的 Priva 公司。模块基本上是一个 4 m×10 m×4 m 的人工气候室。

18.3.4.1 环境条件与灌溉控制

设定昼夜恒温 22 ℃，光周期为 20 h/4 h（白天 / 晚上），CO_2 1 200 ppm，相对湿度 70%～80%。光源由红色和蓝色 LED（红色 / 蓝色 7∶3）提供，沟槽水平平均光强为 132 μmol·m^{-2}·s^{-1}，在沟槽上方 2 m 处为 180 μmol·m^{-2}·s^{-1}。灌溉系统由闭环水培营养液膜技术（NFT）系统组成，该系统为番茄生产提供专门的营养液配方。自动灌溉系统通过测量 EC（电导率）和 pH（酸碱度）维持该溶液恒定，通过从 A 和 B 罐中加入浓缩的营养液，EC 维持在 2.6～2.8 mS·cm^{-1}；通过从浓缩酸罐中加入硝酸将 pH 维持在 5.6～5.8。每周由格罗恩农业控制公司（荷兰代尔夫特）从混合罐中取出水样进行营养分析，分析结果用于校正 A 和 B 罐溶液组成以优化植物的营养供应。

18.3.4.2 实验布局

实验包括 4 条沟，每沟距离 120 cm，各排沟长 8 m，种植密度为 6 株·m^{-2}，共计 192 株。每沟的最前和最后 1.5 m 的植物被视为边际植物，这样每沟的样本量为 30 株。每个品种种植两沟，因此每个品种 60 个植物样本。

两个不同品种的番茄（*Solanum lycopersicum* L.）植株，樱桃番茄 "Axiany"（品种 A）和丛生中型番茄 "Axiradius"（品种 B），由 Axia 蔬菜种子（荷兰 Naaldwijk）提供。种子在 Axia 温室培养室发芽，生长至 5 周龄。然后将它们移植到 10 cm^2 的岩棉块中并转移到模块中。使用电传粉器每周两次手动完成授粉。移栽后每周取样一次，每个品种采集 4 株植物样本进行叶面积、叶片鲜重和干重，以及茎干重和鲜重的测量。此外，记录每个果串的果实数量和鲜、干重。所有样品在 80 ℃下烘干 72 h 后测量干重。

根据收集的数据，计算模型参数[LAI、HI 和 DM（干物质）]。LAI 通过将特定周中测量的每株植

物平均叶面积乘以 6（6 株植物·m^{-2}）除以 1 来计算。干物质含量通过将果实的干重除以果实的鲜重来计算。

除了测量植物外，还对环境因素，如光照强度、空气温度进行了测定。在三个不同高度 0- 种植沟上方 10 cm，1- 种植沟上方 110 cm，2- 种植沟上方 210 cm 用量子传感器（li-190r，Li-Cor 公司）测量光合有效辐射（PAR）。种植总沟长度为 8 m，每米进行三次测量并计算平均值。在每个路径的中心分别在 1 m、4 m、8 m 三个不同高度测量温度（P-300 温度计，Dostmann 电子）。

对于光和温度的差异，采用 RStudio 软件进行单因素方差（analysis of variance，ANOVA）分析，f 值为 0.05。植物生长数据的标准差和标准误用 Excel 计算。

参 考 文 献

Evans L（1987）Short day induction of inflflorescence initiation in some winter wheat varieties. Aust J Pl Phys 14：277-286

Li T，Heuvelink E，Marcelis L（2015）Quantifying the source-sink balance and carbohydrate content in three tomato cultivars. Fr Pl Sc 6：416

Schramm G（2017）MSc internship thesis. Wageningen University，The Netherlands

Sung S，Amasino R（2005）Remembering winter：toward a molecular understanding of vernalization. Ann Rev Plant Biol 56：491-508

Williams K，Miller C，Craver J（2016）Light quality effects on intumescence（Oedema）on plant leaves. In：Kozai T, Fujiwara K，Runkle E（eds）LED lighting for urban agriculture. Springer，Singapore，pp 275-286

第 19 章

植物工厂分子育种：方法与技术

Richalynn Leong and Daisuke Urano　著

李　帆，王继华，董　扬，郭晓云，黄燕芬　译

摘　要： 作物育种的目的在于提高粮食产量、增加生物量、增强植物抗性，以及改善营养成分和其他具有商业价值的性状。人工光植物工厂（PFAL）可以针对每种作物提供独有的人工环境条件。其中，对光通量、光谱、光周期、湿度、CO_2 浓度和营养成分均可优化和不间断的监测，且不受天气影响。然而，现有的作物品种因为人工选育而更适合室外栽培。本章回顾了适合植物工厂需求的植物发育和生理特征，以及作物育种中常规和新兴的生物技术。分子遗传学和基因组学的最新研究弥补了植物遗传变异与表型结果之间的知识空白。遗传信息与 CRISPR/Cas9（clustered regularly interspaced short palindromic repeats/CRISPR-associated protein 9）基因组编辑技术的融合，使作物育种无须进行耗费劳力的常规筛选。

关键词： 转基因；CRISPR/Cas9；系统发育树；序列相似性；调控网络；高价值作物；叶烧病；数量性状基因座

19.1 引　言

人工光植物工厂（PFAL）为植物的最佳生长提供了独特和可控的环境，从而实现植物周年连续生产。植物工厂是多学科交叉的综合应用，包括了工程学、生物学、作物科学和农学，并且在不断地开发和改进，以满足消费端的需求——高品质、高价值、高性价比、价格低廉、容易获得的作物。目前仍然有许多种方法可以改善植物生长情况，并使植物工厂更加高效运营。例如，使植物的产量最大化，同时又尽量降低投入和生产浪费。本章中主要介绍目前用于提高植物产量和质量、降低生产成本和产出高附加值作物的方法，以及新技术和新方法的应用。现代生物技术 CRISPR/Cas9 实现了对植物遗传和代谢的工程化，通过数据挖掘和计算生物学选择目标基因，并利用蛋白质序列和模式植物系统获取基因组和蛋白质组信息。生菜作为绿叶蔬菜的代表，将在本章中作为范例和模型来阐述当前和未来技术是如何改善植物生长和价值的。本研究旨在鼓励和指导下一代青年科学家利用新方法对作物生产进行改良，并完善植物工厂的相关技术。种植业和农业领域中日益突出的未来研究趋势也在本章进行讨论。

19.2　人工调控环境下的植物理想性状

人工光植物工厂（PFAL）适合有效提高蔬菜产量，减少种植过程中化学品和农药的使用，以及减少从田间到城市经销商的农产品的运输环节。PFAL 为城市农业生产专门的作物如绿叶蔬菜和药用植物，提供了理想的平台，并且可大大减少传统开放式农场产生的碳足迹。通过技术创新、信息技术和计算机系统的应用，植物工厂在从环境控制到作物种植，再到收获运输的生产流程都得到了最佳控制。PFAL 的不断优化和改进，使其中的植物生长速率比室外快 2 倍以上，而且通过在多层垂直栽培系统中引入生理特性优化的新作物，还可以进一步提高生长速率。

PFAL 环境中植物的选择标准：①植株株高 30 cm 左右；②耐受低光通量（叶面 100 ~ 150 μmol·m⁻²·s⁻¹）；③可高密度种植；④从苗期到收获期栽培时间较短；⑤能高效地从无土水培溶液中吸收养分；⑥喜好高浓度 CO_2；⑦具有高适销比例（图 19.1）。种子萌发到幼苗期的栽培期间对于降低生产的总成本并不重要，因为处在早期发育阶段的植物对培养空间的需求有限。同样地，植物对高光通量和连续照明的喜好不是必需的，因为光照会增加初始和运行成本。根据不同的气候和土壤条件，室外栽培的优良作物品种需要对环境胁迫具有适应性和对有害生物具有抗性。这些要求与 PFAL 的育种原则形成鲜明对比，人工光植物工厂环境封闭可控，病原体和昆虫感染的风险很小，育种不必考虑植物生长和胁迫抗性之间不可避免的权衡，可以高效地筛选生长速率最大的特殊品种。

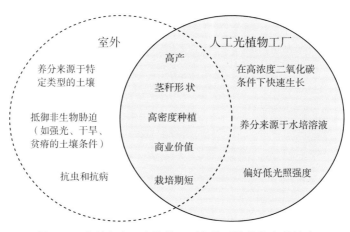

图 19.1　室外和人工光植物工厂条件下的作物育种策略

19.2.1　植物株高和叶面积

随着光源和种植床之间的距离增加，到达叶片表面的光量降低。因此，典型的垂直栽培系统在距栽培床 40 ~ 50 cm 高度安装 LED 光源。同样地，在植物发育早期进行高密度种植增加叶面积指数（leaf area index，LAI，叶面积与植物占地面积的比值）也可以提高光能利用效率。因此，植物工厂首要育种策略是选择具有矮小株型、较大叶面积和适当叶序模式的植物栽培品种，以最大化提高光能利用效率。

在室外环境中，营养组织的形状和复杂性受多变生长条件的影响，以保证植物适应周围的环境。这些营养组织的发育策略受到 5 种激素的综合调控：生长素、赤霉素（GA）、油菜素类固醇（BR）、细胞分裂素和独脚金内酯。在拟南芥、水稻和其他植物的基因突变体中，减少这些激素含量或破坏激素感知会导致植株矮小（Clouse and Sasse，1998）。小麦 GA 不敏感等位基因突变体（*reduced height-1*）表现出矮小的植株表型（Peng et al.，1999）。水稻中另一个编码 GA 20-oxidase 2 酶的半矮化基因（SD-1）是 GA 生物合成必需的（Sasaki et al.，2002）。在不同地区独立的育种实践中均筛选获得了水稻 sd-1 突变体，证明了 SD-1 基因的重要性。拟南芥 rotundifolia 3（rot3）突变体的植株叶片表现为长度减少而宽度增加，这是 P450 酶（CYP90C1）的缺失催化了油菜素类固醇的产生所致（Ohnishi et al.，2006）。这些激素作用的遗传或非遗传突变将能塑造适合植物工厂多层栽培系统的植物形态。

19.2.2　栽培时间和顶烧病的发生

从幼苗到收获的较短栽培时间增加了 PFAL 中叶类蔬菜的年产量。通过优化 LED 光照强度、光周期和 CO_2 浓度，高效进行光合作用促进植物生长，已经让不同生菜品种的传统栽培时间大大缩短（Kozai，2013）。然而，生产中植物生长速率仍然需要控制在一定范围内，最大限度地减少顶烧病的发生。顶烧病是一种常见于绿叶蔬菜（如生菜和羽衣甘蓝）中的生理性病害。该病通常表现为植物缺乏 Ca^{2+} 引起的叶缘处坏死，导致植物生长时细胞壁的合成效率低下。由于蒸腾效率低和 Ca^{2+} 不移动导致在细胞壁堆积，使根部 Ca^{2+} 的吸收和 Ca^{2+} 从根到茎的转移受到抑制，进而导致叶片钙的缺乏（Barta and Tibbitts，2000）。顶烧病的发生也会随着光照强度和时间的增加而增加（Tibbitts TW and Rao Rao Rama，1968）。本章第 6 部分将进一步讨论叶类蔬菜叶烧病的发生，介绍植物中各种分子调控因子，以及通过基因组编辑缩短栽培周期和提高植物品质的思路。

19.2.3　细胞死亡

减少农产品损失有助于提高产量和降低整体成本。叶片、茎秆和果实褐变和腐烂导致的蔬菜外观不佳使蔬菜不能销售，造成产品损失。人工光植物工厂（PFAL）通过提供最佳生长条件和减少病原体入侵而显著减少了不可销售的产品部分的比例。为了进一步减少农业废弃物，可通过靶向控制细胞死亡的基因来减少生产损失（Sakuraba et al.，2012）。SGR 是一个知名的基因，它通过破坏叶绿素 - 蛋白质复合物的稳定性促进植物的衰老，从而导致叶绿素分解，而 SGR 缺失突变体可延迟衰老（Hörtensteiner，2009）。保留光合作用功能的蔬菜 sgr 突变体在 PFAL 中具有极高的价值，它在提高产量的同时减少了光、水和 CO_2 等环境因子的投入。例如，苜蓿（Zhou et al.，2011）和水稻（Jiang et al.，2007）的转基因作物可降低 SGR 蛋白的活性。

19.2.4　喜好低光照强度的植物

不同类型的植物需要不同的光强度以最大限度地进行光合作用和生长。太阳直射光的光照强度可达 1 000 $\mu mol \cdot m^{-2} \cdot s^{-1}$ 以上，而现代人工光植物工厂（PFAL）系统采用较低的光照强度（100 ～ 150 $\mu mol \cdot m^{-2} \cdot s^{-1}$）来平衡能量投入和植物生长速率。虽然阳生植物具有多种抵抗强光胁迫的保护机制，但在弱光情况下喜光植物表现出叶片黄化和淡黄色。相反，一些耐阴植物天然具有高效的光捕获系统，可在低光照中捕获足够数量的光量子进行光合作用，但在太阳直射光下会受到损害。叶绿体是光捕获、电子传输和碳固定的地方。植物的光能利用效率受到各种形态、亚细胞和分子的调控。例如，在低光照强度下，大量吸收光合有效辐射的类黄酮化合物和其他多酚类物质对光利用效率产生不利影响。对这些光合系统成功地遗传改良将提高种植在 PFAL 中的植物光能利用效率。

19.3　基因工程与作物育种

　　第 2 部分中介绍的植物生理和形态特征可通过分子育种的方法调控，如基因组编辑可将某些突变或基因导入基因组中（图 19.2）。作物中自然发生的突变提供了可遗传给下一代的遗传变异。自农业诞生的几个世纪以来，农民、育种家和生物学家一直在筛选和创制具有良好性状的作物。这是通过在植物世代中反复杂交后进行表型筛选、组合和繁育而获得的，因此这是一个漫长而艰巨的过程，通常需要长达 15 年的时间才能筛选出具有期望性状的作物新品种。而 20 世纪 40 年代问世的遗传物质鉴定使得育种家可在作物中通过辐射诱导基因突变。该技术可更加快捷地筛选具有优势性状的植物，如高产或高抗的品种。这场绿色革命一直持续到 20 世纪 70 年代。

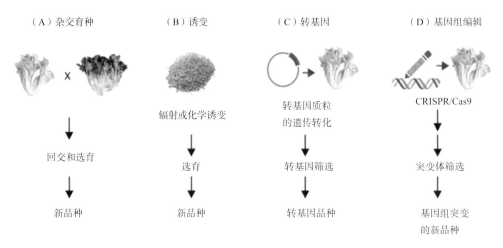

图 19.2　传统植物育种和现代植物育种的策略示意图。（A）两个已有品种的杂交育种。经过几代的选育后可筛选获得新品种。（B）通过辐射或化学试剂进行随机诱变。通过回交和基因组测序可筛选出与感兴趣表型相关的基因突变。（C）转基因作物。来自不同生物的基因可被克隆并转入作物的基因组中。（D）CRISPR/Cas9 的基因组编辑。CRISPR/Cas9 技术可对作物基因组单核苷酸水平进行编辑，该技术让育种科学家能够在任何植物基因组中导入多位点突变

　　尽管经典遗传学和品种杂交成功获得了高产和高抗的作物，但该方法耗时长且具有成功的偶然性。在 20 世纪 80 年代和 90 年代，新兴的基因工程和农业生物技术研究涵盖了鉴定与表型关联的特定基因、在同种或不同种的作物中精确导入特定基因，以及利用分子标记或数量性状基因座（quantitative trait loci，QTL）进行高效精确的植物育种（Collard and Mackill，2008）。随着遗传学知识的增加，农业科学家和生物学家能够以更快的速度培育具有优良性状的作物。1997 年，Calgene 推出了保质期比传统番茄更长的转基因番茄 Flavr Savr。研究人员通过导入反义基因阻断分解细胞壁果胶的多聚半乳糖醛酸酶的形成，实现延缓果实软化（Krieger et al.，2008）。RNA 干扰（RNAi）也是一种应用于作物科学的新兴生物技术，可改善营养成分和胁迫环境下的抗性（Saurabh and Vidyarthi，2014）。基因工程可以克服植物种间杂交障碍。此外，研究表明转基因生物（genetically modified organisms，GMOs）更加环保，因为减少了水、土壤和能源的使用，同时降低了由非生物胁迫（如干旱）和生物胁迫（如害虫）造成的作物损害和消耗。

生菜的育种应用

　　用于田间或温室种植的生菜育种目标是培育在经济上可持续产出和高质量低投入（水分和养分）的

生菜新品种。生菜常规育种方法包括谱系法和回交育种法。生菜基因库常由栽培种生菜（*Lactuca sativa*）和野生种生菜（*Lactuca serriola* 和 *Lactuca saligna*）组成。分子遗传学和基因组学的分子标记辅助育种、QTL 和分子计算研究的应用极大地促进了生菜作物育种。QTL 是与作物特定性状直接相关的染色体区域，在作物中被广泛阐述和用于优良性状的精确筛选。诸多生菜的遗传研究均为了了解各种生菜病害（如黄萎病）的抗性及培育抗病品种（Lebeda et al.，2014）。在生菜等自花授粉作物的谱系育种法中，理想植物的选育是通过 F$_2$ 代早期表型的筛选，并在其后代中重新筛选获得纯合个体，而整个选育过程需要 5～10 年。谱系育种根据早期抽薹表型和顶烧病抗性，筛选培育了各种脆头生菜、奶油生菜和皱叶生菜的品种。

回交育种方法则利用杂交后代与任一亲本进行多代回交，直到筛选获得纯合系。回交育种通常用于将新基因融入优良品种中。在生菜的回交育种中，选择唯一对生菜霜霉病具有抗性的野生种 *Lactuca saligna* 与栽培种 *Lactuca sativa* 进行杂交，杂交后代再与亲本 *Lactuca sativa* 进行回交。这些回交纯合系（set of backcrossed inbred lines，BILs）具有栽培种 *Lactuca sativa* 的遗传背景，且包含了几乎覆盖野生种 *Lactuca saligna* 所有基因组的染色体片段。回交系的开发也为 QTL 研究奠定了基础，如生菜回交纯合系有助于野生生菜霜霉病抗性的遗传功能研究（Jeuken and Lindhout，2004）。

皱叶生菜品种表现出许多生理缺陷，如顶烧症状、过早抽薹和叶片褶皱。为实现经济可持续的优质高产，培育抗这些生理缺陷的植株是皱叶生菜育种的长期战略，为了鉴定出导致这些生理障碍的 QTL，通过抗性亲本系与易感亲本系进行杂交，在杂交后代中互交形成重组自交系（recombinant inbred lines，RIL）。随后利用单核苷酸多态性（single nucleotide polymorphism，SNP）作为基因组标记对重组自交系进行表型和遗传分析。最后通过计算分析和表型 - 基因型比对绘制遗传连锁图谱，鉴定与特定生理缺陷相关的 QTL（Jenni et al.，2013）。进一步的基因鉴定可以从已鉴定的 QTL 入手，并在不同生菜遗传背景和各种环境类型下测试植物抗性。

食用富含植物营养素的水果和蔬菜可以预防多种人类疾病。室内农场生产的作物的价值应该高于田间种植的作物才能有利润，这类高价值作物对于室内农业系统植物工厂尤为重要。而 QTL 鉴定还可应用于获取有益的植物营养素，如酚酸和类黄酮等酚类化合物。多项研究已确定了植物营养素生物合成途径中起作用的 QTL 和基因。类似的研究也在由生菜野生种 *Lactuca serriola* 与栽培种 *Lactuca sativa* 创建的回交纯合系（BILs）中展开，并对其植物营养素和抗氧化情况进行了分析。通过对已鉴定的基因目标下游调控分析，生菜野生种和栽培种之间的表达差异显著，表明生菜中植物营养素的合成与基因的有效性之间存在很强的相关性（Damerum et al.，2015）。

随着 QTL 分析和育种技术的不断创新，鉴定作物优良性状的遗传基础将有令人振奋的结果。而植物育种和基因工程技术的深入研究将为 PFAL 创造适合的商业品种。

19.4　植物遗传修饰的目标基因

19.4.1　模式植物——拟南芥

拟南芥（*Arabidopsis thaliana*）是芥菜家族中的一种杂草，也是第一个进行基因组测序的植物（2000 年），是许多作物研究的模式植物。拟南芥的基因组相对较小，但包括了一系列调控植物从生长发育到开花繁殖过程的所有基因，且形成了生物和非生物胁迫的防御机制。拟南芥常被作为其他植物比较基因组学和基因功能研究的参考。作物和蔬菜的研究人员利用拟南芥的公共数据库及越来越多的其他模式物种（如水稻）开发更有针对性的分子工具，并应用于新基因挖掘和基因工程中。由于拟南芥与芸薹属（*Brassica*）

叶类蔬菜的遗传关系最近，使其成为研究叶类蔬菜基因功能最适合的模式植物，而叶类蔬菜是植物工厂中常见的栽培作物。随着各种蔬菜作物的基因组测序的开展，与模式植物比较之后的遗传信息和功能信息被揭示。利用基因本体数据库和拟南芥基因组、蛋白质组数据库，可进行功能性同源基因鉴定和目标蛋白比对分析。

19.4.2　叶类蔬菜的进化关系

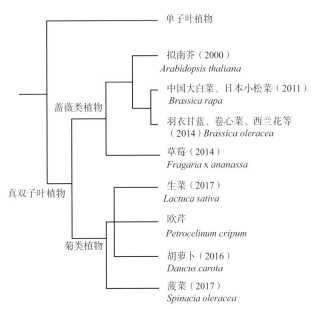

芸薹属植物常作为食物、草料和覆盖作物及用于生物燃料生产。重要的芸薹属蔬菜包括 *Brassica rapa*（中国白菜、青菜和芜菁）、*Brassica oleracea*（甘蓝、西兰花、羽衣甘蓝、抱子甘蓝）和 *Brassica napus*（大头菜和汉诺威羽衣甘蓝）。一些芸薹属物种也是油料作物（如油菜），并成为仅次于大豆和棕榈油的世界第三大植物油。在 PFAL 中对芸薹属植物进行高密度种植将具有极高的商业价值。生菜是另外一种常在室内环境系统栽培的叶类蔬菜。许多 PFAL 已为不同生菜品种的栽培建立了最佳的生长条件，这为生菜作为模式植物研究叶类蔬菜作物的基因工程效果奠定了基础。

叶类蔬菜的种类不足以形成单系群演化分支。虽然大多数叶类蔬菜物种位于芸薹属谱系中，但其他蔬菜则分布于真双子叶植物亚类中（图 19.3）。拟南芥和芸薹属物种大约 2 000 万年前分离开，而其他蔬菜（如生菜和菠菜）的演化分离比拟南芥早约 1.2 亿年（Murat et al.，2015）。根据研究经验，具有较长进化距离的物种较少保留同源基因的突变表型。尽管如此，这仍然有助于很多特征的遗传学和功能研究，因为这些物种的全基因组已被测序。

图 19.3　植物工厂栽培作物种类间的进化关系图。系统发育树形图展示了蔬菜、草本植物、药用植物与模式植物拟南芥的相对关系。真双子叶植物的两个主要分支蔷薇类植物（Rosids）和菊类植物（Asterids）在大约 1.2 亿年前分离。树形图旁标示了物种的学名和代表作物，括号中的数字代表该物种基因组论文发表的年份

19.4.3　基因工程中鉴定目标基因的信息学途径

在过去十年间，合成技术的进步和大规模生物数据的分析为作物育种实践开辟了一个新时代。生物信息学将多学科数据与统计方法相结合，协助研究人员采取最好的育种策略。研究拟南芥的遗传学家已经鉴定了许多形态变化和环境响应的基因突变。这些积累的知识可以通过生物信息学途径进行整合，以辅助设计新的蔬菜品种。利用拟南芥同源基因序列，在已测序作物基因组序列中进行 BLAST（basic local alignment search tool）同源搜索和系统发育分析，即可鉴定出作物中的目标基因（图 19.4A）。

相关研究和进化理论表明不同物种间序列相似的蛋白质具有相似的功能，这为预测非模型物种的蛋白质功能奠定了理论基础（Lee et al.，2007）。系统发育树利用树形拓扑和分支长度展示某个基因家族的进化轨迹，可以看出基因之间的演化分离及其进化的速度。构建树形图的算法通常将相同单系分支中的直系同源序列聚类在树形图中。直系同源代表了不同物种中的同源序列，是通过物种形成事件从共同的祖先序列进化而来。因此，不同生物体的直系同源一般参与相同或相关的生物过程。另外，通过基因复

制衍生的旁系同源，即位于基因组上不同位置的两个相似序列，由于在进化过程中的选择压力比原始序列低，因此获得其他基因功能的概率更高。树形拓扑可从多个同源序列确定直系同源序列。如果基因组中只保留了一个直系同源基因，则该基因就是修饰基因功能的目标基因。然而，计算机方法存在实质性的限制。作物中同一基因家族的旁系同源基因可能具有功能重叠现象，可能导致其突变体表型的功能冗余。

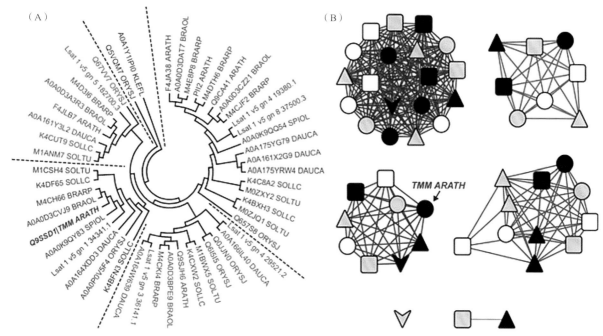

图 19.4　分子育种中用于鉴定目标基因的蛋白质序列分析。（A）拟南芥 TMM（too many mouths）蛋白质及其在叶类蔬菜、胡萝卜、马铃薯、番茄和水稻中同系物的系统发育树。在上述物种的蛋白质组数据库中 BLAST 搜索拟南芥 TMM 同源的蛋白质序列。使用 MAFFT 算法进行所有检索蛋白质组序列的多序列比对，构建表现系统发育的最大似然树。一种 *Klebsormidium* 绿藻被用作外群物种。（B）利用蛋白质序列构建 TMM 同源蛋白的序列相似性网络图。每个节点代表每个蛋白质序列，如果两个蛋白质序列的成对序列相似性比率大于预定阈值，则将节点相互连接。相同形状和颜色的节点代表同一植物物种。这些蛋白质进化关系分析有助于直接鉴定基因编辑的目标基因，同源蛋白和冗余蛋白可从发育树和网络图中鉴定出来

　　系统发育树是将同一单系分支中直系同源序列进行聚类的有效方法，但这种方法计算成本高昂，因此不适合用于处理大量序列数据。序列相似性网络图（sequence similarity network，SSN）是在不同物种中鉴定功能性直系同源的另一种方法（Gerlt，2017）。这种方法计算多序列比对中所有序列对间的配对相似性比例，再以点和线在图中可视化展示（图 19.4B）。每个顶点代表一个蛋白质序列，并将相似性比率大于用户定义阈值的顶点之间绘制边线。序列相似性网络图比构建系统发育树需要更少的计算资源，而较短的计算时间足以在大集合中重新计算序列同源性，从而应对植物基因组数量增加的预期。由于目标基因的鉴定是向作物基因工程迈出的第一步，应通过多种理论和实验的方法彻底开展和评估计算机的处理过程。

19.5　基因工程综合途径的开发

19.5.1　转基因及其缺点

转基因是作物基因工程中最常用的方法之一，其能将基因或其他 DNA 片段转入不相关生物的基因组

中。转基因的成功导入赋予了宿主植物新的能力，如合成口服疫苗、抗体、维生素和药物或对除草化学品产生抗性。耐草甘膦作物（Roundup Ready crops，RR crops）是转基因作物的一类，其被工程化改造成耐草甘膦类除草剂的作物，提高了全世界的农业效率。耐草甘膦作物携带编码草甘膦不敏感酶的基因，使其对除草剂的施用具有抗性，而杂草则被有效去除。该基因来自土壤杆菌属（*Agrobacterium* sp.）菌株CP4（Funke et al.，2006）。然而，这些类型的转基因作物受到了来自评论员和消费者极大的争议反馈，因为消费转基因作物本身是安全的，但如果不加以规范而在作物中大量施用含草甘膦的除草剂可能对人类造成损害。除草剂的过量喷洒可能使杂草获得抗性，导致超级杂草的出现，这将需要重新创制转基因作物。虽然研究表明消费转基因并不比消费非转基因更担风险（Zeljenková et al.，2016），但基因工程的研究趋势正朝着更加安全有效的 CRISPR/Cas9 基因编辑方向发展。

19.5.2　基因组编辑技术 CRISPR/Cas9

CRISPR/Cas9 技术是最新的基因编辑方法，能够精确有效地靶定和编辑感兴趣的基因。成簇规律间隔短回文重复序列（clustered regularly interspaced short palindromic repeats，CRISPR）作为适应性免疫防御机制存在于多种细菌中。类似于入侵病毒 DNA 的 DNA 小片段被整合到 CRISPR 区域内由 20 个碱基对组成的短重复序列中。该 CRISPR 区域旁边则是编码 CRISPR 相关蛋白 Cas9 酶的 DNA 片段。当蛋白质翻译时，Cas9 蛋白与 CRISPR 中 RNA 形成的复合物识别和切割病毒 DNA，从而防御病毒的入侵。

现代生物技术已经可以定制特异的 CRISPR 片段（引导 RNA、gRNA），并通过碱基互补配对引导 Cas9 酶对 PAM 序列旁边的位点进行特异性基因修饰。而基因突变则通过 DNA 断裂和易出错的非同源性末端接合或同源介导的修复引入（Hsu et al.，2014）。CRISPR/Cas9 技术正在水稻和小麦等常见作物中进行广泛试验，并创制了具有抵抗生物和非生物环境胁迫的新品种，以应对地球不断变化的环境和气候。

CRISPR/Cas9 技术已在多种植物中验证成功，包括拟南芥、烟草、高粱和水稻（Jiang et al.，2013；Xu et al.，2016；Chilcoat et al.，2017）。迄今为止，该技术创制了多个适合田间和温室栽培的商业化作物，但其中却没有一个适用于室内植物工厂栽培。例如，利用 CRISPR/Cas9 编辑的抗褐变的蘑菇和马铃薯等作物（Waltz 2016a），这是通过敲除引起褐变的多酚氧化酶基因实现的。由于该技术能一次诱导多种基因修饰，因此 CRISPR/Cas9 技术在创制抗生物或非生物胁迫和高产作物物种方面具有巨大的潜力。农业公司杜邦先锋（DuPont Pioneer）致力于通过即将上市的基因编辑玉米展示 CRISPR/Cas9 技术的优势，该玉米经过基因修饰后具有蜡质，而这一植物特性自 20 世纪发现以来一直在食品和材料工业中具有极高价值，该 CRISPR 编辑作物将于 2020 年左右上市（Waltz，2016b）。CRISPR/Cas9 技术克服了漫长的回交育种过程，而随着调控植物优良性状的基因和功能研究，CRISPR/Cas9 未来可更加高效地创制完美的农作物。

19.5.3　CRISPR/Cas9 技术在未来室内农业中的应用

CRISPR/Cas9 技术作为未来人工光植物工厂的育种方法，通过移除与作物抗性有关的基因，更容易培育优质高产的新品种。虽然没有了抗性，但作物仍能在优越的室内条件下良好生长。CRISPR 可使这种"不切实际"的育种方法造就成功和高效的植物工厂。在靶定代谢途径创制高价值农作物的过程中，可通过 CRISPR/Cas9 系统地改良和定制特异靶定位点。在不同的植物组织或不同的发育阶段，可能需要针对多个基因和基因表达水平进行靶定。CRISPR/Cas9 系统的定制包括创制特定的 Cas9 酶或 gRNA 表达启动子、针对不同核酸酶活性改良 Cas9 酶和创制不同 Cas9 变体的组合。我们可以通过多种方法改良和开发 CRISPR/Cas9 系统，以满足在基因和代谢工程方面创造新作物的需求。

对植物进行 CRISPR/Cas9 编辑的第一步是创制一段大小为 20 bp 的 gRNA 和 Cas9 基因载体（图 19.5）。gRNA 会与目标基因中 DNA 序列特异性结合，并引导 Cas9 酶对目标位点进行切割。然后将含有 gRNA 和 Cas9 基因的载体转化到农杆菌中。农杆菌是一种植物感染性细菌，当其转移 DNA（T-DNA）质粒插入植物基因组后会形成肿瘤。在生物技术领域，科学家们通过移除肿瘤诱导基因，并将感兴趣的基因导入质粒将其改造为转化载体。为了筛选基因编辑后的阳性植株，质粒中也插入了如抗生素抗性之类的标记。

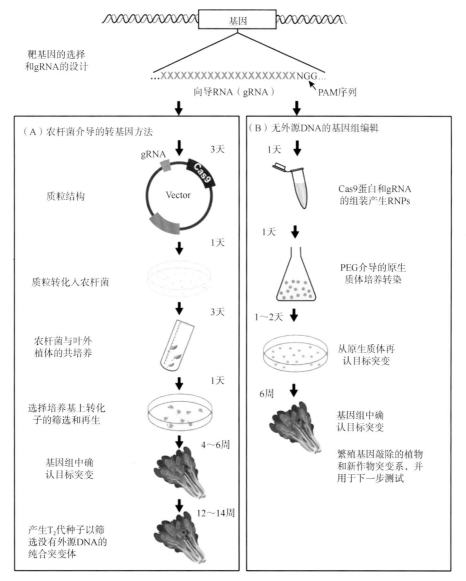

图 19.5　由 CRISPR/Cas9 介导的生菜突变体的基因组编辑方法。这两种方法均先根据系统发育和生物信息学分析选择基因组中的目标基因，然后设计向导 RNA（gRNA）。gRNA 与基因组目标序列互补，并以 NGG 的原型间隔子邻近基序（PAM）结尾。（A）农杆菌介导的转基因方法依赖于含有 Cas9 和 gRNA 序列的转化载体，该载体被转化到农杆菌中感染子叶，实现 DNA 的整合及 Cas9 和 gRNA 的表达。在植物细胞中，gRNA 引导 Cas9 酶靶定基因组目标序列，并诱导 DNA 双链断裂。利用抗生素选择培养基筛选阳性突变体，通过激素诱导再生形成完整植株。最后将 T_1 代植株与野生型亲本系回交，消除 T_2 代中的 CRISPR/Cas9 载体。（B）无外源 DNA 载体介导的 CRISPR/Cas9 对基因组目标区域诱导的突变。通过聚乙二醇介导技术，将预组装的 Cas9 和蛋白质 gRNA 核糖核蛋白（RNP）转染到植物原生质体中。成功转染的突变体通过测序和组培再生形成完整植株

在 CRISPR/Cas9 实例中，含有 gRNA 和 Cas9 的农杆菌被用于感染目标作物。将农杆菌与植物的原生质体或叶盘共培养，且在载体成功导入植物基因组之后，利用植物组织培养诱导再生植株。另外一种常见的拟南芥侵染方法是花序浸渍法，该方法不需要通过植物组织培养或植株再生（Clough and Bent，1998）。由于芸薹属蔬菜物种在系统发育上与拟南芥接近，所以利用花序浸渍法的成功率可能较高，这样可以进一步减少组织培养和植株再生过程的时间。

成功获得再生植株后，可利用聚合酶链式反应（polymerase chain reaction，PCR）和测序来筛选和鉴定基因编辑位点。然后将目标位点基因编辑的阳性植株与野生型植株杂交，获得不含 Cas9 的基因编辑位点的 T_2 植株。这些 T_2 植株的自交后代 T_3 即可用于植物工厂的实验，测试生长和产量方面的有效性。

目前，由于没有外源 DNA 导入目标植物中，CRISPR/Cas9 方法在作物科学中越来越流行，这可以缓解监管问题，社会也可能会更接受这些非转基因作物。纯化的 Cas9 和 gRNA 的预组装复合物已经可以转染到植物原生质体中，通过这种无外源 DNA 介导的目标基因诱变已在拟南芥和生菜、烟草及水稻等农作物中成功实现（Woo et al.，2015）。

从基因靶定到 CRISPR/Cas9 编辑成功及在人工光植物工厂中测试创制的"突变"植物，整个过程大约需要 1 年的时间，这比诱变或杂交育种等传统育种方法所需时间短很多。而与其他基因组编辑技术相比，如转录激活因子样效应物核酸酶技术（transcription activator-like effector nuclease，TALEN）和锌指核酸酶技术（zinc finger nuclease，ZFNs），CRISPR/Cas9 技术具有简单、低廉、高效的优势。

19.6 高密度种植优质作物

人工光植物工厂（PFAL）的主要目标之一是以最低的成本种植高密度和高质量的农作物，因此，在新鲜和绿色方面，PFAL 具有种植时间短、品质高的优势。为了确定在植物工厂条件下调控蔬菜产量的候选基因和蛋白质，首先需要鉴定出栽培过程中导致生理衰竭的原因。顶烧病是叶边缘褐变和坏死的一种常见生理病害，多发生在叶类蔬菜和水果中，如生菜、大白菜和草莓。由于栽培时间的延长和作物可售部分的减产，这种病害造成了巨大的经济损失和农业浪费。在生菜中，顶烧现象是叶片缺钙引起的，常见于被包围在中心部位的幼嫩叶片（Barta and Tibbitts 2000）。

调节叶片中钙的吸收和分布以减少顶烧现象有益于植物的健康。根叶系统中钙的转运蛋白包括钙/质子转运蛋白（calcium/proton exchanger，CAX）和自抑制钙 ATP 酶（autoinhibited calcium ATPase，ACA），这些钙转运蛋白存在于植物细胞的液泡膜、质膜和内质网中。其中，一些钙转运蛋白的功能阐明和证明了其调节植物细胞胞质和液泡区的钙浓度（图 19.6A）。研究发现，白菜 CAX1、ACA4 和 ACA11 表达水平在顶烧敏感和不敏感系中具有显著差异，且在各种非生物胁迫条件下均发生变化（Lee et al.，2013）。拟南芥 CAX1 的下调表达导致叶肉细胞液泡中钙的积累减少，且植物的生长、蒸腾作用和 CO_2 吸收均降低（Gilliham et al.，2011）。在植物叶片中，液泡中的钙浓度从叶基部到叶尖呈递减趋势（Lee et al.，2013）。液泡中钙浓度的增加可能有助于增加叶片中钙的利用率，这可在植物中过表达 *CAX1* 基因实现。例如，水稻 CAX1 的过量表达增加了其营养价值（Kim et al.，2005）。而在顶烧病中，或许可以通过 *CAX1* 基因的过表达避免蔬菜出现组织死亡和生长缓慢的发生。

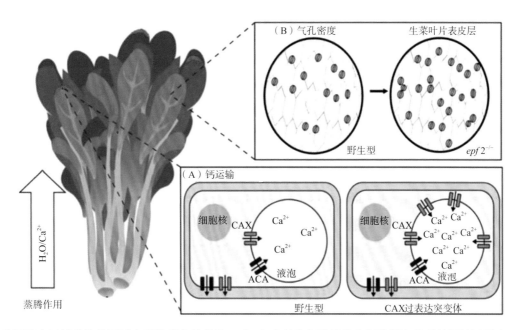

图 19.6　基因特定区域的修饰可减少顶烧现象的发生。（A）在植物细胞液泡和细胞膜中发现的钙转运蛋白 CAX 和 ACA 有助于将钙从细胞质转运到液泡和质外体区域。在叶片的顶烧区域，液泡和质外体的钙浓度显著降低。对 CAX 和 ACA 的基因编辑可增加钙的浓度和减少顶烧现象的发生。（B）蒸腾效率影响叶片钙的转运。蒸腾作用的增加提高了叶片中钙的可利用量。修饰调控气孔数量的基因，增加蒸腾速率，将有助于增加叶片中钙的浓度，从而减少顶烧现象。

蒸腾作用是植物中水分和养分运输的驱动力（Nilson and Assmann，2007）。蒸腾作用减少了 Ca^{2+} 向幼嫩叶片的运输是顶烧现象的间接原因之一，而蒸腾效率是由气孔的闭合和分布调控的。靶向调节气孔开启或密度的基因，增加蒸腾速率将有利于减少顶烧现象的出现（图 19.6B）。这些已知功能的基因信息可在有关于模式植物拟南芥的论文中获取。气孔特异性基因包含 *OST1*（*open stomata1*）、*TMM*（*too many mouths*）和 *EPF*（*epidermal patterning factor*）（Dow et al.，2017）。拟南芥 *EPF2* 的过表达抑制了气孔发育过程中原胚细胞向间质母细胞转变，进而降低了气孔密度（Hara et al.，2009）。在获取了基因序列信息之后，通过目标基因的敲除或者目标启动子对位点的特异表达，实现基因的表达量和叶片气孔数量增加。一种 Cas9 酶的变体可实现基因表达水平的编辑，但变体不具有核酸酶的活性，而只是充当了向导 RNA 的 DNA 结合蛋白（La Russa and Qi，2015）。最终，随着蒸腾作用的增加，Ca^{2+} 能够有效地转运到叶片，特别是幼嫩叶片，其表面积较小导致有效蒸腾较低。通过对气孔调控基因的分析和编辑，实现增加蒸腾速率和减少顶烧现象，并在 PFAL 最优生长条件下应用，从而提高产量和品质。

19.7　培育高价值作物

生产成本是人工光植物工厂（PFAL）需要考虑的首要问题。因此，建立商业性盈利的 PFAL 需要比室外种植的作物具有更高的价值。高价值作物包括具有功能成分和药用成分的叶类蔬菜和水果，以及能合成功能蛋白质和次生代谢产物等其他药物成分的植物。大量研究表明，控制营养成分、光强度和光辐射可使植物的某些特性达到消费者需求。例如，通过去除营养液中的 K^+ 和 Na^+，但同时保持 5% 的 Mg^{2+}，可为肾脏疾病患者栽培低钾蔬菜。另外，还可利用氨替代营养液中 NO_3^- 来生产低硝酸盐蔬菜。由于植物体内会积累硝酸盐，硝酸盐在肠道中会转化为亚硝酸盐，过量食用硝酸盐对人体有害，因此，低硝酸盐蔬菜是重要的食物来源。由于硝酸盐还原酶活性随着光强度增加而增强，因此植物体内的硝酸盐浓度随着光强度的增加而降低。

19.7.1 药用转基因植物

基因工程为植物合成药物提供了可能，如口服疫苗、抗菌剂和次级代谢产物。科研人员已经在水稻、马铃薯、大豆、生菜、番茄和草莓等植物中导入了编码功能蛋白的基因。而在这以前，通常采用大肠杆菌、酵母、哺乳动物细胞和昆虫细胞等生物系统来生产疫苗。而植物已经被认为是廉价、高效和卫生的疫苗和功能蛋白生产系统（Thomas et al.，2011）。利用植物进行生产降低了动物和人类病原体污染的风险。此外，在人工光植物工厂中种植这些转基因植物不仅为植物生长提供了最佳的生长条件，还降低了转基因扩散的风险，避免对食物链造成污染。

利用植物生产疫苗的一个主要缺点是疫苗剂量难以标准化。由于植物不同组织（如果实、叶和根）的基因表达水平和速率不同，导致很难标准化。而转基因工程技术修饰的转基因植物正面临着此类问题，即某些基因的过量表达。植物中基因的过表达具有以下两个缺点：①由于基因表达或植物天然基因和代谢途径的破坏，可能导致次生效应；②社会误解转基因是非自然的，认为会对人类健康和环境产生负面影响（Key et al.，2008）。

19.7.2 维生素生物强化的基因工程

消费者不仅根据价格来选择食物，还倾向于依据营养和其他对人体健康有益的标准选择食物。因此，在人工光植物工厂（PFAL）中种植能提供更高营养含量的蔬菜是产生额外价值的有效途径。重要维生素的缺乏会导致一系列轻度和重度的疾病，如维生素 A、维生素 B、维生素 C（L- 抗坏血酸）和维生素 E（Blancquaert et al.，2017）。PFAL 在为发达地区和没有新鲜食品供给的区域提供营养丰富的作物方面发挥着重要作用。

转基因方法成功地创制了新的作物品种，特别是营养成分增强的水稻、玉米和小麦，如维生素 A、维生素 B_2、维生素 B_9 和维生素 C（Farre et al.，2014）。相关研究针对维生素化合物的合成和降解代谢途径，利用遗传修饰改变了代谢途径中关键酶的表达水平。常见的策略是过表达代谢途径中的限速酶来增加代谢产量（图 19.7A）。虽然化学合成涉及多种酶的顺序作用，但少数限速酶的活性会极大地影响目标产物的含量。而另外一种有效方法是防止目标产物进一步转化为其他无效或不可用的产物（图 19.7B）。阻断副产物的代谢途径或负反馈调节也可增加目标产物的代谢产量（图 19.7C，D）。下面介绍的一个成功的实例是赋予了转基因水稻系丰富的维生素 B_9（叶酸）含量。

叶酸的生物合成涉及三个不同亚细胞区域的 11 步酶促反应。三磷酸二氢新蝶呤（DHN-P3）和对氨基苯甲酸（pABA）是细胞质和叶绿体中合成叶酸的两个主要前体，而线粒体是服务于叶酸生物合成后期的场所（图 19.8）。鸟苷三磷酸环化水解酶 I 型（GTPCHI）和氨基脱氧分支酸合成酶（ADCS）分别是催化 HMDHP 和 pABA 限速合成的关键酶。在水稻和番茄中，增加两种叶酸前体的含量，且同时过表达 GTPCHI 和 ADCS 成功使叶酸含量增加了 25 倍和 100 倍（Diaz de la Garza et al.，2007；Storozhenko et al.，2007）。而在生菜中过表达 GTPCHI 可显著但温和地提高叶酸含量，这可能与转基因生菜中 pABA 的供应不足有关（Nunes et al.，2009）。物种特定瓶颈的存在限制了有效的生物强化作用。例如，马铃薯中两种酶的过表达使块茎中的叶酸产量仅提高了 3 倍（Blancquaert et al.，2013）。这可能与马铃薯叶酸合成通路中存在其他限速因素或反馈调节有关。虽然精确控制代谢通量的某些问题仍待解决，但多种维生素生物合成途径的改良成功地创制了一个玉米新品种。与其亲本相比，该品种的维生素 A、维生素 B_9 和维生素 C 的含量分别提高了 169 倍、6 倍和 2 倍（Naqvi et al.，2009）。

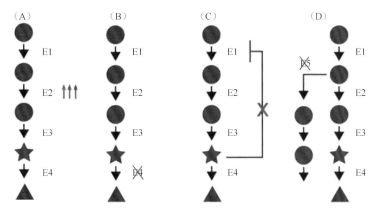

图 19.7　次生代谢途径的代谢工程策略。（A）过量表达限速酶以增强代谢通量；（B）使目标产物稳定产出；（C）减少抑制性反馈调节；（D）破坏副产物的代谢途径。图中的圆圈、星形和三角形分别代表中间产物、目标产物和由目标产物转化的低活性化合物

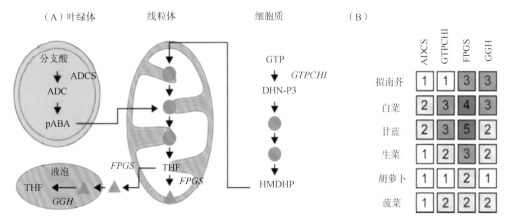

图 19.8　叶类蔬菜中叶酸的生物合成酶。（A）叶酸的生物合成途径。斜体基因代表合成途径中的关键酶，其表达水平可影响目标作物中叶酸含量。其中，化合物和酶的缩写分为：GTP，鸟苷三磷酸（guanosine triphosphate）；DHN-P3，三磷酸二氢新蝶呤（dihydroneopterin triphosphate）；HMDHP，6- 羟甲基二氢蝶呤（6-hydroxymethyldihydropterin）；ADC，氨基脱氧分支酸（aminodeoxychorismate）；pABA，对氨基苯甲酸（para-aminorbenzoic acid）；THF，四氢叶酸（tetrahydrofolate）；GTPCHI，鸟苷三磷酸环化水解酶 I 型（GTP cyclohydrolase）；ADCS，氨基脱氧分支酸合成酶（aminodeoxychorismate synthase）；FPGS，叶酰聚谷氨酰合酶（folylpolyglutamyl synthase）；GGH，γ- 谷氨酰水解酶（gamma-glutamyl hydrolase）。（B）拟南芥和蔬菜基因组中编码叶酸生物合成的酶

　　环境因素的变化会影响维生素、色素和其他次生代谢产物的组成。每个类型的植物都有自己的一套"最佳"光照和营养成分配方，以最大限度地合成所需化合物。这类环境调控机理应与基因工程的方法共同实施，以增加植物的营养价值和其他益处。

19.7.3　具有高抗氧化剂含量的植物

　　酚醛黄酮类化合物清除了光合作用产生的活性氧，并保护植物细胞成分免受氧化的损害。由于黄酮类化合物具有很强的抗氧化活性，使它成为人体中抗氧化和抗感染的重要植物营养素。环境和营养因素对植物抗氧化剂的单位产量具有重要影响。例如，不同LED红蓝光比例影响植物酚醛黄酮类化合物的合成。在紫外线胁迫条件下，诸如红叶生菜和草药等植物受到有害的紫外线（UV-B 和 UV-A）辐射后，其类黄

酮化合物中花青素的含量会增加。植物代谢工程技术可提高花色苷含量。尽管对调控代谢途径的关键基因和蛋白质以及紫外线辐射如何影响它们的表达模式知之甚少，但利用转录组测序技术可获取大量序列，并挖掘和鉴定出候选基因（Farré et al.，2014）。通过紫外线辐射处理与对照组作物全基因组的基因表达差异比对分析，可以鉴定出促进植物花色苷合成的基因调控网络。随着花青素和其他抗氧化剂代谢网络知识的不断增加，科学家们可提高生菜和羽衣甘蓝等人工光植物工厂中普通植物内含物的形成和含量。

19.8　展　　望

人工光植物工厂（PFAL）可实现对光照、温度、CO_2 浓度和营养液的成分等环境因素的完全调控，为任一植物的栽培提供了最佳条件。此外，由于几乎没有杂草或害虫的入侵，进而无须在该封闭区域内喷洒除草剂或农药。利用分子遗传学培育作物新品种还有待探索，故植物工厂技术将为城市农业产业化带来实质性的改善。然而，因为外源基因的非自然遗传导入使得"转基因生物"一词在食品上引发了争议。CRISPR/Cas9 技术提供了一种无须利用外源 DNA 即可轻松和精确地对作物编辑的方法。借助该现代化的生物技术，我们可以设计定制化的作物，从而克服诸如顶烧现象和栽培时间等的生理限制，并可根据需要生产优质蛋白。由于植物基因组中没有外源 DNA，CRISPR/Cas9 作物不需要经过监管程序审核，因此更受公众欢迎（Waltz，2016a）。基因组编辑技术应与植物基因和分子系统方面积累的知识相统一。在不久的将来，在人工光植物工厂中非常有希望实现高产、健康、新鲜蔬菜和高附加值作物生产，并扩大可栽培作物种类。

参 考 文 献

Barta DJ，Tibbitts TW（2000）Calcium localization and tipburn development in lettuce leaves during early enlargement. J Am Soc Hortic Sci 125：294-298

Blancquaert D，De Steur H，Gellynck X，Van Der Straeten D（2017）Metabolic engineering of micronutrients in crop plants. Ann N Y Acad Sci 1390：59-73. https://doi.org/10.1111/nyas.13274

Blancquaert D，Storozhenko S，Van Daele J et al（2013）Enhancing pterin and Para-aminobenzoate content is not sufficient to successfully biofortify potato tubers and Arabidopsis thaliana plants with folate. J Exp Bot 64：3899-3909. https://doi.org/10.1093/jxb/ert224

Chilcoat D，Bin LZ，Sander J（2017）Use of CRISPR/Cas9 for crop improvement in maize and soybean. Prog Mol Biol Transl Sci 149：27-46. https://doi.org/10.1016/bs.pmbts.2017.04.005

Clough SJ，Bent AF（1998）Floral dip：a simplified method for agrobacterium-mediated transformation of Arabidopsis thaliana. Plant J 16：735-743. https://doi.org/10.1046/j.1365-313X.1998.00343.x

Clouse SD，Sasse JM（1998）BRASSINOSTEROIDS：essential regulators of plant growth and development. Annu Rev Plant Physiol Plant Mol Biol 49：427-451. https://doi.org/10.1146/annurev.arplant.49.1.427

Collard BCY，Mackill DJ（2008）Marker-assisted selection：an approach for precision plant breeding in the twenty-first century. Philos Trans R Soc Lond Biol Sci 363：557-572. https://doi.org/10.1098/rstb.2007.2170

Damerum A，Selmes SL，Biggi GF et al（2015）Elucidating the genetic basis of antioxidant status in lettuce（Lactuca sativa）. Hortic Res 2：15055. https://doi.org/10.1038/hortres.2015.55

Díaz de la Garza RI，Gregory JF，Hanson AD（2007）Folate biofortification of tomato fruit. Proc Natl Acad Sci U S A 104：4218-4222. https://doi.org/10.1073/pnas.0700409104

Dow GJ，Berry JA，Bergmann DC（2017）Disruption of stomatal lineage signaling or transcriptional regulators has differential effects on mesophyll development，but maintains coordination of gas exchange. New Phytol 216：69-75. https://doi.org/10.1111/

nph.14746

Farré G，Blancquaert D，Capell T et al（2014）Engineering complex metabolic pathways in plants. Annu Rev Plant Biol 65：187-223. https://doi.org/10.1146/annurev-arplant-050213-035825

Funke T，Han H，Healy-Fried ML et al（2006）Molecular basis for the herbicide resistance of roundup ready crops. Proc Natl Acad Sci 103：13010-13015. https://doi.org/10.1073/pnas.0603638103

Gerlt JA（2017）Genomic enzymology：web tools for leveraging protein family sequence-function space and genome context to discover novel functions. Biochemistry 56：4293-4308. https://doi.org/10.1021/acs.biochem.7b00614

Gilliham M，Dayod M，Hocking BJ et al（2011）Calcium delivery and storage in plant leaves：exploring the link with water flow. J Exp Bot 62：2233-2250. https://doi.org/10.1093/jxb/err111

Hara K，Yokoo T，Kajita R et al（2009）Epidermal cell density is autoregulated via a secretory peptide，EPIDERMAL PATTERNING FACTOR 2 in arabidopsis leaves. Plant Cell Physiol 50：1019-1031. https://doi.org/10.1093/pcp/pcp068

Hörtensteiner S（2009）Stay-green regulates chlorophyll and chlorophyll-binding protein degradation during senescence. Trends Plant Sci 14：155-162. https://doi.org/10.1016/j.tplants.2009.01.002

Hsu PD，Lander ES，Zhang F et al（2014）Development and applications of CRISPR-Cas9 for genome engineering. Cell 159：313-319. https://doi.org/10.1186/s40779-015-0038-1

Jenni S，Truco MJ，Michelmore RW（2013）Quantitative trait loci associated with tipburn，heat stress-induced physiological disorders，and maturity traits in crisphead lettuce. Theor Appl Genet 126：3065-3079. https://doi.org/10.1007/s00122-013-2193-7

Jeuken MJW，Lindhout P（2004）The development of lettuce backcross inbred lines（BILs）for exploitation of the Lactuca saligna（wild lettuce）germplasm. Theor Appl Genet 109：394. https://doi.org/10.1007/s00122-004-1643-7

Jiang H，Li M，Liang N et al（2007）Molecular cloning and function analysis of the stay green gene in rice. Plant J 52：197-209. https://doi.org/10.1111/j.1365-313X.2007.03221.x

Jiang W，Zhou H，Bi H et al（2013）Demonstration of CRISPR/Cas9/sgRNA-mediated targeted gene modification in Arabidopsis，tobacco，sorghum and rice. Nucleic Acids Res 41：e188. https://doi.org/10.1093/nar/gkt780

Key S，Ma JKC，Drake PMW（2008）Genetically modified plants and human health. J R Soc Med 101：290-298. https://doi.org/10.1258/jrsm.2008.070372

Kim KM，Park YH，Kim CK et al（2005）Development of transgenic rice plants overexpressing the Arabidopsis H^+/Ca^{2+} antiporter CAX1 gene. Plant Cell Rep 23：678-682. https://doi.org/10.1007/s00299-004-0861-4

Kozai T（2013）Resource use efficiency of closed plant production system with artificial light：concept，estimation and application to plant factory. Proc Jpn Acad Ser B Phys Biol Sci 89：447-461. https://doi.org/10.2183/pjab.89.447

Krieger EK，Allen E，Gilbertson LA et al（2008）The Flavr Savr tomato，an early example of RNAi technology. Hortscience 43：962-964

La Russa MF，Qi S（2015）The new state of the art：Cas9 for gene activation and repression. Mol Cellular Biol 35：3800-3809. https://doi.org/10.1128/MCB.00512-15.Address

Lebeda A，Křístková E，Kitner M et al（2014）Wild Lactuca species，their genetic diversity，resistance to diseases and pests，and exploitation in lettuce breeding. Eur J Plant Pathol 138：597-640. https://doi.org/10.1007/s10658-013-0254-z

Lee D，Redfern O，Orengo C et al（2007）Predicting protein function from sequence and structure. Nat Rev Mol Cell Biol 8：995-1005. https://doi.org/10.1038/nrm2281

Lee J，Park I，Lee ZW et al（2013）Regulation of the major vacuolar Ca^{2+} transporter genes，by intercellular Ca^{2+} concentration and abiotic stresses，in tip-burn resistant Brassica oleracea. Mol Biol Rep 40：177-188. https://doi.org/10.1007/s11033-012-2047-4

Malzahn A，Lowder L，Qi Y（2017）Plant genome editing with TALEN and CRISPR. Cell Biosci 7：21. https://doi.org/10.1186/s13578-017-0148-4

Murat F，Louis A，Maumus F et al（2015）Understanding Brassicaceae evolution through ancestral genome reconstruction. Genome Biol 16：262. https://doi.org/10.1186/s13059-015-0814-y

Murovec J，Pirc Ž，Yang B（2017）New variants of CRISPR RNA-guided genome editing enzymes. Plant Biotechnol J 15：917-926. https://doi.org/10.1111/pbi.12736

Naqvi S，Zhu C，Farre G et al（2009）Transgenic multivitamin corn through biofortification of endosperm with three vitamins representing three distinct metabolic pathways. Proc Natl Acad Sci 106：7762-7767. https://doi.org/10.1073/pnas.0901412106

Nilson SE，Assmann SM（2007）The control of transpiration. Insights from Arabidopsis. Plant Physiol 143：19-27. https://doi.

org/10.1104/pp.106.093161

Nunes ACS, Kalkmann DC, Aragão FJL（2009）Folate biofortification of lettuce by expression of a codon optimized chicken GTP cyclohydrolase I gene. Transgenic Res 18：661-667. https://doi.org/10.1007/s11248-009-9256-1

Ohnishi T, Szatmari A-M, Watanabe B et al（2006）C-23 hydroxylation by Arabidopsis CYP90C1 and CYP90D1 reveals a novel shortcut in Brassinosteroid biosynthesis. Plant Cell Online 18：3275-3288. https://doi.org/10.1105/tpc.106.045443

Peng JR, Richards DE, Hartley NM et al（1999）"Green revolution" genes encode mutant gibberellin response modulators. Nature 400：256-261. https://doi.org/10.1038/22307

Sakuraba Y, Schelbert S, Park S-Y et al（2012）STAY-GREEN and chlorophyll catabolic enzymes interact at light-harvesting complex II for chlorophyll detoxification during leaf senescence in Arabidopsis. Plant Cell Online 24：507-518. https://doi.org/10.1105/tpc.111.089474

Sasaki A, Ashikari M, Ueguchi-Tanaka M et al（2002）Green revolution：a mutant gibberellinsynthesis gene in rice. Nature 416：701-702. https://doi.org/10.1038/416701a

Saurabh S, Vidyarthi AS（2014）RNA interference：concept to reality in crop improvement, pp 543-564. https://doi.org/10.1007/s00425-013-2019-5

Storozhenko S, De Brouwer V, Volckaert M et al（2007）Folate fortification of rice by metabolic engineering. Nat Biotechnol 25：1277-1279. https://doi.org/10.1038/nbt1351

Thomas DR, Penney CA, Majumder A, Walmsley AM（2011）Evolution of plant-made pharmaceuticals. Int J Mol Sci 12：3220-3236. https://doi.org/10.3390/ijms12053220

Tibbitts TW, Rama RR（1968）Light intensity and duration in the development of lettuce tipburn. Am Soc Hortic Sci 93：454-461

Waltz E（2016a）Gene-edited CRISPR mushroom escapes US regulation. Nature 532：293. https://doi.org/10.1038/nature.2016.19754

Waltz E（2016b）CRISPR-edited crops free to enter market, skip regulation. Nat Biotechnol 34：582-582. https://doi.org/10.1038/nbt0616-582

Woo JW, Kim J, Il KS et al（2015）DNA-free genome editing in plants with preassembled CRISPRCas9 ribonucleoproteins. Nat Biotechnol 33：1162-1164. https://doi.org/10.1038/nbt.3389

Xu R-F, Li HHH, Qin R-Y et al（2016）CRISPR/Cas9：a powerful tool for crop genome editing. Nat Biotechnol 7：1-12. https://doi.org/10.1093/mp/sst121

Yin K, Gao C, Qiu J-L（2017）Progress and prospects in plant genome editing. Nat Plants 3：17107. https://doi.org/10.1038/nplants.2017.107

Zeljenková D, Aláčová R, Ondrejková J et al（2016）One-year oral toxicity study on a genetically modified maize MON810 variety in Wistar Han RCC rats（EU 7th framework Programme project GRACE）. Arch Toxicol 90：2531-2562. https://doi.org/10.1007/s00204-016-1798-4

Zhou C, Han L, Pislariu C et al（2011）From model to crop：functional analysis of a STAY-GREEN gene in the model legume Medicago truncatula and effective use of the gene for alfalfa improvement. Plant Physiol 157：1483-1496. https://doi.org/10.1104/pp.111.185140

第20章
高附加值植物的生产

Shoko Hikosaka　著

许建初，郭建伟，董　扬，郭晓云，韦坤华，黄燕芬　译

摘　要：过去20年，人类为了利用植物的初级和次级代谢产物，已经有目的地进行大田和温室植物栽培。然而，大田和温室的环境条件受气候条件影响。近来，人工光植物工厂的研究和发展，使人为控制环境条件并高效地生产目标物质成为可能。本章介绍一些利用人工光照系统改变光照、温度等环境条件有效提高蔬菜、药用植物、转基因植物次级代谢产物的研究实例。近年来人类已发展了蔬菜、水果、农作物等各种功能食物。在人工光植物工厂，通过调节光强、蓝/红光值、紫外光照射、较低的根际温度等各种环境条件，能够提高功能性和药用化合物的浓度和含量。因此，人工光植物工厂能有效地促进植物功能性化合物的积累，还可以根据客户需求（对植物花的特征、颜色、形状等的需求）定制不同特征的植物。全封闭植物生产系统是利用转基因植物高效、稳定生产植物药的关键技术与先进设施。为了稳定、优质地生产植物药，亟需优化全封闭植物生产系统内的每种转基因植物的环境控制程序。如今，植物被认为是智能细胞，能够产生包括对人类有用的物质在内的多种次级代谢产物。基于高通量基因、代谢物分析、生物信息学分析技术的近期发展，将助力快速选择富集次级代谢产物的环境条件。

关键词：生物活性化合物；药用植物；植物药；次级代谢产物；转基因植物

20.1　引　言

在人工光植物工厂（PFAL）内，可以通过调控使植物的生长环境远远不同于自然环境，促使植物能有效地生产对人类有用的物质。此外，适宜环境条件可以从小尺度的生长箱实验得到，这意味着控制环境条件可以种植那些目前在自然环境或温室仍不适宜种植的植物。而且，扩大栽培植物范围成为可能，这些植物将提供比以前更多的目标器官和化合物。本章将概述人工光植物工厂内高附加值植物环境控制的方法：①园艺作物的功能性化合物，②药用植物内的生物活性化合物，③转基因植物产生的药用和功能蛋白。最后，将介绍"智能细胞项目"，它是由当前日本政府着力推进，旨在在人为环境中高效地生产植物中的活性物质。

20.2　高附加值植物的分类

对目的植物的分类如图20.1所示，包含消费者日常需求较高的园艺作物到日常需求较低的药用植物。

相比之下，药用植物的生物活性化合物产量相对较高。同时，蔬菜的栽培条件广为大众熟知，遗传变异小，相关知识与信息非常丰富，然而药用植物的这些信息却是相对未知的、广泛而有限的。有些植物，如红紫苏，虽是同一个种，但根据品种被分为草本、药用等不同的类别。园艺作物的遗传变异也小于中草药或药用植物。

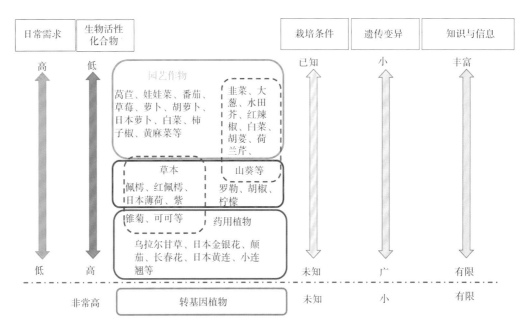

图 20.1　高附加值植物的分类

然而，高附加值的转基因植物，主要生产如疫苗、酶等蛋白质，目标蛋白质浓度也比较稳定。目标蛋白高产转基因植物的遗传变异虽小，相关知识和信息却有限，其栽培条件目前仍然是未知的。因此，转基因植物的类别与图 20.1 中的非转基因植物分开单独展示。

20.3　园艺作物中的功能性化合物（植物化学物质）

20.3.1　背景

尽管全球的人类生活品质已随着快速的城市化而改善，但在许多发展中国家因为营养不良或不平衡的饮食导致的患者人数却不断增加。很多流行病学研究报道，水果和蔬菜与心血管疾病、癌症、糖尿病、阿尔茨海默氏病、白内障和与年龄有关的功能衰退等疾病风险降低密切相关（Liu，2003）。为了减少医疗费用，政府推动很多活动鼓励群众改善饮食。因此，人们更愿意选择高品质食物与功能性食物。然而，为了维持良好健康所需的适宜饮食，消费足够的促进健康的功能性化合物并适当减少总的食物摄入是必需的。因此，含有大量功能性化合物的谷类、蔬菜和水果的生产是必要的。

20.3.2　植物中的功能性化合物

为了阻止细胞内活性氧的产生，植物进化出了一套复合的抗氧化防御系统。这个系统中无数的分子属于次生代谢产物的化合物范畴。总体上，次生代谢产物包括色素、酚类（Bartwal et al.，2013）等。日本政府的教育、文化、体育、科学和技术部为了系统化非营养性的植物功能性物质，列出了含类黄酮 / 多酚、萜类 / 类胡萝卜素、含硫化合物、挥发性成分和香料的化合物、含量和功能清单（Hibino，2004）。与药用植物相比，这些功能性化合物在蔬菜和水果中的含量不高。而且功能性蔬菜和水果的消费量和市场规模对药用植物具有压倒性的优势。因此，推荐经常消费这些化合物。

20.3.3　功能性化合物的目标含量

为了在人工光植物工厂内栽培具有高附加值的功能性植物，这些植物中的功能性化合物的含量应该显著高于其他品种，而且这些价值能够直观地呈现给消费者。2015 年 4 月，日本政府引入了一个被称为"功能食品"的"健康食品"系统（图 20.2，日本政府消费者事务局），促使大量产品明确标出具有某些营养或健康功能以便消费者做出更明智的选择。为了支持这个系统，农林渔研究委员会向农民介绍了适当展示所必需的技术信息（http://www.affrc.maff.go.jp/kinousei/gijyututekitaio.htm）。

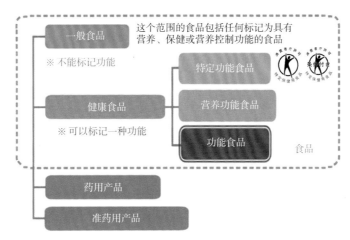

图 20.2　日本消费者事务处"功能食品"标签系统的介绍（http://www.caa.go.jp/foods/pdf/151224_1.pdf）

尽管有标签的蔬菜和水果具有很高的价值，但农民全年仍需保持植物中功能性化合物的稳定含量。因此，功能性化合物在植物中的稳定富集需要人工光植物工厂的技术发展支撑。由于植物次生代谢产物的含量随培养过程中的环境条件变化而剧烈变化，因此在人工光植物工厂中稳定生产是可行的。此外，由于人工光植物工厂创造了在露天田地或温室中无法创造的环境条件，因此预期功能性化合物的含量将高于田间或温室中种植的植物。

20.3.4　环境条件

为了使功能性化合物在植物中稳定富集，首先必须确定能够生产高浓度相关功能性化合物的合适品种。Li 等（2011）报道，菠菜中 β- 胡萝卜素和叶黄素的含量跟品种有很大关系。而且，必须开发环境控制技术以实现所选品种所需的形态、质地和功能性化合物浓度。由于功能性化合物可以抵御各种环境胁迫，因此非生物胁迫与生物胁迫可以用来诱导植物产生功能性化合物（Bartwal et al.，2013；Dixon and Paiva，1995）。

光是一个重要的环境变量，可通过调控诸如温室、植物工厂等可控环境中的光提高功能性化合物（植物化学物质）的含量（Goto et al.，2016）。许多报道表明，高光强（Li et al.，2011）、蓝光（Johkan et al.，2010；Son and Oh，2013）、紫外光（Lee et al.，2014；Goto，2012，Goto et al.，2016）或者蓝光与紫外光联合能够提高功能性化合物的含量与抗氧化能力。根据许多报道，高强度和短波长的光（蓝色和紫外光）往往会增加功能性化合物（植物化学物质）的含量，从而保护组织免受过多光能产生的损伤（图20.3）。相反，红光和远红光等长波长的光分别增加生物量和叶片面积（Holopainen et al. 2017）。因此，光质、光强和照射时间的组合有利于促进人工光植物工厂中植物的生长与功能性化合物的含量。

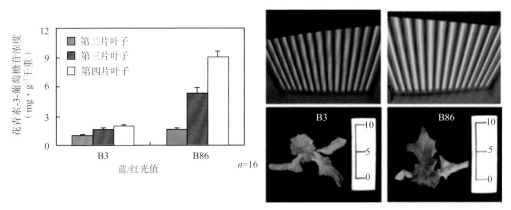

图 20.3　蓝／红光值对生菜（*Lactuca sativa* L. "Red Fire"）叶片中花青素含量的影响

然而，众所周知，空气或根际温度，特别是低温能够增加抗坏血酸（Ito et al.，2013）、包括花青素在内的黄酮类化合物（Solecka et al.，1999）、苯丙素类（Janasa et al.，2002）的含量。总体而言，低温、缺水、高光强、紫外光等环境胁迫，能够提高组织内的活性氧含量。因此，活性氧可诱导抗氧化化合物的生物合成与积累。尽管长期的低空气或根际温度抑制植物的生长，但短期处理能够在不抑制植物生长的情况下增加植物中功能性化合物的含量。此外，许多研究还报道了植物及已收获的果实对受控的空气或气体的响应（Sharmaa and Davisa，1997）。这些受控的空气或气体能被整个植物吸收，并且有望在整个植物叶片中诱导应答。这些环境刺激和组合有望改善人工光植物工厂中植物的品质。

20.3.5　结论

近年来，人们已开发出谷物、蔬菜、水果和茶等各种功能性食品。另外，在人工光植物工厂中，光强、蓝／红光值、紫外光、根际低温和受控空气等各种环境因素的调控应用增加了功能性化合物的含量和产量。因此，人工光植物工厂能够培养植物稳定地积累高含量的功能性化合物，并且可以根据消费者对形状、颜色和风味等的需求栽培植物。

20.4　药用植物

20.4.1　药用植物产业的世界市场与当前条件

药用植物和草本植物是化妆品、香料、药品和功能性食品的原材料。传统医疗保健从业者、传统医生及家庭的使用促使对其的需求量日益增加。根据消费者与供应商电子商务云平台查询，2014 年全球植物药物和植物来源药物的市场价值高达 244 亿美元。2020 年全球市场价值有望达到 354 亿美元，2015 ~ 2020 年的年增长率达 6.6%（The International Trade Centre，2017）。预计在 2017 ~ 2027 年，该市场在亚太地区将显著增长。为了进一步发展该市场，制造商需要在产品研发方面投入更多资金改善其产品组合（Future Market Insights Global & Consulting Pvt. Ltd.，2017）。

　　目前，药用植物资源的供应出现了很多问题。近些年，由于全球对药用植物的需求增加，导致栽培和野生药材及其产品价格上涨，从中国进口初级药品的价格随之上涨（Kang，2008，2011）。此外，人口老龄化和城市化导致劳动力短缺，劳动力成本随之增加（Kang，2008，2011）。野生药用植物的过度采集还导致许多主要药用植物生产国的荒漠化，亚欧国家对初级药物的需求增加导致了初级药物资源更加严重的短缺（Kang，2008；Koike et al.，2012）。中国作为药用植物的主要生产国家，已经限制了药用植物的出口，导致日本等药用植物进口国的供应不足。此外，药用植物的农药残留也存在问题。日本国内消费药用植物的 90% 需要从海外进口（图 20.4，日本汉方药品制造商协会），并且进口成本也在逐渐增加（图 20.5）。因此，在不久的将来，温室或人工光植物工厂内药用植物的安全高效生产技术亟需发展。

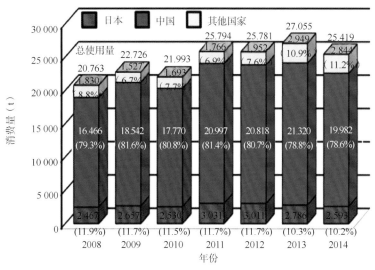

图 20.4　日本、中国和其他国家 / 地区的药用植物消费量（日本汉方药品制造商协会）

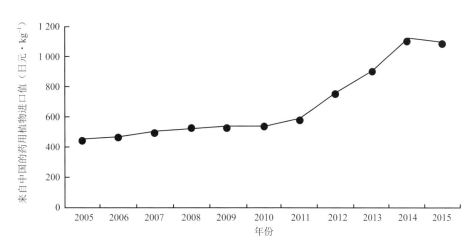

图 20.5　从中国进口的药用植物的成本（2016 年内阁秘书处卫生政策办公室）

20.4.2 人工光植物工厂中药用植物产品的优缺点

在人工光植物工厂内，不施用杀虫剂和杀菌剂等农药、每年生产具有理想性状和药用有效成分含量的高质量药用植物是可行的。因此，人工光植物工厂似乎是解决上述药用植物生产相关问题的有效途径。然而，由于药用植物大多数每年收获一次且传统上消费干燥植物（目前并未考虑药用化合物的组成和含量变化，室外和温室生产是全球通行的方法），目前用于药用植物商业化生产的设施很少，而关于在人工环境条件下生产药用植物的研究也很少。

现有的许多人工光植物工厂（除去研究和展览设施，截至 2016 年 3 月日本约有 191 家）生产叶用蔬菜，主要是生菜（日本设施和园艺协会）。当前，包括人工光型和太阳光利用型（温室）的植物工厂常年被用于生产含有维生素等人类所需的不稳定营养的园艺作物。由于药用植物仅在需要时才被摄入，许多药用植物所含的生物活性化合物的含量够高，只要使用很小的一部分就足够了。因此，通常一年采集一次野生植物或收获栽培品种、将其长时间保存就能满足需求。在生产价格是有限的或假设市场规模接受长期保存的产品时，在人工光植物工厂中生产含传统汉方药品的药用植物是不切实际的。

20.4.3 人工光植物工厂内药用植物生产的优点

目前，许多经营利润丰厚的商业人工光植物工厂正在生产叶用蔬菜及其幼苗。由于种植技术和成本方面的问题，人工光植物工厂生产的水果蔬菜、块根蔬菜、谷物和药用植物少于叶类蔬菜及其幼苗。为了建立药用植物的商业生产方法和栽培技术，需要解决以下问题：

（1）在各种类型的药用草本植物中选择适宜人工光植物工厂内栽培的类型。
（2）选择高效积累药效化合物的目标器官与生长阶段。
（3）一些药用植物高大，致使人工光植物工厂内栽培困难。
（4）药用植物的育种发展缓慢，遗传变异大，植物形状与生长速率各异。
（5）基础的生态学特征知识不足，一些药用植物的开花与休眠仍是未知的。
（6）最适合光合作用的环境条件和栽培方法也是未知的。
（7）依据目标器官不同，有些栽培需要持续多年，如根类。
（8）增大目标器官和提高目标化合物含量的条件未知。
（9）市场规模小，与其他园艺作物相比药用植物的商业价值未知。

尽管解决这些问题并不容易，但预计在不久的将来，将针对人工光植物工厂中药用植物生产的适宜栽培品种开展专门研究与开发。例如，具有高生物活性化合物含量的、具有预期的高价格或常年需求的小型药用植物，应优先在人工光植物工厂进行商业生产。由于非处方（OTC）药物、补品、化妆品原料或高需求药物（如抗癌药、抗阿尔茨海默氏病）价格不受政府对药品价格的管制，利用人工光植物工厂生产用于上述药品的药用植物是具有优势的。

由于人工光植物工厂能控制环境因素，可以为植物和目标器官的生长提供适宜的环境条件（Malayeri et al., 2010; Mosaleeyanon et al., 2006; Zobayed et al., 2005a）和紫外光、温度等环境胁迫。

而且，人工光植物工厂适合药用植物的大规模周年育苗生产。即使人工光植物工厂在药用植物的长期栽培方面不具备经济优势，但在种苗的生产和销售方面具有优势。

20.4.4 品种

药用植物含有苯丙烷、类黄酮和萜类化合物，它们也是功能性蔬菜中常见的生物活性化合物。此外，它们所含生物碱的含量通常高于功能性蔬菜中的含量。由于这些生物活性化合物的含量随品种的不同而有很大差异，因此首先必须找到合适的药用植物品种，以便有效地生产它们。此后，有必要开发环境控制技术以增加药用植物目标器官产量并确保达到目的生物活性化合物的含量。图 20.6 显示了两种紫苏中紫苏醛含量的差异，一种用作药物，另一种用作食品（图 20.6）。

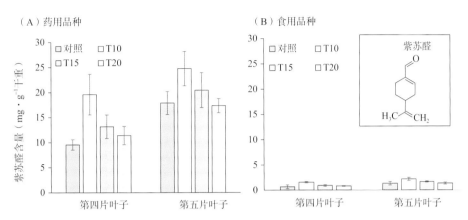

图 20.6　两种紫苏 Perilla frutescens（L.）和 Britt. var. acuta（Thunb.）Kudo 中的紫苏醛含量。（A）用于药品，（B）用于食物。T10、T15 和 T20 表示施用于植物 6 天的营养液温度，分别为 10 ℃、15 ℃和 20 ℃（Ogawa 的未发表数据）

20.4.5　环境条件

药用植物的目标器官包括叶、茎、根、花、芽和果实，同时目标生物活性化合物包括苯丙素类、类黄酮、类胡萝卜素和生物碱。以前的许多研究都关注环境因素和胁迫对药用植物生长和生物活性化合物含量的影响。

通常，生物活性化合物的产量（总含量）随目标器官的生物量增加而增加。因此，实现药用植物高效生产的第一步是创造光合作用与生长的最佳条件。但是，增加植物生长和增加药用化合物含量所需的条件可能有所不同。

其次，应向植物施加适当的环境刺激，以增加植物每单位干重目标生物活性化合物含量。在收获器官的最大化生长后逆境处理可以有效提高生物活性化合物的含量。包括温室实验等前人研究表明，紫外光（Ebisawa et al.，2008a，b；Hikosaka et al.，2010）、低温（Christie et al.，1994；Miura and Iwata，1983）、根区低温（Sakamoto and Suzuki，2015；Voipio and Autio，1994）、盐（Hichem and Mounir，2009；Sreenivasulu et al.，2000）、干旱（Bettaieb et al.，2011；Cheruiyot et al.，2007）、臭氧（Booker and Miller，1998；Sudheer et al.，2016）等胁迫提高药用植物和草药中生物活性化合物的含量和/或产量。在本节中，我们介绍了在人工光植物工厂中通过环境控制来增加药用植物中生物活性化合物含量的实验研究结果。

20.4.5.1　光（光合有效辐射）

包括光周期、光质和光强等光照条件，能够影响植物的生长速率和形态建成，并间接影响次生代谢产物的产生。一旦确定了目标药用植物的最佳光照条件范围，在人工光植物工厂中促进目标器官的生长并实现其高产量的难度就会降低。许多报道指出，因为所有次生代谢产物均来自光同化物，不管是否能增加目标生物活性化合物的含量，足够的光照一定会增加目标器官的总产量。例如，冬季温

图 20.7　金银花的花蕾（忍冬）

室内补充光照，虽然日本金银花（*Lonicera japonica* Thunb.）（图 20.7）主要生物活性化合物（绿原酸和木犀草素）的含量没有提高，但提高了花芽数（目标器官）（Hikosaka et al., 2017）。Higashiguchi 等（2016）研究表明，142 μmol·m⁻²·s⁻¹ PPFD 与 24/0 h 光 / 暗周期的高光强处理，既能促进白花蛇舌草生长又能促进车叶草苷浓度提高，成功地促使车叶草苷、萜类物质含量最大化。

至于生物碱的积累，长春花叶片中长春花碱和文多林等生物碱含量提高的最佳光照是 150～300 μmol·m⁻²·s⁻¹ PPFD 的红光（Fukuyama et al., 2015）。这两种化合物是重要的高价抗癌药。先前研究表明，在红色光下长春花碱和文多林的产量，大于蓝光、红蓝光的混合及荧光灯提供的白光下的产量。

20.4.5.2　紫外光

许多研究集中于环境因素和胁迫对乌拉尔甘草生长与甘草甜素含量的影响（Afreen et al., 2005；Hou et al., 2010；Sun et al., 2012；（图 20.8）。日本薄荷（*Mentha arvensis* L. var. *piperascens*）是唇形科的一种植物，用作草药。经紫外光照射后，日本薄荷能够提高 L- 薄荷醇产量和抗氧化能力（Hikosaka et al., 2010）。在人工光植物工厂中，紫外光主要被植物的上层叶片吸收，因此紫外光对上层叶片的影响显著高于下层叶片（图 20.9）。

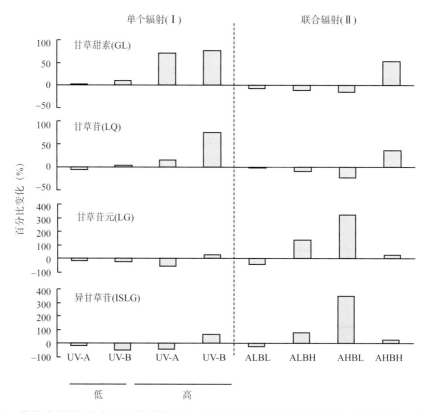

图 20.8　与对照相比，紫外线辐射对乌拉尔甘草干燥根中 4 种药物成分含量变化的影响。甘草甜素、甘草苷、甘草苷元、异甘草苷是甘草根中的主要类黄酮物质（Sun et al., 2012）

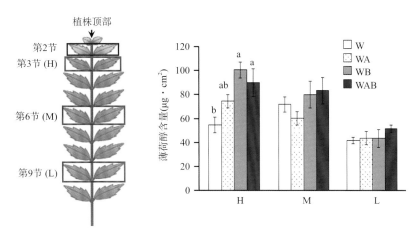

图 20.9 紫外光对日本薄荷（*Mentha arvensis* L. var. *piperascens*）上层叶（H）、中层叶（M）和下层叶（L）中 L- 薄荷醇含量的影响（Hikosaka et al., 2010）。W、WA、WB 和 WAB 分别表示光源为荧光灯（FL）、荧光灯 + 紫外光 -A、荧光灯 + 紫外光 -B 和荧光灯 + 紫外光 -A + 紫外光 -B

20.4.5.3 温度

众所周知，气温和根际温度能引起植物的许多生理生化变化并改变次生代谢产物产量。总体而言，适宜植物生长的温度范围能提高目标器官的生物量，但不能改变或降低每单位干重物质的目标化合物含量。利用过高或过低的气温或根区温度降低植物光合作用，可以有效提高生物活性化合物含量。

例如，在一项研究中，高温（35 ℃）处理能够提高贯叶连翘 [*Perilla frutescens*（L.）Britt. var. *acuta* Kudo] 枝条中的金丝桃素、假金丝桃素和贯叶金丝桃素浓度（Zobayed et al., 2005b）。在紫苏中，短期（6 d）10 ℃的根际温度处理可以在不降低生长的情况下增加迷迭香酸和木犀草素的含量（图 20.10）（Ogawa et al., 2018）。

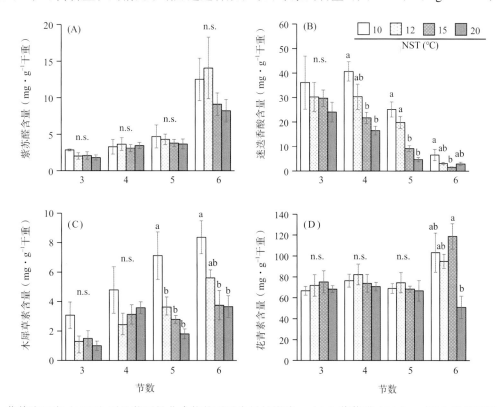

图 20.10 营养液温度（NST）对生物活性化合物的干重含量的影响；（A）紫苏醛（PA）；（B）迷迭香酸（RA）；（C）木犀草素（LU）；（D）花青素（ANT）。竖线表示标准误（*n*=6）。不同字母表示 Tukey-Kramer 检验的显著性差异水平在 *P* < 0.05，n.s. 表示无显著差异（Ogawa et al., 2018）

20.4.6　结论

尽管目前全球药用植物的商业化生产设施很少，但人工光植物工厂有望减少农药使用并提高生物活性化合物的质量与产量。人工光植物工厂适宜于药用植物的规模化、年度化育苗。然而，最大化不同品种和不同生长期药用植物及其对应的生物活性化合物产量的最佳环境控制技术，需要进一步的深入研究和开发。

20.5　转基因植物的药用和功能蛋白生产

20.5.1　植物生物反应器制药生产的方法

利用转基因植物生产药用和功能蛋白的概念，已经提出了几十年。转基因植物制造药物增强哺乳动物（如人类和家畜）的免疫功能，相对利用其他生物基（如动物、细胞或微生物）表达的传统生产方法具有很多优势（Daniell et al.，2001，2009；Ma et al.，2003；Sack et al.，2015；Sainsbury and Lomonossoff，2014；Yao et al.，2015），例如，植物表达系统相比埃希氏大肠杆菌、酵母或哺乳动物表达方法，动物病原菌（如朊病毒、病毒和支原体）污染的风险很低，安全性得到加强。而且，植物栽培和植物制造药品的成本，仅有哺乳动物细胞培养体系的 0.1%、微生物体系的 2% ～ 10%（Yao et al.，2015）。如今，在包括日本在内的某些国家，已经开始利用转基因植物进行药用和功能蛋白的商业化栽培与生产。

在植物生物反应器制药的两个主要方法（图 20.11）中，一种是使用稳定的转基因植物的方法，该方法依赖于稳定种子繁殖的产生，包含传统的脱氧核糖核酸（DNA）修饰进行重组蛋白表达。尽管再生有时会很费时，但是当寄主植物是生菜、草莓和水稻等园艺作物时，该方法的最大优点是无需中间提取和过滤过程即可稳定表达和食用。

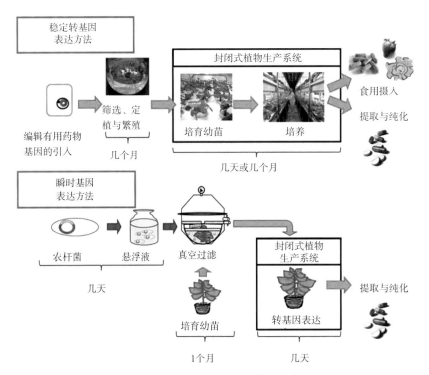

图 20.11　通过稳定的转基因品系和瞬时基因表达方法生产药用蛋白的过程（Saito 和 Shiraishi 绘制）

另一种方法是瞬时基因表达，涉及它们在植物组织中的生产，无须修饰宿主植物就能在数天之内快速生成重组蛋白。总之，这个方法需要提取和过滤来获得最终的植物生物反应器制药。目前，该产品生产规模可以扩大到与商业相关的水平。然而，这两个方法的问题在于植物栽培环境条件（Sack et al.，2015）、基因沉默、糖基化（Leuzinger et al.，2013；Sainsbury and Lomonossoff，2014；Yao et al.，2015）导致的产量不稳定，以及植物组织中苯酚的降解和影响引起的表达蛋白的低产（Ahmad，2014）。

20.5.2　用于植物生物反应器制药生产的全封闭植物生产系统

对于 20.5.1 节提到的两个植物生物反应器制药生产方法，植物需要栽培在具有过滤器和高压灭菌设施等仪器的全封闭植物生产系统中避免基因扩散。因此，全封闭植物生产系统（一个专业化的人工光植物工厂）的建造，是一项确保获得稳定植物生物反应器制药生产的关键技术。

转基因植物生产所需的全封闭植物生产系统内的环境控制更加重要，可食用转基因植物中的稳定表达对于达到药物标准至关重要。而且，环境控制更加复杂，稳定转基因植物的栽培贯穿整个生长期，比瞬时基因表达植物的栽培时间长。Goto（2011）指出，稳定转基因植物所需的全封闭植物生产系统，是支持药用和功能蛋白稳定生产的重要技术。作为第一种实用方法，2007 年日本国家先进工业科学技术研究所（AIST）建立了一个用于植物生物反应器制药生产的全封闭植物生产系统（图 20.12）。

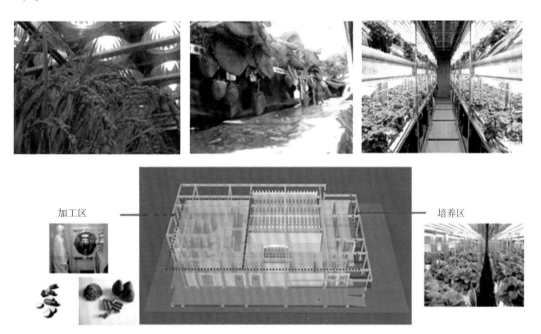

图 20.12　日本国家先进工业科学技术研究所全封闭植物生产系统

几个研究小组在生菜（Matsui et al.，2011）、番茄（Sun et al.，2007）、水稻（Sugita et al.，2005）、草莓（Hikosaka et al.，2013）和大豆（Maruyama et al.，2014）中成功地引入了与植物生物反应器制药相关的基因，并证实了蛋白质在上述植物中的积累。兽药生产是全封闭植物工厂的一个成功应用案例，如稳定的转基因四季草莓生产的草莓干扰素 α，作为世界第一例稳定转基因植物生产的药物，2013 年已被批准使用。日本国家先进工业科学技术研究所（AIST）的研究小组联合北山有限公司和北里研究所（图 20.13），合作开发可以产生犬干扰素 α 的稳定转基因草莓。

图 20.13　生产犬用医药干扰素 α 的转基因草莓

（http://www.hokusan-kk.jp/product/interberry/index.html；https://unit.aist.go.jp/bpri/bpri-pmt/result_e.html）（2017 年 12 月 18 日）

20.5.3　稳定转基因植物的环境控制

全封闭植物生产系统是利用上述稳定转基因植物有效、稳定地商业化生产功能蛋白的先进的必备设施。在最大化地缩短栽培期、降低能源和资源消耗的前提下，最大化地提高目标器官（如叶片、果实和或根）产量、目标功能蛋白的积累，优化环境条件是高效获得产品、减少总成本的必要措施。例如，优化转基因草莓和水稻的营养生长与生殖生长阶段的每个环境因素至关重要（图 20.14）。

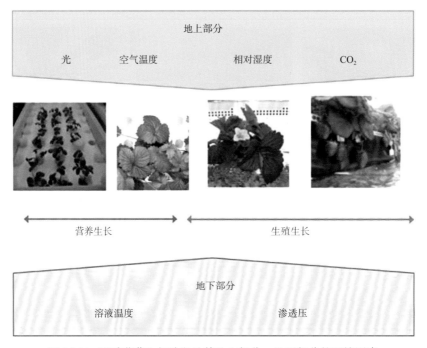

图 20.14　四季草莓生长阶段及其地上部分、地下部分的环境因素

过去 10 多年来，研究人员使用多种稳定的转基因水稻（Kashima et al.，2015）和四季草莓（Hikosaka et al.，2009，2013），研究了植物生物反应器制药有效生产所需的最佳环境条件。我们发现非转基因和稳定转基因四季草莓营养生长（Miyazawa et al.，2009）、花芽萌发阶段所需的环境条件是相同的。例如，持续光照（如 24 h 光周期）和光照累积能促进非转基因和转基因四季草莓开花。而且，在 16 h 光周期中蓝光对转基因草莓开花的促进作用强于红光（Yoshida et al.，2012）。

然而，转基因植物目标基因表达和目标蛋白积累的适宜生长条件仍是未知的，因而有必要研究每个稳定转基因植物的相关适宜生长条件。研究表明，光质能够影响稳定转基因四季草莓果实尤其是成熟期果实的人类脂联素蛋白浓度，该蛋白可以提高人类免疫力（Hikosaka et al.，2013，图 20.15）。

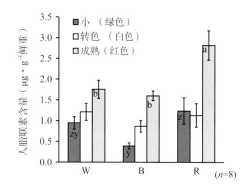

图 20.15　光质〔白光（W）、蓝光（B）、红光（R）〕对人脂联素表达四季草莓不同成熟期果实人脂联素含量的影响（$n=8$），竖线表示标准误。不同的字母表示显著性差异。红光促进人脂联素的积累（Hikosaka et al.，2013）

根据研究结果，稳定转基因四季草莓含有两个启动子（SV10 和 35S 启动子）和三个目标基因的不同组合，每个生长阶段展示出人脂联素、牛 α- 乳白蛋白和 β- 葡萄糖醛酸苷酶等目标蛋白的不同积累响应（图 20.16）。如图 20.16 所示，对于每个转基因株系，应独立检查转基因植物中目标蛋白的积累。因此，还不清楚目标器官的高生长速率和短收获期是否意味着目标蛋白的高表达和高产量。

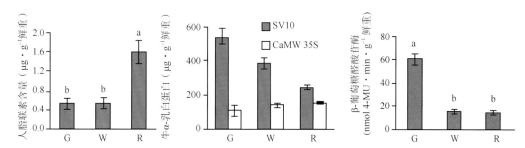

图 20.16　三种重组蛋白（人脂联素、牛 α- 乳白蛋白和 β- 葡萄糖醛酸苷酶）和两种启动子（SV10，草莓叶脉带状病毒；CaMV 35S，花椰菜花叶病毒 35S），这些蛋白在四季草莓的绿色（G）、白色（W）、红色（R）成熟果实中产生（Hikosaka et al.，2011）

至今尚未建立稳定转基因植物的稳定、高效植物生物反应器制药生产体系。然而，不久的将来，将开发出高表达水平的基因载体和启动子、全封闭植物生产体系中目标转基因植物的完善环境控制等先进技术。

20.5.4　转基因表达方法的环境控制

瞬时基因表达方法的最重要优点是可以快速生产抗流行病的植物生物反应器制药（疫苗和抗体）。近年来，美国、加拿大、欧盟和其他国家中的某些公司通过瞬时基因表达方法建立了商业水平的植物生物反应器制药工厂（用于植物生物反应器制药生产的人工光植物工厂）。Medicago Inc. 制药公司团队的 D'Aoust 等（2010）报道了成功地大规模生产流感病毒胶囊的最新进展。

该方法中最受欢迎的寄主植物是分子研究中常用的模式植物——本氏烟草。一些使用瞬时基因表达方法的商业植物制药工厂，预侵染阶段（接种前）在温室种植本氏烟草，以便在生长阶段大量生产并节省成本。然而，温室内的环境条件不如全封闭植物工厂内稳定，因而植物体型和叶片大小常随温室环境改变而变化，导致自动化侵染（接种）处理带来一定的成本和劳力消耗。

采用瞬时基因表达方法进行植物生物反应器制药生产，不如可食用转基因植物的表达稳定，因为瞬时基因表达方法生产植物生物反应器制药需要进行提取、纯化、质量检查和浓度调节的过程。但是，如上所述，所有转基因植物都必须种植在封闭式植物药品工厂。因此，许多研究人员为了确保目标蛋白的高表达和高产量，对最佳环境条件和收获时机进行了研究。Fujiuchi 等（2016）指出，本氏烟草所有叶片中血凝素（HA，流感病毒抗原蛋白）的积累受环境条件影响。Matsuda 等（2012）指出，光强影响血凝素积累。Patil 和 Fauquet（2015）指出，光强和温度显著影响农杆菌侵染接种本氏烟草中沉默信号的系统传导。

先前研究表明，本氏烟草中目标蛋白的表达与积累所需的最佳环境条件因表达基因不同而存在差异。这些基因不仅是目标蛋白的基因，还有启动子和载体等其他相关基因。也就是说，接种后阶段的特定环境条件可能并不适宜于其他蛋白质的产生。尽管瞬时基因植物表达方法比稳定转基因植物栽培方法的优化环境时间短，瞬时基因表达高表达的方法仍需要进一步研究。

20.5.5 结论

全封闭植物生产系统是植物生物反应器制药高效稳定生产的关键技术和先进设施。优化每种转基因植物的全封闭植物生产系统环境控制程序，才能达到植物生物反应器制药的高表达和稳定生产。而且，促进全封闭植物生产系统中植物生物反应器制药的高效生产，需要结合分子生物技术。

20.6 附加信息：涉及人工光植物工厂的新项目

20.6.1 生物经济与智能细胞产业协会

近年来，生物技术有望解决食品问题、能源问题和环境问题（The Ministry of Economy, Trade and Industry in Japan（METI）, 2016）。据经济合作与发展组织（Organization for Economic Co-operation and Development，OECD）调查，2030 年全球生物市场将占全球国民生产总值（GDP）（约 1.6 万亿美元或 200 万亿日元）的 2.7%。OECD（2009）提议将"生物经济"单独列为一个市场（产业群），该市场中生物技术将极大地推动经济发展。2011 年，欧洲和美国的政府已经制定了生物经济政策。而且，中国已经与英国、美国合作成立了无数的生物经济和启动战略行动研究基地。日本 2015 年生物产业市场达 3.1 万亿日元，并且市场规模逐年增长。

METI（2016）报道了称为"智能细胞产业协会"的生物技术未来协会实体化的基本研究政策。智能细胞的定义为，具有高度功能设计和功能受控表达的生物细胞。植物被认为是智能细胞，它能产生包括人类使用材料的无数次生代谢产物。很多次生代谢产物很难用化学合成或传统生产方法生产。本节将介绍与人工光植物工厂相关的一些智能细胞项目的内容。

20.6.2 智能化细胞项目［新能源与工业技术开发组织（new energy and industrial technology development，NEDO）撰写的原创工作］

为了明确日本在生物技术新趋势中的发展方向，日本 NEDO 启动了名为"利用植物和其他生物智能细胞开发高功能生物材料生产技术"的项目（2016-2020 智能细胞项目）。该项目（http://www.nedo.go.jp/

english/news/AA5en_100149.html）旨在推动工业界、学术界和政府部门的专家，通过不同于国外技术的日本原始基因编辑技术、最新的信息技术（IT）与人工智能（AI）技术（图 20.17），利用植物和微生物生产试剂、香水、化妆品和塑料等工业材料的生物技术新方向创新技术的开发。

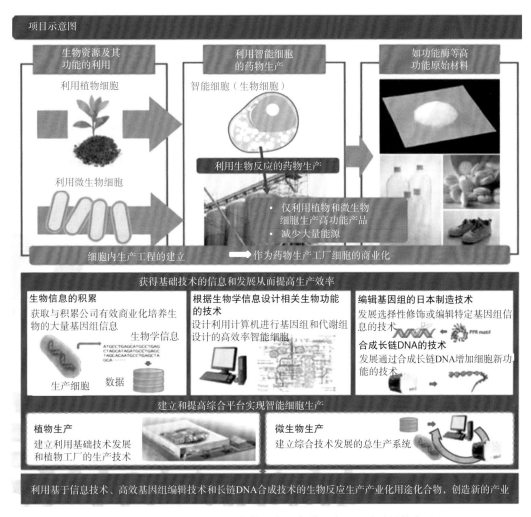

图 20.17　利用植物智能细胞促进人类使用产品高效生产的三种关键技术（NEDO）

在本项目中，NEDO 将要开发下列技术：①精确、大规模生物信息的高速采集系统，用以基因编辑；②通过基因组编辑进行细胞内过程设定。最终，NEDO 希望通过节能低成本技术控制 / 改造细胞内过程进行高功能材料的工业化生产。尤其值得一提的是，该项目旨在通过综合平台的建立和完善，实现通过植物和微生物生产智能细胞的产业化。

除了利用植物 DNA 重组技术来提高植物的产量外，该项目的目的是建立阻止脱氧核糖核酸甲基化等新技术，完善利用植物生产的植物基因组重组技术，鉴定包含次生代谢产物的高基因表达的关键序列。很多作物，仅有少量次生代谢产物的基因是已知的，因此，无法进行高质量的遗传操作。然而，有充分的证据表明，在不明确相关次生代谢产物的基因和理论的情况下，栽培环境条件可能会显著影响次生代谢产物的含量。为了协助通过控制培养条件达到更高含量次生代谢产物的开发策略进展，各种培养条件下基因表达的变化需要进一步研究。通过利用上述技术的组合，将评估有效的应用方法（图 20.18）。

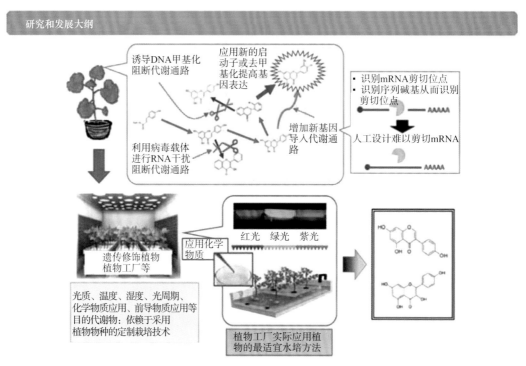

图 20.18　通过人工光植物工厂阐明相关次生代谢产物基因和通路的智能细胞项目概要（NEDO）

20.6.3　未来的高附加值植物的生产

如上所述，植物中有数千种有用的次生代谢产物，这些代谢产物含量随环境条件的改变而变化。然而，因为很多植物次生代谢产物和代谢通路仍然是未知的，导致影响植物形态建成和代谢物含量的环境条件很难明确。因此，我们必须投入时间、人力、金钱成本研究人工光植物工厂中提高目标化合物产量所需的适宜环境条件。

近年来，采用测序仪可以确定植物在一段时间的环境刺激后的基因表达。人工光植物工厂能够提供变化的环境条件下植物生长和次生代谢产物产生的精确数据。今后，结合信息化技术，在短时间内估算改善次生代谢产物生产效率的环境条件是可实现的。人工光植物工厂作为智能工厂，不久的将来将促进高附加值植物高效生产所需环境条件的优化。

参 考 文 献

Afreen F，Zobayed SMA，Kozai T（2005）Spectral quality and UV-B stress stimulate glycyrrhizin concentration of *Glycyrrhiza uralensis* in hydroponic and pot. Plant Physiol Biochem 43：1074-1081

Ahmad K（2014）Molecular farming strategies, expression systems and bio-safety considerations. Czech J Genet Plant Breed 50：1-10

Bartwal A，Mall R，Lohani P et al（2013）Role of secondary metabolites and brassinosteroids in plant defense against environmental stresses. J Plant Growth Regul 32：216-232

Bettaieb I，Hamrouni-Sellami I，Bourgou S et al（2011）Drought effects on polyphenol composition and antioxidant activities in aerial parts of *Salvia officinalis* L. Acta Physiol Plant 33：1103-1111

Booker FL，Miller JE（1998）Phenylpropanoid metabolism and phenolic composition of soybean［*Glycine max*（L.）Merr.］leaves following exposure to ozone. J Exp Bot 49：1191-1202

Cabinet Secretariat，Office of Healthcare Policy（2016）http://www.kantei.go.jp/jp/singi/kenkouiryou/

Cheruiyot EK，Mumera LM，Ngetich WK et al（2007）Polyphenols as potential indicators for drought tolerance in tea（*Camellia sinensis* L.）. Biosci Biotechnol Biochem 71：2190-2197

Christie PJ，Alfenito MR，Walbot V（1994）Impact of low-temperature stress on general phenylpropanoid and anthocyanin pathways：enhancement of transcript abundance and anthocyanin pigmentation in maize seedlings. Planta 194：541-549

Consumer Affairs Agency of . http://www.caa.go.jp/foods/pdf/151224_1.pdf

Daniell H，Singh ND，Mason H，Streatfield SJ（2009）Plant-made vaccine antigens and biopharmaceuticals. Trends Plant Sci 14：669-679

Daniell H，Streatfield SJ，Wycoffc K（2001）Medical molecular farming：production of antibodies，biopharmaceuticals and edible vaccines in plants. Trends Plant Sci 6：219-226

D'Aoust MA，Couture MM，Charland N，Trépanier S，Landry N，Ors F，Vézina LP（2010）The production of hemagglutinin-based virus-like particles in plants：a rapid，efficient and safe response to pandemic influenza. Plant Biotechnol J Jun 8（5）：607-619

Dixon RA，Paiva NL（1995）Stress-induced Phenylpropanoid metabolism. Plant Cell 7：1085-1097

Ebisawa M，Shoji K，Kato M et al（2008a）Supplementary ultraviolet radiation B together with blue light at night increased quercetin content and flavonol synthase gene expression in leaf lettuce（*Lactuca sativa* L）. Environ Contr Biol 46：1-11

Ebisawa M，Shoji K，Kato M et al（2008b）Effect of supplementary lighting of UV-B，UV-A，and blue light during the night on growth and coloring in red-leaf lettuce. Shokubutu Kankyo Kogaku 20：158-164

Fujiuchi N，Matoba N，Matsuda R（2016）Environment control to improve recombinant protein yields in plants based on agrobacterium-mediated transient gene expression. Front Bioeng Biotechnol 4：1-6

Fukuyama T，Ohashi-Kaneko K，Watanabe H（2015）Estimation of optimal red light intensity for production of the pharmaceutical drug components，vindoline and catharanthine，contained in *Catharanthus roseus*（L.）G. Don. Environ Control Biol 53：217-220

Future Market Insight Global & Consulting Pvt Ltd（2017）Herbal medicinal products market：homeopathic medicines product type segment to register the highest CAGR of 10.4% during the forecast period：global industry analysis（2012-2016）and opportunity assessment（2017-2027）：ReportBuyer. https://www.reportbuyer.com/product/5134483/herbal-medicinal-products-market-homeopathic-medicines-product-type-segment-to-register-the-highest-cagr-of-10-4-duringthe-forecast-period-global--industry-analysis-2012-2016-and-opportunity-assessment-2017-2027.html

Goto E（2011）Production of pharmaceutical materials using genetically modified plants grown under artificial lighting. Acta Hort（907）：45-52

Goto E（2012）Plant production in a closed plant factory with artificial lighting. Acta Hortic（956）：37-49

Goto E，Hayashi K，Furuyama S，Hikosaka S，Ishigami Y（2016）Effect of UV light on phytochemical accumulation and expression of anthocyanin biosynthesis genes in red leaf lettuce. Acta Hortic 1134：179-185

Hibino K（2004）Functional food factors and secondary metabolites of plant. Bull Coll Nagoya Bunri Univ 28：1-15（in Japanese）

Hichem H，Mounir D（2009）Differential responses of two maize（*Zea mays* L.）varieties to salt stress：changes on polyphenols composition of foliage and oxidative damages. Ind Crop Prod 30：144-151

Higashiguchi K，Uno Y，Kuroki S et al（2016）Effect of light intensity and light/dark period on Iridoids in *Hedyotis diffusa* Kazuki. Environ Control Biol 54：109-116

Hikosaka S，Ito K，Goto E（2010）Effects of ultraviolet light on growth，essential oil concentration，and total antioxidant capacity of Japanese mint. Environ Control Biol 48：185-190

Hikosaka S，Iwamoto N，Goto E（2017）Effects of supplemental lighting on the growth and medicinal ingredient concentrations of Japanese honeysuckle（*Lonicera japonica* Thunb）. Environ Control Biol 55：71-76

Hikosaka S，Sasaki K，Goto E，Aoki T（2009）Effects of in vitro culture methods during the rooting stage and light quality during the seedling stage on the growth of hydroponic everbearing strawberries. Acta Hortic 842：1011-1014

Hikosaka S，Yoshida H，Goto E，Matsumura T，Tabayashi N（2011）Target protein concentrations in different mature stages of transgenic strawberry fruits. Hortic Res（Japan）10-1（Suppl）：130（in Japanese）

Hikosaka S，Yoshida H，Goto E，Tabayashi N，Matsumura T（2013）Effects of light quality on the concentration of human adiponectin in transgenic everbearing strawberry. Environ Control Biol 51：31-33

Holopainen JK，Kivimäenpää M，Julkunen-Tiitto R（2017）New light for phytochemicals. Trends Biotechnol. https://doi.org/10.1016/j.tibtech.2017.08.009

Hou JL，Li WD，Zheng QY et al（2010）Effect of low light intensity on growth and accumulation of secondary metabolites in roots of *Glycyrrhiza uralensis* Fisch. Biochem Syst Ecol 38：160-168

Ito A，Shimizu H，Hiroki R，Nakashima H，Miyasaka J，Ohdoi K（2013）Effect of different durations of root area chilling on the nutritional quality of spinach. Environ Control Biol 51：187-191

Janasa KM，Cvikrováb M，Pałagiewicza A et al（2002）Constitutive elevated accumulation of phenylpropanoids in soybean roots at low temperature. Plant Sci 163：369-373

Japan Kampo Medicines Manufactures Association. http://www.nikkankyo.org/aboutus/investiga tion/pdf/shiyouryou-chousa04.pdf

Johkan M，Shoji K，Goto F，Hashida S-n，Yoshihara T（2010）Blue light-emitting diode light irradiation of seedlings improves seedling quality and growth after transplanting in red leaf lettuce. Hortscience 45：1809-1814

Kang D（2008）The problems of the herbal medicines（current situation of medicinal plants）. Kampo Med 59：397-425（in Japanese）

Kang D（2011）The actual condition and the problem of Chinese natural medicines. Yakuyo Shokubutsu Kenkyu 33：32-36（in Japanese）

Kashima K，Mejima M，Kurokawa S，Kuroda M，Kiyono H，Yuki Y（2015）Comparative wholegenome analyses of selection marker-free rice-based cholera toxin B-subunit vaccine lines and wild-type lines. BMC Genomics 16：48

Koike H，Yoshino Y，Matsumoto K et al（2012）Study on conditions to increase the domestic production of herbal materials by changing crops production from tobacco. Kampo Med 63：238-244（in Japanese with abstract in English）

Lee MJ，Son JE，Oh MM（2014）Growth and phenolic compounds of *Lactuca sativa* L. grown in a closed-type plant production system with UV-A，-B，or -C lamp. J Sci Food Agric 94：197-204

Leuzinger K，Dent M，Hurtado J，Stahnke J，Lai H，Zhou X，Chen Q（2013）Efficient Agroinfiltration of plants for high-level transient expression of recombinant proteins. J Vis Exp 77：e50521. https://doi.org/10.3791/50521

Li J，Hikosaka S，Goto E（2011）Effects of light quality and photosynthetic photon flux on growth and carotenoid pigments in spinach（*Spinacia oleracea* L.）. Acta Hortic（907）：105-110

Liu RH（2003）Health benefits of fruit and vegetables are from additive and synergistic combinations of phytochemicals. Am J Clin Nutr 78：517S-520S

Ma JK-C，Drake PMW，Christou P（2003）The production of recombinant pharmaceutical proteins in plants. Nat Rev Genet 4：794-805

Malayeri SH，Hikosama S，Goto E（2010）Effects of light period and light intensity on essential oil composition of Japanese mint grown in a closed production system. Environ Control Biol 48：141-149

Maruyama N，Fujiwara K，Yokoyama K，Cabanos C，Hasegawa H，Takagi K，Nishizawa K，Uki Y，Kawarabayashi T，Shouji M，Ishimoto M，Terakawa T（2014）Stable accumulation of seed storage proteins containing vaccine peptides in transgenic soybean seeds. J Biosci Bioeng 118：441-447

Matsuda R，Tahara A，Matoba N，Fujiwara K（2012）Virus vector-mediated rapid protein production in *Nicotiana benthamiana*：effects of temperature and photosynthetic photon flux density on hemagglutinin accumulation. Environ Control Biol 50：375-381

Matsui T，Takita E，Sato T，Aizawa M，Ki M，Kadoyama Y，Hirano K，Kinjo S，Asao H，Kawamoto K，Kariya H，Makino S，Hamabata T，Sawada K，Kato K（2011）Production of double repeated B subunit of Shiga toxin 2e at high levels in transgenic lettuce plants as vaccine material for porcine edema disease. Transgenic Res 20：735-748

Miura H，Iwata M（1983）Effect of temperature on anthocyanin synthesis in seedlings of Benitade（*Polygonum hydropiper* L.）. J Jpn Soc Horticult Sci 51：412-420

Miyazawa Y，Hikosaka S，Goto E，Aoki T（2009）Effects of light conditions and air temperature on the growth of everbearing strawberry during the vegetative stage. Acta Hortic（842）：817-820

Mosaleeyanon K.，Zobayed SMA，Afreen F et al（2006）Enhancement of biomass and secondary metabolite production of St. John's *Wortypericum perforatum* L. under a controlled environment Environ Contr Biol 44：21-30

Ogawa E，Hikosaka S，Goto E（2018）Effects of nutrient solution temperature on the concentration of major bioactive compounds in red perilla. J Agri Meteor 74（2）：71-78

Patil BL，Fauquet CM（2015）Light intensity and temperature affect systemic spread of silencing signal in transient agroinfiltration studies. Mol Plant Pathol 16（5）：484-494

Sack M，Rademacher T，Spiegel H，Boes A，Hellwig S，Drossard J，Stoger E，Fischer R（2015）From gene to harvest：insights into upstream process development for the GMP production of a monoclonal antibody in transgenic tobacco plants. Plant Biotechnol J 13：1094-1105

Sainsbury F，Lomonossoff GP（2014）Transient expressions of synthetic biology in plants. Curr Opin Plant Biol 19：1-7

Sakamoto M，Suzuki T（2015）Effect of root-zone temperature on growth and quality of hydroponically grown red leaf lettuce（*Lactuca sativa* L. cv. Red wave）. Am J Plant Sci 6：2350-2360

Sharmaa YK，Davisa KR（1997）The effects of ozone on antioxidant responses in plants. Free Radic Biol Med 23：480-488

Solecka D，Boudet A-M，Kacperska A（1999）Phenylpropanoid and anthocyanin changes in low-temperature treated winter oilseed rape leaves. Plant Physiol Biochem 37（6）：491-496

Son KH，Oh MM（2013）Leaf shape，growth，and antioxidant phenolic compounds of two lettuce cultivars grown under various combinations of blue and red light-emitting diodes. Hortscience 48：988-995

Sreenivasulu N，Grimm B，Wobus U et al（2000）Differential response of antioxidant compounds to salinity stress in salt-tolerant and salt-sensitive seedlings of foxtail millet（*Setaria italica*）. Physiol Plant 109：435-442

Sudheer S，Yeoh WK，Manickam S，Ali A（2016）Effect of ozone gas as an elicitor to enhance the bioactive compounds in *Ganoderma lucidum*. Postharvest Biol Technol 117：81-88

Sugita K，Endo-Kasahara S，Tada Y，Lijun Y，Yasuda H，Hayashi Y，Jomori T，Ebinuma H，Takaiwa F（2005）Genetically modified rice seeds accumulating GLP-1 analogue stimulate insulin secretion from a mouse pancreatic beta-cell line. FEBS Lett 579：1085-1088

Sun HJ，Kataoka H，Yano M，Ezura H（2007）Genetically stable expression of functional miraculin，a new type of alternative sweetener，in transgenic tomato plants. Plant Biotechnol J 5（6）：768-777

Sun R，Hikosaka S，Goto E et al（2012）Effect of UV irradiation on growth and concentration of four medicinal ingredients in Chinese licorice（*Glycyrrhiza uralensis*）. Acta Hortic（956）：643-648

The International Trade Centre（ITC）（2017）Medicinal and aromatic plants and extracts. http:// www.intracen.org/itc/sectors/medicinal-plants/

The Ministry of Economy，Trade and Industry in Japan（2016）. http://www.meti.go.jp/press/2016/07/20160714001/20160714001-1.pdf（in Japanese）

Voipio I，Autio J（1994）Responses of red-leaved lettuce to light intensity，UV-A radiation and root zone temperature. Acta Hortic 399：183-190

Yao J，Weng Y，Dickey A，Wang KY（2015）Plants as factories for human pharmaceuticals：applications and challenges. Int J Mol Sci 16：28549-28565

Yoshida H，Hikosaka S，Goto E，Takasuna H，Kudou T（2012）Effect of light quality and light period on flowering of everbearing strawberry in a closed plant production system. Acta Hortic 956：107-112

Zobayed SMA，Afreen F，Kozai T（2005a）Necessity and production of medicinal plants under controlled environments. Environ Control Biol 43：243-252

Zobayed SMA，Afreen F，Kozai T（2005b）Temperature stress can alter the photosynthetic efficiency and secondary metabolite concentrations in St. John's wort. Plant Physiol Biochem 43：977-984

第 *21* 章
草药和食品添加剂的化学研究

Natsuko Kagawa　著

覃　犇，韦坤华，郭晓云，缪剑华　译

  摘　要：药用植物和芳香植物是有助于人类健康的天然产物的宝贵来源。草药和一些食品添加剂是从药用植物和芳香植物中提取的，为了证明它们的安全性和有效性，必须对原植物材料中活性天然化合物的含量进行化学分析。本章讨论了药用植物和芳香植物的植物化学，植物原料生产的化学条件，以及用于质量控制的分析方法。植物工厂通过控制植物的代谢，更有效地增加目标化合物的产量，并提供可持续利用的药用植物和芳香植物，这将为下一代保存有价值的源植物物种。

  关键词：药用芳香植物；草药；天然产物；生物活性化合物；化学分析；质量含量；可持续利用；源植物物种保护

21.1　引　言

  人工光植物工厂在药用和芳香植物的种植和可持续利用方面具有巨大的潜力。植物化学物质在世界市场上被用作药物、草药、食品添加剂和化妆品。为了提供这些植物作为工业原料，并保护植物物种免受过度采收的威胁，人工培育这些植物的想法激增。然而，在种植药用和芳香植物时，很难保持植物化学物质的质量含量。因此，人工光植物工厂必须拓展既能促进植物生长又能促进化学物质积累的栽培方法。

21.2　与药用植物有关的问题

  在全球范围内，人们对药用植物和芳香植物种植的兴趣与日俱增。一项关于搜索科学网站最感兴趣话题的调查揭示了这一点。以 5 年为单位，图 21.1 列出了引用"栽培"和"药用植物"两个词作为主题的科学出版物 30 年中的增长趋势。特别值得注意的是，2007 ～ 2011 年的出版物数量达到 339 份，是前一时期（2002 ～ 2006 年）的 3 倍。文献作者也来自越来越多的国家，从 2012 ～ 2016 年，100 多个国家的研究人员为与药用植物种植密切相关的研究做出了贡献。

  图 21.2 显示了另一个趋势，即最近一段时间（2012 ～ 2016 年），与药用植物种植相关的出版物中的研究领域达到 63 个，包括植物科学、农业、药理学和药学、微生物生物技术、环境生态科学、化学和食品科学技术等。

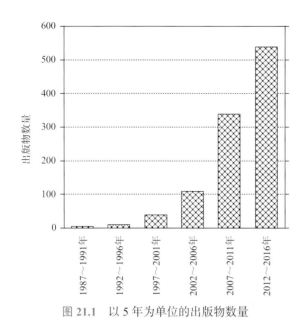

图 21.1　以 5 年为单位的出版物数量

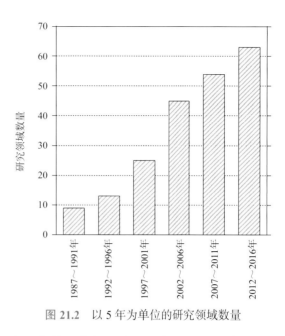

图 21.2　以 5 年为单位的研究领域数量

保护因过度采收而受威胁的物种的压力越来越大。由于草药的市场遍布世界各地，大多数国家作为出口国、进口国、制造国或消费国参与到药用植物和芳香植物的贸易中，因此国际社会正在努力实现这些植物资源的可持续利用。

21.3　草药中的活性成分

药用植物和芳香植物用于生产草药和食品添加剂。在欧洲，草药以从药用植物和芳香植物中提取的提取物、茶、酊剂和胶囊的形式销售（Lubbe and Verpoorte，2011）。这些在美国被称为植物药。

在日本，用于草药的植物原料包括锦蒲等传统药物，这些在日本药典中被称为原料药和相关药物。原料药及其相关产品包括提取物、粉末、酊剂、糖浆、烈酒、右旋糖酐或含有原药作为活性成分的栓剂，以及在日本药典中含有原料药作为主要活性成分的组合制剂（JP17，2016）。

植物产生的化合物种类繁多，被称为天然产物、次生代谢产物、植物化学物质或天然化合物。植物及其粗提物是复杂的混合物，通常含有数百种植物化学物质。药用植物和芳香植物提取物中的天然化合物因其对疾病的预防和治疗作用而在许多草药的临床试验中得到了研究。在大多数情况下，这些工作的重点是鉴定决定草药疗效的生物活性化合物。

许多习惯使用现代科学药物的人倾向于选择单一物质作为药物中最重要的成分（Houghton，2001）。医学中的活性原理概念是现代化学发展的重要原因，这使得许多天然产物从药用植物和芳香植物的提取物中分离出纯物质后，被定性为生物活性分子。

值得注意的是，世界上仍有很高比例的人口使用当地植物的粗提物作为传统药物，尽管它们的生物活性化合物尚未完全阐明。与这些民间药物的使用相反，在食品、化妆品和药品等行业中，使用标准化活性成分的草药正在增加。

在食品和化妆品行业，从植物中提取的各种成分目前被用作调味品（饮料、食品、糖果、香水和化妆品）、甜味剂（饮料、食品和糖果）、着色剂（饮料、食品、糖果和化妆品）、抗氧化剂（饮料、食品、化妆品和保健品）和其他功能性添加剂（保健品、营养药剂、功能性食品、美容保健品和化妆品）。这些市场的普遍趋势增加了全球对高质量药用和芳香植物的需求。

21.4 不可持续的植物采收

作为产品的植物原料，如草药、膳食补充剂、食品添加剂和化妆品均取自植物。在世界范围内，大约 2/3 的药用植物是野生而非栽培植物（Vines，2004）。

约 15 000 种药用植物因为野生种群枯竭、栖息地丧失、入侵物种和污染等问题引起全球关注（Hamilton，2008）。出于商业目的，不可持续地采收植物作为原材料来源，已成为物种灭绝和栖息地退化的主要原因。

有大量的野生资源采收威胁到植物种群及其栖息地的例子，其中包括 *Arctostaphylos uva-ursi*（熊果）、*Thymus* spp.（野生百里香）、*Piper methysticum*（卡瓦胡椒）、*Glycyrrhiza glabra*（甘草）、*Chamaelirium luteum*（黄地百合）、*Hydrastis canadensis*（白毛茛）、*Panax quinquefolius*（西洋参）和 *Panax ginseng*（人参）（Vines，2004）。表 21.1 概述了上述常用草药中代表性化合物的化学结构、作为提取物或单一物质的生物活性，以及在工业中的主要用途（Abourashed and Khan，2001；Attele et al.，1999；Briskin，2000；Budzinski et al.，2000；Chan et al.，2000；Chen et al.，2017；Einbond et al，2017；Gastpar and Klimm，2003；Hamid et al.，2017；Li et al.，2016；Li et al.，2000；Martin et al.，2014；Van der Voort et al.，2003；Weber et al.，2003）。

表 21.1　常用野生草药的化学成分

植物名称	代表性化合物		植株部位	活性	用途
Arctostaphylos uva-ursi（熊果）	熊果苷 CAS: 497-76-7	1,2,3,6-四-O-没食子酰基-β-D-葡萄糖 CAS: 79886-50-3	叶	防腐、止血	泌尿生殖道感染
				酪氨酸酶抑制	化妆品：皮肤美白
Thymus spp.（野生百里香）	麝香草酚 CAS: 89-83-8	香芹酚 CAS: 499-75-2	叶、茎	抗微生物、抗真菌、抗氧化	精油、采后病害
Piper methysticum（卡瓦胡椒）	(＋)-醉椒素 CAS: 500-64-1	(＋)-二氢麻醉椒素 CAS: 19902-91-1	根、根瘤	抗抑郁	抗焦虑药

续表

植物名称	代表性化合物		植株部位	活性	用途
Glycyrrhiza glabra（甘草）	甘草素 CAS: 1405-86-3	甘草苷 CAS: 551-15-5	根、匍匐茎	抗炎、拟雌激素活性	祛痰药、消化性溃疡
Chamaelirium luteum（黄地百合）	Chamaeliroside A CAS: 1323952-20-0		根、根瘤		女性生殖健康
Hydrastis canadensis（白毛茛）	小檗碱 CAS: 2086-83-1	(-)-黄连素 CAS: 118-08-1	根、根瘤	抗炎、抗微生物、细胞色素 P450 抑制	健胃消食补品、炎症、感染
Panax quinquefolius（西洋参） *Panax ginseng*（人参）	人参皂苷 Rg_1 CAS: 22427-39-0		根、根瘤	抗肿瘤药、抗抑郁、抗氧化	心血管、中枢神经系统、内分泌、免疫

　　当药用植物物种受到野生资源过度采收的威胁时，可能导致遗传多样性的丧失，并可能增加用同一属植物掺假、替代原物种的风险，从而导致原料中活性成分的减少或损失（Lubbe and Verpoorte，2011）。

　　一般来说，当地人采收并不会导致植物资源枯竭，工业规模的采收才会影响到野生植物的可持续利用（Hamilton，2008）。作为工业原料，药用植物的需求量巨大，其增长速度也快于对自然生长植物资源的采收，这意味着过度采收将持续下去，直到出现替代的植物资源供应方法。

21.5　药用植物栽培

药用植物栽培是解决可持续供应的一种方法。目前制药和草药公司正在栽培银杏、贯叶连翘、人参等在草药行业占有较大市场份额的品种，有些品种，如人参，在野外已经很少见了（Canter et al.，2005；Vines，2004）。

栽培作为一种为商业产品提供原料的方法具有很多优势。首先，原材料的质量和数量更容易控制。从萌芽到收获的整个供应链都可以控制，这降低了草药掺假和辨认错误的风险。在均一条件下，当只针对一项指标时，栽培植物在化学成分和含量方面的波动通常较小。其次，原材料价格和供应量都趋于稳定。而野生作物则更容易受到环境的影响，如入侵物种、污染、气候变化或贸易法规。

由于大规模生产需要投资和特殊技术，因此培育一些植物品种的成本很高。然而，对于药用植物和芳香植物来说，人们对失去一个作为野生原材料资源的物种的担忧，为发展栽培技术提供了巨大的动力。例如，日本草药公司和学术界对甘草栽培进行了大量研究，以提供稳定的供应，因为日本草药中 100% 的甘草原料都是进口的，而且几乎所有的甘草都来自中国的野生资源（JKMMA，2016；Akiyama et al.，2017）。

问题是，一些草药很难用正常的方法培养。栽培者经常会遇到诸如发芽率低、生长速率低、开花快或活性物质含量低等现象。一般来说，具有相对较小或当地栖息地局部生境的物种必须经过特殊处理和 / 或在特殊环境条件下进行培育，以重现与其自然栖息地相似的环境。

栽培环境条件应根据自然生境进行优化，因为这对植物的生长、次生代谢产物的生物合成和生物活性物质的积累都有很大的影响。为了克服栽培植物产量低和质量差的问题，一些技术的使用已经被证明是有效的，而且需要的劳动强度较低。

目前已经建立了利用水培法生产根类（根、根茎、匍匐茎）药用植物的技术体系。例如，*Glycyrrhiza uralensis*（甘草）、*Atropa belladonna*（颠茄）、*Coptis japonica*（日本黄连）等生长缓慢的植物通常需要 3～5 年的田间栽培或野生生长周期，但在人工光植物工厂中生产周期仅为 6 个月至 1 年，不但将种植时间缩短了近 4 年，而且提高了活性化合物的含量（Yoshimatsu，2012）。通常需要 3～5 年的田间栽培或野外生长，目标活性化合物的积累才能达到与水培生产收获时相同的含量。

21.6　植物化学与植物工厂

近年来，人工光植物工厂在药用和芳香植物栽培方面的巨大潜力吸引了草药产品工业。人工光植物工厂技术可以控制环境因素，为药用植物的商业化栽培提供综合条件，即使是有特殊环境要求的植物也可以满足其生长需求。

人工光植物工厂的目标是根据安全、质量和有效性标准，提高生物产量和植物化学物质含量的均一性。原料中的化学成分取决于草药产品的种类。对于草药来说，提高提取物中生物活性成分的含量很重要，降低有害成分或重金属等有毒成分的含量也很重要。对于食品添加剂和化妆品，提高产量优先考虑的是可用作香料、甜味剂、着色剂和其他功能性添加剂的有益化合物。

同时，植物有数百种化合物，很难评估每种化合物的效力。因此，为了标准化原材料的安全性、质量和有效性，从栽培植物中提取和分离 / 纯化目标化合物的过程几乎是必要的过程。提取物中的化合物含量的均一性可以简化工艺、更具可预测性，同时降低原材料成本。在工业中，特定产品所需的化合物通常是植物次生代谢产物。药用植物和芳香植物栽培的困难不仅在于促进其生长，还包括次生代谢产物含量的调节。

　　植物通过不同的生物合成途径产生目标次生代谢产物，并在不同的植物部位（根、茎、叶）积累。一些植物中目标化合物生物合成的代谢途径已经有了很好的研究，研究结果显示次生代谢产物是植物对环境刺激，如温度和光照条件（抗氧化剂）、胁迫（脯氨酸）、感染（黄酮类）或动物啃食（生物碱）的适应（Canter et al.，2005）。

　　人工光植物工厂中控制的环境因素（温度、湿度、光照、供水、矿质元素和 CO_2）会影响植物代谢。此外，需要注意的是，作为对非生物胁迫的响应，次生代谢产物的积累会单独地受到各种环境条件的影响，如紫外线照射、干旱、营养缺乏和盐度。换言之，可以通过添加非生物条件来控制次生代谢产物。因此，植物工厂技术在简化目标次生化合物含量的调节和在质量均一的原料进行商业化生产中具有巨大的潜力。

　　有研究通过不同的环境条件调控在人工光植物工厂中生长的紫苏的活性物质含量（Lu et al.，2017）。在这项研究中，水培紫苏的迷迭香酸含量（抗过敏活性）受光照强度和营养液浓度的影响，并且通过光照强度和营养液的优化组合获得最高含量的迷迭香酸。迷迭香酸积累的激发子是最高光照强度与最低营养液之间的交叉处理，这导致紫苏植株对养分的低吸收胁迫。有趣的是，通过单萜生物合成途径产生的紫苏醛（抗菌剂）含量受这些刺激的影响小于通过苯丙酸途径合成的迷迭香酸。

　　以上结果意味着，植物化学物质在药用植物中的表达可以通过对各种环境条件的严格调控来控制，并且通过人工光植物工厂技术培育的植物可以促进目标次生代谢产物的有效生产。

21.7　药用植物化学分析

21.7.1　引言

　　对药用植物和芳香植物中产生的化学物质可以用化学分析来评估其效价或功能。每一种决定草药药效的生物活性化合物被定为活性成分化合物。由于中药的药效取决于有效成分的含量，因此必须通过定量分析来确定其在原料中的含量。决定草药功能的化合物即为草药的主要成分。由于作为功能性添加剂的原材料的价值是根据主要成分来衡量的，因此经常通过其纯度来评估原材料的质量。

21.7.2　有机分子

　　次生代谢产物的化学分析包括提取、分离和鉴定过程。每一个涉及有机分子的过程都经过了技术开发和优化，以成功地分析次生代谢产物。对于有机分子，每个过程都根据目标化合物的特性和功能仔细选择过，以使方案能够兼顾速度和准确性。

21.7.3　提取

　　化合物在水或有机溶剂中的溶解度很大程度上是不同的。每种次生代谢产物都有独特的溶解度。例如，用作香料的精油是植物中产生的易挥发疏水性化合物的混合物，通常不溶于水。

　　提取的目的是使用溶剂从固体材料中提取化合物，并将化合物浓缩到溶液中进行分离。选择一种能溶解化合物的溶剂是最重要的。非极性有机溶剂，如正己烷、正戊烷、异戊烷和乙醚，优先用于提取非极性和挥发性化合物、单萜类化合物（C10 单位）和苯丙酸，这些都是精油中的次生代谢产物。亲水性的次生代谢产物挥发性较低，可以使用极性和水溶性的溶剂提取，如醇（甲醇、乙醇）、乙腈、丙酮和水等。

超临界流体萃取（supercritical fluid extraction，SFE）是一种通过既不是气体也不是液体的超临界流体萃取化合物的方法。超临界流体具有介于气体和液体之间的物理性质（密度、黏度、扩散系数）；因此，与溶剂相比，超临界流体的性质更能增强化合物在超临界流体中的溶解度。CO_2 通常用作超临界流体的基质。液体中的 CO_2 在化学结构上是非极性分子，适用于提取相对非极性的油脂；然而，包括非挥发性三萜类化合物（C30 单位）在内的各种应用已经证明，SFE 通过使用助溶剂或植物原料的预处理，可以更高效、更快地提取次生代谢产物。SFE 目前正被用于生产无咖啡因咖啡和茶，方法是从普通咖啡豆和茶叶中选择性地去除咖啡因。

21.7.4　分离

植物含有数百种化合物作为次生代谢产物。植物中的提取物，即使通过溶解度筛选萃取，仍含有数百种化合物。当污染物可能干扰目标化合物的测量时，一些方法可以从提取物中去除污染物。此外，这些方法通过提高检测限度来提高目标化合物的测量灵敏度。这些方法包括液 - 液萃取（也称为溶剂萃取）、固相萃取（SPE）和混凝过滤。提取物的这种预处理耗时，但有时在制备用于质谱分析的样品时是必要的。

21.7.5　鉴定

21.7.5.1　气相色谱：GC（gas chromatography）

使用气相色谱仪的化学分析称为气相色谱。缩写"GC"通常是指气相色谱法和气相色谱仪（JSAC，2011）。气相色谱法是分析从植物中提取的精油的最主要的方法，因为它专门用于分离和鉴定在 250 ~ 350 ℃的温度下容易蒸发的化合物。从药用植物和芳香植物中提取的每种精油含有数百种单萜和苯丙酸，它们是半挥发性的，沸点相对较低。

配有火焰离子化检测器（flame ionization detector，FID）或质谱仪的气相色谱仪可用于精油中所含化合物的定量分析。气相色谱 / 质谱（gas chromatography/mass spectrometry，GC/MS）可提供质谱检测到的化合物的可能化学结构信息。

电子碰撞（eletron impact，EI）作为一种电离方法被应用于 GC/MS，因为它可以通过高能电子束轰击有效地电离气相分子（Silverstein et al.，2005）。产生的离子被记录为基于质量 / 电荷（mass/charge，m/z）分离的离子的质谱。气相法适用于在气相色谱工作温度下蒸发并在该温度下稳定的化合物。这些化合物的分子量通常小于 300。单萜类化合物（C10 单位）在质谱图上经常显示 m/z 79、93、107 和 121 的离子峰碎片（JSAC，2011）。

通过 GC/MS 分离出的每一种化合物都显示一个质谱图，该质谱图对应唯一一个通过计算机搜索识别的化合物，计算机搜索可以比较检测化合物质谱图与当前图书馆和数据库中已知化合物质谱图之间的相似性，目前图书馆和数据库中有从 GC/MS 的结果中记录的超过 200 000 种有机化合物的 EI 质谱。该方法及 EI 的高灵敏度使 GC/MS 成为一种强大的化学分析工具。

21.7.5.2　高效液相色谱法：HPLC

高效液相色谱法（high-performance liquid chromatography，HPLC）适用于许多不适合 GC 分析的化合物。高效液相色谱法可用于几乎所有次生代谢产物的测定，包括化学结构中含氧的多酚。与气相色谱法相比，高效液相色谱法由于它的极性而广泛应用于低挥发性化合物。植物提取物在水溶剂中的溶液可作为高效液相色谱的样品，其优点是制备简单，样品处理容易。

将液相色谱仪与适当的检测器，如紫外 - 可见（ultraviolet-visible，UV-VIS）和质谱仪（MS）耦合是很重要的。紫外 - 可见检测器包括光电二极管阵列（photodiode array detectors，PAD）检测器，适用于在 190～830 nm 波长处吸收紫外和可见光的化合物。在次生代谢产物的化学结构中，常观察到碳碳双键（C＝C）和碳杂原子（C＝O、C＝N、C＝S）基团，它们能在分子水平上表现出紫外 - 可见吸收特性。PDA 记录的紫外 - 可见吸收光谱可用于确定纯度，并确保在通过高效液相色谱分离的单峰中分离化合物，因为光谱反映了所有具有紫外 - 可见吸收率的结构，并且可以确定单峰代表的是单一物质，或是受污染化合物，还是混合物。

随着 1990 年前后电喷雾电离技术（electrospray ionization，ESI）的发展，液相色谱 / 质谱（liquid chromatography/mass spectrometry，LC-MS）得到了迅速的发展。ESI 使用极性和挥发性溶剂来电离溶液中的化合物。液相样品的电离方法适用于分子量可达 100 000 的极性和亲水性化合物。另外，离子分裂很少在 ESI 中发生，从而与分子离子相关的峰会在质谱中显示，反映出所检测化合物的分子量。这些 ESI-MS 的特征使其成为包括植物提取物的 LC 和 LC 分析样品的优良匹配。

21.8　草药参考标准

目前对标准品的需求正在增长。对必须鉴定的化合物，每种化学分析都需要一个标准品。定量分析尤其需要高质量的标准品来确定药用植物和芳香植物中目标化合物的含量。纯度高（＞ 98%）、化学式精确（分子量、水合程度）、污染少的化学物质可作为化学分析的标准品。随着生物活性物质在医药和草药中的应用，质量可靠的标准品要求多批次生产差别小、可追溯性好和供应稳定。

草药的标准品可以通过化学合成或植物提取来生产。通过化学合成法生产，达到标准品的要求是可行的，但结果并不总是比植物提取法有所改良，因为草药中的生物活性化合物在其化学结构中有时具有特定的原始要素（手性，对映体，非对映异构体）和化学成分（如精油中的成分）。

由于许多草药产品已经流行起来，保证植物原料作为标准品是一个关系到人类健康的问题。为了再现植物的自然属性、保护原始植物，栽培仍然是最好的解决方案之一，而人工光植物工厂中采用的技术可以通过植物栽培保证质量管控和稳定供应。

21.9　结　　论

药用植物和芳香植物作为有助于人类健康的天然产物是很有价值的。植物提取物是一种富含生物活性化合物的混合物，能影响精神和身体状况。现代化学和生物学的进展揭示了生物活性化合物的结构 / 活性关系，许多临床试验证实了它们对大脑和身体的治疗作用的安全性。人们普遍认为，植物提取物所需的效力取决于其所含活性天然化合物的浓度。草药和一些食品添加剂是从药用植物和芳香植物中提取的，为了证明它们的安全性和有效性，必须对原植物材料中活性天然化合物的浓度进行化学分析。在制药、食品和化妆品等行业，对稳定且质量一致的高品质药用和芳香植物的需求正在增加，使用这些植物的商业生产规模也不断扩大。

随着植物物种资源的保护，药用植物和芳香植物的种植正引起这些行业及学术界、政府和国际组织的全球关注。因为次生代谢产物的生物合成和积累受到植物生长环境的极大影响，一般来说，药用植物和芳香植物的栽培应具有特殊的环境要求，以达到所需化合物含量的标准。

人工光植物工厂可以利用技术来控制每一个环境因素，并通过利用植物的新陈代谢来确定最佳环境，从而最大限度地提高目标化合物的产量。人工光植物工厂的实际优点包括提高生物产量和目标化合物含量的均一性。人工光植物工厂可以保证药用和芳香植物的可持续采收，这将为后代保存有价值的植物物种。

参 考 文 献

Abourashed EA，Khan IA（2001）High-performance liquid chromatography determination of hydrastine and berberine in dietary supplements containing goldenseal. J Pharm Sci 90（7）：817-822

Akiyama H，Nose M，Ohtsuki N et al（2017）Evaluation of the safety and efficacy of *Glycyrrhiza uralensis* root extracts produced using artificial hydroponic and artificial hydroponic-field hybrid cultivation systems. J Nat Med 71：265-271

Attele AS，Wu JA，Yuan CS（1999）Ginseng pharmacology：multiple constituents and multiple actions. Biochem Pharmacol 58：1685-1693

Briskin DP（2000）Medicinal plants and phytomedicines. Linking plant biochemistry and physiology to human health. Plant Physiol 124：507-514

Budzinski JW，Foster BC，Vandenhoek S et al（2000）An in vitro evaluation of human cytochrome P450 3A4 inhibition by selected commercial herbal extracts and tinctures. Phytomedicine 7（4）：273-282

Canter PH，Thomas H，Ernst E（2005）Bringing medicinal plants into cultivation：opportunities and challenges for biotechnology. Trends Biotechnol 23（4）：180-185

Chan TWD，But PPH，Cheng SW et al（2000）Differentiation and authentication of *Panax ginseng*，*Panax quinquefolius*，and ginseng products by using HPLC/MS. Anal Chem 72（6）：1281-1287

Chen YJ，Zhao ZZ，Chen HB et al（2017）Determination of ginsenosides in Asian and American ginsengs by liquid chromatography-quadrupole/time-of-flight MS：assessing variations based on morphological characteristics. J Ginseng Res 41：10-22

Einbond LS，Negrin A，Kulakowski DM et al（2017）Traditional preparations of kava（*Piper methysticum*）inhibit the growth of human colon cancer cells in vitro. Phytomedicine 24：1-13

Gastpar M，Klimm HD（2003）Treatment of anxiety，tension and restlessness states with Kava special extract WS® 1490 in general practice：a randomized placebo-controlled double-blind multicenter trial. Phytomedicine 10：631-639

Hamid HA，Ramli ANM，Yusoff MM（2017）Indole alkaloids from plants as potential leads for antidepressant drugs：a mini review. Front Pharmacol 8：96

Hamilton AC（2008）Medicinal plants in conservation and development：case studies and lessons learnt，4 pp，Plantlife International. www.plantlife.org.uk

Houghton PJ（2001）Old yet new-pharmaceuticals from plants. J Chem Educ 78（2）：175-184

Japan Kampo Medicines Manufacturers Association［JKMMA］（2016）Report on investigation of usage of the crude drugs for Kampo preparation（4）- the usage in FY2013 and FY2014. 3-11 pp. www.nikkankyo.org/aboutus/investigation/pdf/shiyouryou-chousa04.pdf

Japan Society for Analytical Chemistry［JSAC］（2011）Shokuhin-bunseki. Maruzen Publishing Co. Ltd.，Tokyo，47-63 pp（in Japanese）

Japanese Pharmacopeia，17th Edn.［JP17］（2016）General notices：1 pp. official monographs，crude drugs and related drugs：1791-2012 pp. http://www.mhlw.go.jp/stf/seisakunitsuite/bunya/ 0000066597.html

Li GN，Nikolic D，van Breemen RB（2016）Identification and chemical standardization of licorice raw materials and dietary supplements using UHPLC-MS/MS. J Agric Food Chem 64（42）：8062-8070

Li WK，Gu CG，Zhang HJ et al（2000）Use of high performance liquid chromatography-tandem mass spectrometry to distinguish *Panax ginseng* C. A. Meyer（Asian ginseng）and *Panax quinquefolius* L.（North American ginseng）. Anal Chem 72（21）：5417-5422

Lu N，Bernardo EL，Tippayadarapanich C et al（2017）Growth and accumulation of secondary metabolites in perilla as affected by photosynthetic photon flux density and electrical conductivity of the nutrient solution. Front Plant Sci 8：708

Lubbe A，Verpoorte R（2011）Cultivation of medicinal and aromatic plants for specialty industrial materials. Ind Crop Prod 34（1）：785-801

Martin AC，Johnston E，Xing CG et al（2014）Measuring the chemical and cytotoxic variability of commercially available kava（*Piper methysticum* G. Forster）. PLoS One 9（11）：7

Silverstein RM，Webster FX，Kiemle DJ（2005）Spectrometric identification of organic compounds, 7th edn. Wiley, Hoboken, 1-8 pp

Van der Voort ME，Bailey B，Samuel DE et al（2003）Recovery of populations of goldenseal（*Hydrastis canadensis* L.）and American ginseng（*Panax quinquefolius* L.）following harvest. Am Midl Nat 149（2）：282-292

Vines G（2004）Herbal harvests with a future：towards sustainable sources for medicinal plants. Plantlife International. www.plantlife.org.uk

Weber HA，Zart MK，Hodges AE et al（2003）Chemical comparison of goldenseal（*Hydrastis canadensis* L.）root powder from three commercial suppliers. J Agric Food Chem 51（25）：7352-7358

Yoshimatsu K（2012）Innovative cultivation：hydroponics of medicinal plants in the closed-type cultivation facilities. J Trad Med 29（1）：30-34

第 22 章
植物工厂生物节律的监测与应用

Hirokazu Fukuda，Yasuke Tanigaki，and Shogo Moriyuki　著
李大伟，董　扬，郭晓云，缪剑华，黄燕芬　译

摘　要：以大约 24 h 为周期的生物节律被称为"昼夜节律"，由生物钟基因的表达产生。在植物中，昼夜节律通过日常调节光合作用与新陈代谢来增加生长速率。因此，为了改善植物工厂中植物的产出，昼夜节律的监测与应用是必需的。在本章中，描述了近期成熟的基于昼夜节律的植物生长调节技术。22.1 节侧重描述利用叶绿素荧光的昼夜节律来进行幼苗诊断的方法。22.2 节描述了基于叶绿素荧光的昼夜节律的高通量生长预测系统。22.3 节给出了全球对于获得性基因表达的例子，及利用这些数据作为分析生物体内部时间（比如昼夜节律的各个阶段）的生物信息与方法，概述了综合分析观察到昼夜节律，以及用于此类分析的方法。最后，22.4 节描述了通过环境刺激来控制昼夜节律的一个基本理论。能够用于控制昼夜节律的方法很重要，因为这些方法能够应用于许多研究与工业化的问题中。

关键词：昼夜节律；叶绿素荧光；生长预测；转录组分析；相位响应曲线；分子时刻表法

22.1　引　言

为了适应环境的昼夜循环，植物采用固有的生物节律（也称为昼夜节律）来调节许多生理活动。昼夜节律通过预估每日环境变化，协调细胞生理过程对环境做出反应确保植物能够适应环境。通过对接收到的环境刺激的本能反应，昼夜节律与环境循环有序地联系在一起。因此，为了提高植物的产出，监测并探索植物动态信息（如昼夜节律的各个阶段）显得尤为重要。在本章中，介绍了一些近期基于昼夜节律涉及植物工厂栽培过程的成熟技术。

22.2　利用叶绿素荧光的生物节律进行幼苗诊断

植物工厂电能消耗巨大，生长不良的植物个体会造成巨大的利益损失。因此，在植物工厂中，能够在早期利用幼苗诊断及筛选技术识别并选出生长不良的植株，最大限度地降低经济损失是很重要的。

叶绿素荧光成像通常用于高效指示影响植物生长的因素，如光合作用的能力及胁迫的程度（Takayama et al. 2014）。当多余的光能不用于光合作用反应时，叶绿素 a（Krause and Weis, 1991；Govindjee, 1995）激发的红光会产生叶绿素荧光。因此叶绿素荧光的精确测量可以用于评估光合作用的化学反应及

散热过程的状态，且不需要与植物接触（Maxwell and Johnson，2000；Takayama and Nishina，2009）。叶绿素荧光成像技术由 Omasa 等（1987）与 Daley 等（1989）开发，用于评估叶片表面光合作用的异质分布，因此能够用于监测由生物或非生物应激因子引起的光合作用功能障碍。叶绿素成像技术还可以扩展，用于整株植物（Takayama et al.，2010）、树冠（Nichol et al.，2012），以及在大规模温室中培育的番茄（Takayama et al.，2011）的分析。

叶绿素荧光呈现出一种内在的大约 24 h 的，基于光合作用相关的基因表达调控所带来的昼夜节律。Gould 等（2009）利用叶绿素荧光来测定模式植物拟南芥的昼夜节律。图 22.1 是 600 株生菜幼苗的叶绿素荧光图像（Moriyuki and Fukuda，2016）。该试验使用生菜的种子（栽培品种'Frillice'和'Batavia'，生菜的固定品系来自雪牌种子有限公司（札幌，日本），在播种后第 6 d 关闭蓝色 LED，使用互补金属氧化物半导体（metal-oxide-semiconductor，CMOS）照相机获得叶绿素荧光图像。为了获得叶绿素荧光的昼夜节律，该测量在播种后的第 6 d 重复 6 次，每次测量间隔 4 h。此外，为了研究叶绿素荧光的昼夜节律与植物生长的关系，我们在播种后的第 17 d 测量了 153 株'Frillice'生菜及 148 株'Batavia'生菜的鲜重，记为 W_i。

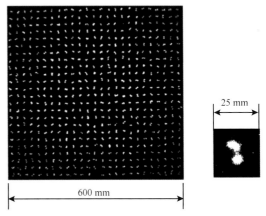

图 22.1　600 株生菜（Frillice 和 Batavia）幼苗的叶绿素荧光图像，对比度已调整（Moriyuki and Fukuda，2016）

图 22.2A 与 B 在叶绿素荧光水平展示出两个生菜品种（Frillice 和 Batavia）一天内从早到晚的昼夜变化。所有 Frillice 和 Batavia 的植株显示出一种昼夜节律并且叶绿素荧光在夜晚达到峰值。根据鲜重平均值 μ_w 及标准差 σ_w，将植物分为 4 组：第一组（$\mu_w + \sigma_w < W_i$），第二组（$\mu_w < W_i \leq \mu_w + \sigma_w$），第三组（$\mu_w - \sigma_w < W_i \leq \mu_w$），以及第四组（$W_i \leq \mu_w - \sigma_w$）（图 22.2A、B）。当重量超过某阈值（$W_i > 7.6$ g）时，Frillice 生菜的叶绿素荧光随着重量增加而减少，相反地，Batavia 没有这种趋势（图 22.2C，D）。当 Frillice 的叶绿素荧光低于某阈值时，生长状况更好。这些数据表明在光合化学反应中使用大量光能的幼苗（会使叶绿素荧光值降低）具有更强的生长能力。

图 22.3A、B、D、E 表明了 W_i 与昼夜节律振幅 A_i 及峰值阶段 φ_i 的关系。这些昼夜节律的数值与 W_i 之间并未观察到明显的联系；相关系数 R 值低。如图 22.3B 与 E，φ_i 的中位数及变化范围因品种不同而异。因此，我们还定义了峰值相位 φ_{si} 的基线 $\overline{\varphi_i}$，以获得某阶段 φ_i' 作为环境同步性的测量值：

$$\varphi_i' = \varphi_i + |\overline{\varphi_i} - \varphi_i|$$

生菜品种 Frillice 和 Batavia 的 $\overline{\varphi_i}$ 值分别为 1.70 π 和 1.66 π。图 22.3 C 与 F 说明了 φ_i' 与 W_i 的关系，并且 Batavia 生菜植株中体现了这一种微弱的关系。尽管每个昼夜指数与生长的关系很微弱，通过考虑多种昼夜节律指数可以改善对植物的生长预测，在本节中有所讨论。

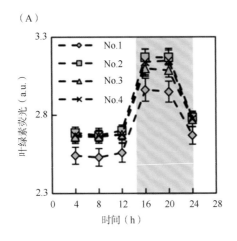

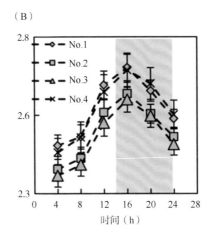

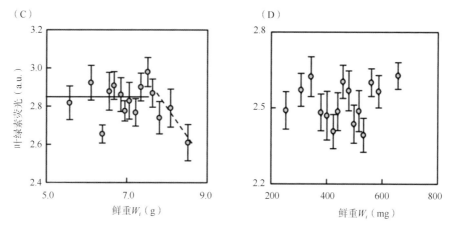

图 22.2　叶绿素荧光的昼夜节律及叶绿素荧光与鲜重之间的关系。根据 Frillice（A）和 Batavia（B）的叶绿素荧光在超过一天的时间内的变化分为 4 组。白色与灰色背景分别表明光照与黑暗条件（C，D）。C，D 分别表明 10 株 Frillice（C）和 Batavia（D）的平均鲜重 W_i 与平均叶绿素荧光值的关系。误差线表示标准误（Moriyuki and Fukuda，2016）

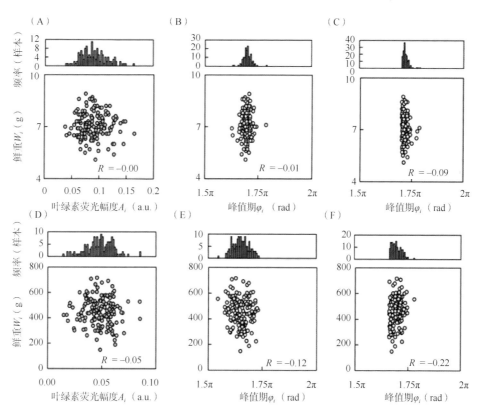

图 22.3　鲜重与叶绿素荧光昼夜节律指数的关系。Frillice：A～C；Batavia：D～F。（A、D）叶绿素荧光幅度 A_i，（B、E）峰值相，φ_i，以及（C、F）相位 φ_i'。每个直方图的横轴表明了指数的频率（植物样本的数量）（Moriyuki and Fukuda，2016）

22.3　基于生物节律的高通量生长预测系统

　　生长不良且低于销售质量标准的植物会给植物工厂造成严重的经济损失（Kozai et al.，2015）。即使是同一种植物或同一批种子，个体差异也能够导致发育不良。因此，在早期利用所谓的幼苗诊断与筛选技术鉴别并剔除质量不佳的幼苗对于增加植物工厂的收益是很重要的。这项技术利用幼苗的动态信息预测生长不良的幼苗并进行处理（Fukuda et al.，2011）。

　　在大规模植物工厂中，由于每天分析超过 1 000 株植物，动态植物信息值会在数据上保持稳定。由于自动数据获取系统和用于储存动态植物资料的数据库的建立，生长预测的准确性得到了改善。通常情况下，对叶片大小、颜色及每株幼苗的形态的多重观测给商业化工厂中幼苗生长的评估提供了参数。

　　我们开发了一种基于生菜幼苗叶绿素荧光的高通量生长预测方法，这些幼苗来自于大阪府立大学的一个商业化大规模植物工厂，每天能产出大约 5 000 株生菜。如 22.1 节中所述，为了测定生长节律，在播种 6 d 后每 4 h 测定每株幼苗的叶绿素荧光 6 次。通过叶绿素荧光成像，能够获得多个动态变量，包括叶片面积与叶绿素荧光强度。最后，我们对每个变量作为生长预测因子进行评估，通过机器学习将这些变量组合起来，以确定用于幼苗诊断的更好的指标。

22.3.1　自动叶绿素荧光测定系统

　　在大型植物工厂中，幼苗诊断和植物移植需要自动化。因此，我们开发了一种幼苗诊断系统（图 22.4A，B），该系统每天可以在这样的工厂中诊断 7 200 多个幼苗。该幼苗诊断系统由搬运绿化板的机器人（图 22.4C）、诊断工具和移植机器人组成。该诊断设备包括一个暗箱（宽 900mm、深 900mm、高 1 200mm），上层暗箱中的一个高灵敏度的 CMOS 摄像头，以及用以激发植物叶绿素的蓝色 LED 光源（波长 λ = 470 nm）。此外，该设备包括 PC 控制的 CMOS 相机、LED 控制器、射频识别器（radio frequency identifier，RFID）系统、数据输入/输出单元、叶面积采集/分析系统、叶绿素荧光和昼夜节律数据的自动记录程序。

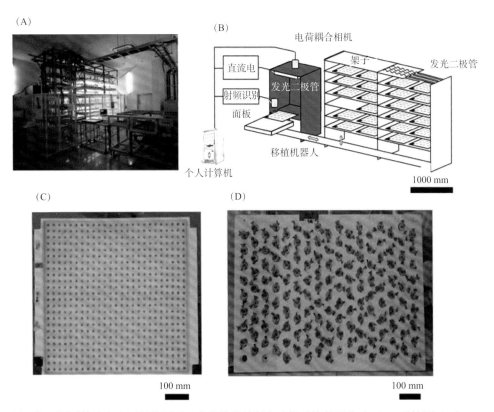

图 22.4　高通量生长预测系统和各个面板的图示。生菜幼苗诊断和选择系统的照片（A），系统图（B），Batavia 的绿化板照片（C）和 Frillice 的育苗板照片（D）。（Moriyuki and Fukuda，2016）

　　播种后第 6 d 进行幼苗诊断时，诊断系统的绿化板搬运机器人自动将目标搬运到暗箱中。如 22.1 节所述，立即用蓝色 LED 灯照射幼苗 2 s 以激发叶绿素，然后用 CMOS 摄像机记录每株植物的叶绿素荧光。该测量每 4 h 重复 6 次，利用 RFID 系统将幼苗诊断结果输入移植机器人，由数字输入/输出单元控制暗箱窗板的开闭。根据结果，移植机器人只会将优质幼苗从绿化板自动移植到育苗板（图 22.4D）。

22.3.2 基于机器学习的生长预测系统

神经网络本身能够学习数据的未知非线性属性（Chen et al., 1990）。在我们的植物生长预测系统中运用的神经动态网络是这样构建的：通过在 6 个时间点（如 4 h、8 h、12 h、16 h、20 h 和 24 h）测量的叶片面积与叶绿素荧光值及 4 个昼夜节律特征获得动态植物信息，以这些信息为基础形成神经动态网络。这 4 个昼夜节律特征是振幅 A_i，峰值相位 φ_i，叶绿素荧光平均值 $<I_i>$ 和余弦曲线近似系数。神经网络的输入层包括 16 种动态植物信息，输出层由测量后 11 d 的鲜重 W_i 组成。在实验中，播种后第 17 d 测量了鲜重 W_i（153 株 Frillice 和 148 株 Batavia）。所有植物数据的 70% 被用作反向传播方法的训练数据。我们在应用 40 次神经网络的过程中使用了几种类型的输入数据，并估计了平均相关系数 R 和标准误差。图 22.5 显示了每个指数和 W_i 之间相关系数 $|R|$ 的大小。图 22.5 中的白色背景表示单项指数。也就是说，单个数据点来自于每个时间点的叶面积、每个时间点的叶绿素荧光值、振幅 A_i、峰值相位 φ_i、平均叶绿素荧光 $<I_i>$ 和决定系数。图 22.5 中的灰色背景表示多重指标：叶片面积（2、3 和 6 个时间点）、叶绿素荧光（2、3 和 6 个时间点）、昼夜节律特征（2、3 和 4 类节律）以及所有动态植物指数。我们将 2 个叶面积和 CF 点定义为在 2 个时间点（12 h 和 24 h）获取的数据，将 3 个叶面积定义为在 3 个时间点（8 h、16 h 和 24 h）获取的数据。另外，通过 A_i 和 φ_i 定义了两种类型的昼夜节律，通过 A_i、φ_i 和 $<I_i>$ 定义了三种类型，通过所有这些参数加上决定系数定义了 4 种类型。多个指标比单个指标能够更好地预测植物生长。Fukuda 等（2011）的报告显示即使 $|R|$ 值很小，工厂的生产率也会提高。因此，如图 22.5 所示，$|R|$ 值的增加能够提高生产力。

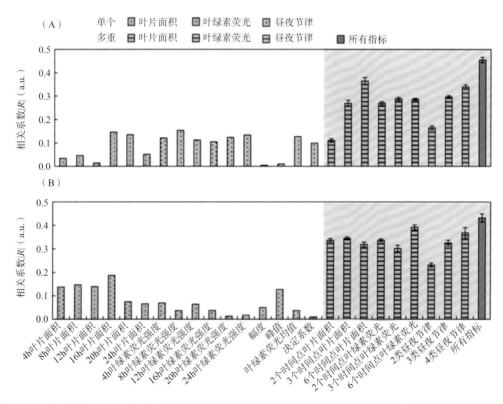

图 22.5 在 Frillice（A）和 Batavia（B）中使用机器学习确定的指标与鲜重之间的相关性。白色背景表示单个指标，灰色背景表示多个指标。误差线表示标准误差（Moriyuki and Fukuda，2016）

我们开发的高通量生长预测系统能够根据在生长早期获得的生物节律数据自动识别和选择生长不良

的植物。系统自动测量叶片面积、叶绿素荧光和昼夜节律参数；通过机器学习协调生长预测的改善。

22.4 使用分子时刻表方法检测转录组生物节律

蔬菜的质量取决于植物的新陈代谢，而新陈代谢则受基因表达的控制。昼夜基因表达的振荡是由环境周期和昼夜节律调节引起的。通过昼夜节律时钟进行调节可确保生理过程的稳定性，并使之适应昼夜环境周期。因此，测量昼夜节律对于评估蔬菜质量的环境调节非常重要。

在可用于测量昼夜节律的几种方法中，转录组分析（全面的基因表达分析）是一种特别精确的方法。转录组分析涉及基因转录产物的全面捕获和分析，被广泛用于动物、植物和昆虫的研究中（Scherf et al.，2000；Rifkin et al.，2003；Lister et al.，2008）。在转录组分析中，从目标组织中提取核糖核酸（RNA），并使用测序仪（二代测序）确定序列（或 "读段"）。使用 Bowtie2 之类的软件将所有读段对照到参考序列［美国国家生物技术信息中心（National Center for Biotechnology Information，NCBI）数据库中预测转录组模型］（Langmead and Salzberg，2012），根据获得的对照的读段数量计算特定基因的表达水平。通过在时间过程中获取数据，可以确定基因表达中的时间模式。由于分析设备和技术的最新改进致使成本降低，转录组分析在农业中的使用有所增加（Tanigaki et al.，2017）。

22.4.1 环境变化对转录组的影响

在使用转录组分析法预测生长和营养质量等现象时，基因注释和序列信息（遗传信息）非常重要。对于含有大量遗传信息的植物能够比较容易进行研究，如番茄。作为一个代表性的例子，图 22.6 和图 22.7 显示了在太阳光植物工厂中在 48 h 内每 2 h 番茄叶片的基因表达的转录组分析结果（Tanigaki et al.，2015）。虽然在采样的最后一天遇到雨水天气，环境急剧变化（图 22.6），但基因表达显示出稳定的周期性（图 22.7）。基因表达的时间模式分析显示 1516 个基因表现出以 24 h 为周期的表达模式（$p < 0.05$；错误发现率＜ 0.05）。此外，我们发现主要的植物激素通路中关键酶的表达是周期性的并且是在昼夜节律控制下的。表达模式及环境条件对气孔相关基因表达的影响的分析表明，番茄植株关闭气孔以抑制蒸腾作用，与此同时会产生脱落酸。这些生理信息将有助于设计工厂的环境控制。

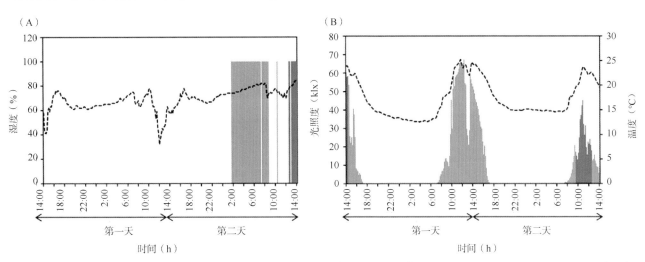

图 22.6 日本爱媛大学太阳光植物工厂的栽培条件示例。番茄叶每 2 h 取样，持续 2 d（14：00 ～ 14：00）。（A）湿度（虚线）和降雨时间（灰色区域）。（B）照度（灰色区域）和温度（虚线，第二轴）（Tanigaki et al.，2015）

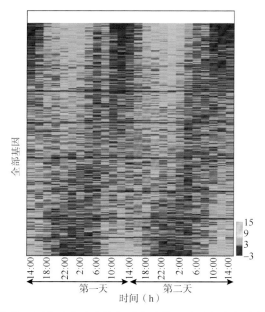

图 22.7 在图 22.6 中描述的太阳光植物工厂中番茄叶片的基因表达谱。基因表达表示为 log[2] 值。顶部的白色区域表示基因表现出低表达水平（log[2] 值 ≤ 0.1）（Tanigaki et al.，2015）

22.4.2 使用分子时刻表法分析昼夜节律

建立了一种基于基因的整体行为来测量昼夜振荡的方法（分子时刻表法），用以测定昼夜节律（Ueda et al.，2004；Higashi et al.，2016a）。在分子时刻表法中，首先选择 "时间指示基因"，然后通过拟合基因表达模式和余弦曲线来评估每个时间指示基因的峰值表达时间（分子峰值时间）。将时间指示基因按表达时间轴的顺序排列，然后在任意时间将基因表达水平显示为散点图。主体时间（昼夜节律的相位）是根据散点图的峰值估算出来的（图 22.8）。

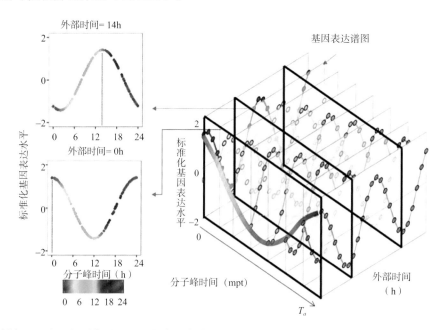

图 22.8 分子时刻表法。右边的顺序图显示了按分子峰时间（mpt）排列的时间指示基因的表达谱。左侧的散点图是通过在特定时间从右侧截取获得的横截面图

22.4.3　转录组主体时间的估计

根据太阳光植物工厂番茄的转录组分析数据，选择了 143 个基因作为时间指示基因（Higashi et al. 2016a）。随着时间的流逝，正弦曲线图的峰值位置规律移动，并且该峰值位置的时间（主体时间）与外部时间（采样时间）几乎相同（图 22.9）。当仅从应激反应基因中重新选择时间指示基因时，主体时间也可以使用分子时间表法来估计。尽管与 143 个标准时间指示基因相比，这些应激反应基因表现出杂乱分布，但主体时间估计还是足够准确的。

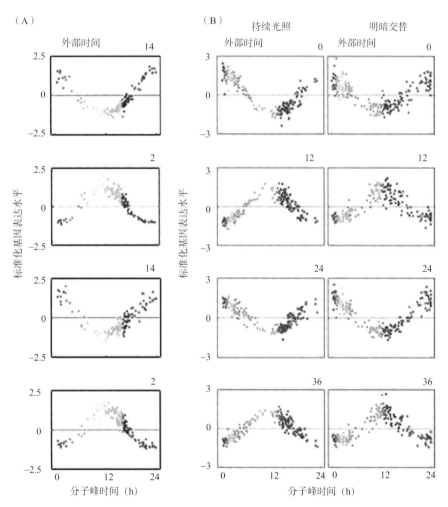

图 22.9　使用分子时间表法估算昼夜节律相位，（A）太阳光植物工厂中的番茄（Higashi et al.，2016a）；（B）人工光植物工厂中的生菜（cv. Frillice）。面板右上方的数字表示外部时间（采样时间）。基因表达水平被标准化（Higashi et al.，2016b）

同样，通过分析在两种不同光照环境下［恒定光照（constant light，LL）及 12 h 光照 /12 h 黑暗（light-dark，LD）的循环］人工光植物工厂中生长的生菜（Frillice）的转录组数据，选择了 215 个重叠群［重叠群是指一组重叠的脱氧核糖核酸（DNA）片段］作为时间指示基因（Higashi et al.，2016b）。这 215 个重叠群在 LL 和 LD 条件下均表现出稳定的周期性和周期性表达。215 个重叠群的峰值表达时间与外部时间几乎相同（图 22.9）。

表现出振荡表达的基因或重叠群可用作分子生物标记物，用于确定环境条件的最佳循环，如植物工厂中的明暗比、温度和二氧化碳（CO_2）浓度。使用植物昼夜节律优化植物栽培条件的先进方法也可以应用于遗传信息少的其他栽培植物，因此该方法作为专门的转录组分析可用于植物工厂或田间农业。

22.5　植物生物节律的控制

　　植物中的昼夜节律调节基因表达的时间，可能导致从清晨到中午的光合作用基因表达达到峰值，从傍晚到晚上的糖转运基因表达及从深夜到清晨涉及香气产生的基因表达达到峰值（Harmer et al.，2000）。内源性生物钟调节生理过程的关键因素是生物钟共振（Dodd et al.，2005；Higashi et al.，2015），这使植物生物钟的周期与外部明暗周期相匹配，从而使地上部分质量最大化。例如，将明暗循环的周期从24 h更改为18、20和22 h，可抑制生菜［Greenwave品种（叶生菜）］生长约50%（Higashi et al.，2015）。其他园艺研究报告也表明适当的明暗周期可提供最大的生长量（UrAiri et al.，2017）。因此，昼夜节律的控制技术在提高生产率和植物品质方面起着重要作用。

　　昼夜节律通过其自身的反应被系统地带入外部循环，这个过程取决于接受环境刺激的阶段（主体时间）。相位响应曲线（phase response curves，PRCs）绘制了环境刺激引起的昼夜节律相位随刺激相位变化的变化（Fukuda et al.，2008，2013；Masuda et al.，2017），可以用来描述这种响应。PRC对于分析生物对环境的生理适应性至关重要（如哺乳动物从时差中恢复，以及植物体内进行光合作用）。此外，植物昼夜节律系统由大量自我维持的细胞振荡器组成，它们相互同步以产生强劲的输出节奏（Ukai et al.，2012）。振荡器的不同步降低输出的昼夜节律，而它们的重新同步则能够恢复节律（Fukuda et al.，2013）。为了植物健康的生长，细胞振荡器的活动必须保持同步，以维持稳定的昼夜节律及与环境周期同步。

　　图22.10显示了转基因植物拟南芥 *Circadian Clock Associated 1*：*luciferase*（*CCA1*：*LUC*）在恒定光照条件下施加2 h黑暗脉冲的昼夜节律响应，其中改良的萤火虫荧光素酶（*LUC*）基因已与 *CIRCADIAN CLOCK-ASSOCIATED1*（*CCA1*）启动子融合。该 *CCA1*：*LUC* 植物仅表现出非常弱的生物发光，这与时钟基因 *CCA1* 的表达率成正比。黑暗脉冲引起昼夜节律的相移和幅度变化。在图22.10B中，PRC是关于昼夜节律 ϕ 绘制的，其中 $\phi = 0$ 和 π rad分别对应于黎明和黄昏，2 h黑暗脉冲的PRC拟合为正弦曲线 $G(\phi)$（Fukuda et al.，2008）。图22.10C显示了相同植物的幅度响应曲线，在 $\phi = 0.2$ rad/2π

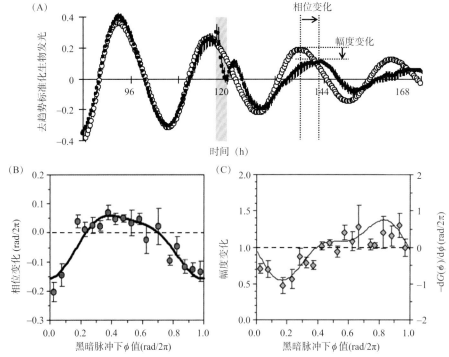

图 **22.10**　拟南芥 *Circadian Clock Associated 1*：*luciferase CCA1*：*LUC* 在恒定光照条件下施加2 h黑暗脉冲的昼夜节律响应。（A）在有和没有脉冲扰动的植物上平均生物发光信号。灰色矩形表示2 h黑暗脉冲。（B）黑暗脉冲的相位响应曲线，表明植物昼夜节律相位相对于相位 ϕ 的偏移，在此期间施加了黑暗脉冲。实线 $G(\phi)$ 显示拟合曲线。（C）黑暗脉冲的幅度响应曲线，表明植物相对于脉冲扰动相位 ϕ 的幅度变化。实线表示 $-dG(\phi)/d\phi$（Fukuda et al.，2013）

（大约正午的主体时间）处施加的黑暗脉冲强烈抑制了昼夜节律振荡（幅度减小），而在 $\phi = 0.85\ \text{rad}/2\pi$（主体时间大约在黎明之前）增强了昼夜节律振荡（幅度增大）。

昼夜节律幅度的变化主要是由自我维持的细胞昼夜节律的总体同步引起的。脉冲扰动对同步状态的影响取决于 PRCs 的负斜率（Arai and Nakao，2008）。如果 $-\mathrm{d}G(\phi)/\mathrm{d}\phi < 0$ 或 $-\mathrm{d}G(\phi)/\mathrm{d}\phi > 2$，则同步减弱，而如果 $0 < -\mathrm{d}G(\phi)/\mathrm{d}\phi < 2$ 则同步增强。$-\mathrm{d}G(\phi)/\mathrm{d}\phi$ 的负斜率确实与幅度响应曲线一致（图 22.10C）。

图 22.11 显示了空间控制光照引起的生菜叶中细胞昼夜节律的光带（Seki et al.，2015）。使用液晶显示（liquid crystal display，LCD）投影仪在 12 h 内将交替的明暗星形图像施加到生菜叶上，持续 3 d（图 22.11A）。在这项研究中，使用转基因生菜（*Lactuca sativa* L. cv. Greenwave *AtCCA1*：：*LUC*）进行昼夜节律的测量。生物发光表现为昼夜节律（Higashi et al.，2014），几乎可以在叶片的所有细胞中观察到，甚至在恒定的黑暗条件下也可以观察到，如 Ukai 等报道（2012）。图 22.11B 显示了在恒定暗度（Constant darkness，DD）下获得的生物发光图像。观察到白色和黑色星形生物发光图案，表明星形图案的相位几乎彼此相反。这些结果证明了通过空间控制照明来控制细胞昼夜节律的可能性。

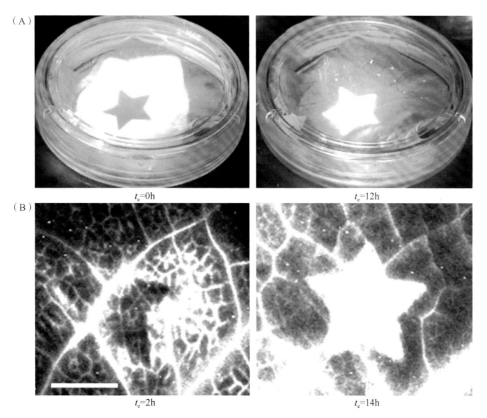

图 22.11　使用 LCD 投影仪时空照明引起的转基因生菜（*L. Sativa* L. cv. Greenwave *AtCCA::LUC*）叶中星状初始条件的昼夜节律。（A）明亮和黑暗的星形照明。（B）生物发光图像：星形区域位于拍摄对象黄昏（左）和拍摄黎明（右）（比例尺：10 mm）（Seki et al. 2015）

昼夜节律的空间控制具有园艺意义。昼夜节律时钟基因位于 *FLOWERING LOCUS T*（*FT*）基因的上游，该基因参与花的诱导（Endo et al.，2014）。开花可以通过局部投影调节 *FT* 基因的表达来控制，具体取决于各个器官，如改变光质或光周期。对植物生长的影响也随波长变化而变化（Lin et al.，2013）。因此，对重要器官施加最佳波长和日长的空间照明控制可以提高植物的生长和品质。

22.6 结　论

　　在植物工厂从发芽到收获的所有栽培过程中均观察到昼夜节律。由于昼夜节律在生理过程中的重要性，因此是评估生长状况的常用指标。使用叶绿素荧光的昼夜节律进行幼苗诊断可以提高植物工厂的生产率和稳定性。另外，通过分子时间表方法精确检测基因表达数据中的昼夜节律可提供有关环境优化的知识。昼夜节律的控制方法也适用于光和温度的精确调节以最大化植物产量。关于昼夜节律的检测和利用的进一步研究和发展将为提高植物工厂的产量和质量提供关键技术。

参 考 文 献

Arai K，Nakao H（2008）Phase coherence in an ensemble of uncoupled limit-cycle oscillators receiving common Poisson impulses. Phys Rev E 77（3）：036218（1-17）

Chen S，Billings SA，Grant PM（1990）Non-linear system identification using neural networks. Int J Control 51（6）：1191-1214

Daley PF，Raschke K，Ball JT，Berry JA（1989）Topography of photosynthetic activity of leaves obtained from video images of chlorophyll fluorescence. Plant Physiol 90（4）：1233-1238

Dodd AN，Salathia N，Hall A，Ke'vei E，To'th R，Nagy F，Hibberd JM，Millar AJ，Webb AAR（2005）Plant circadian clocks increase photosynthesis，growth，survival，and competitive advantage. Science 22：630-633

Endo M，Shimizu H，Nohales MA，Araki T，Kay SA（2014）Tissue-specific clocks in *Arabidopsis* show asymmetric coupling. Nature 515：419-422

Fukuda H，Ichino T，Kondo T，Murase H（2011）Early diagnosis of productivity through a clock gene promoter activity using a luciferase bioluminescence assay in *Arabidopsis thaliana*. Environ Control Biol 49（2）：51-60

Fukuda H，Murase H，Tokuda IT（2013）Controlling circadian rhythms by dark-pulse perturbations in *Arabidopsis thaliana*. Sci Rep 3：1533（1-7）

Fukuda H，Uchida Y，Nakamichi N（2008）Effect of a dark pulse under continuous red light on the *Arabidopsis thaliana* circadian rhythm. Environ Control Biol 46（2）：123-128

Gould PD，Diaz P，Hogben C，Kusakina J，Salem R，Hartwell J，Hall A（2009）Delayed fluorescence as a universal tool for the measurement of circadian rhythms in higher plants. Plant J 58（5）：893-901

Govindjee（1995）Sixty-three years since Kautsky：chlorophyll α fluorescence. Aust J Plant Physiol 22：131-160

Harmer SL，Hogenesch JB，Straume M，Chang HS，Han B，Zhu T，Wang X，Kreps JA，Kay SA（2000）Orchestrated transcription of key pathways in *Arabidopsis* by the circadian clock. Science 290：2110-2113

Higashi T，Aoki K，Nagano AJ，Honjo MN，Fukuda H（2016b）Circadian oscillation of the lettuce transcriptome under constant light and light-dark conditions. Front Plant Sci 7：1114（1-10）

Higashi T，Kamitamari A，Okamura N，UkAi K，Okamura K，Tezuka T，Fukuda H（2014）Characterization of circadian rhythms through a bioluminescence reporter assay in *Lactuca sativa* L. Environ Control Biol 52（1）：21-27

Higashi T，Nishikawa S，Okamura N，Fukuda H（2015）Evaluation of growth under non-24 h period lighting conditions in *Lactuca sativa* L. Environ Control Biol 53（1）：7-12

Higashi T，Tanigaki Y，Takayama K，Nagano AJ，Honjo MN，Fukuda H（2016a）Detection of diurnal variation of tomato transcriptome through the molecular timetable method in a sunlight- type plant factory. Front Plant Sci 7（87）：1-9

Kozai T，Niu G，Takagaki M（eds）（2015）Plant factory，1st edition——an indoor vertical farming system for efficient quality for production. Academic，Cambridge，MA

Krause GH，Weis E（1991）Chlorophyll fluorescence and photosynthesis：the basics. Annu Rev Plant Physiol Plant Mol 42：313-349

Langmead B，Salzberg SL（2012）Fast gapped-read alignment with bowtie 2. Nat Methods 9（4）：357-359

Lin KH, Huang MY, Huang WD, Hsu MH, Yang ZW (2013) The effects of red, blue, and white light-emitting diodes on the growth, development, and edible quality of hydroponically grown lettuce (*Lactuca sativa* L var capitata). Sci Hortic 150: 86-91

Lister R, O'Malley R, Tonti-Filippini J, Gregory B, Berry C, Millar A, Ecker J (2008) Highly integrated single-base resolution maps of the epigenome in *Arabidopsis*. Cell 133 (3): 523-536

Masuda K, Kitaoka R, UkAi K, Tokuda IT, Fukuda H (2017) Multicellularity enriches the entrainment of *Arabidopsis* circadian clock. Sci Adv 3 (10): e1700808

Maxwell K, Johnson GN (2000) Chlorophyll fluorescence——a practical guide. J Exp Bot 51: 659-668

Moriyuki S, Fukuda H, (2016) High-throughput growth prediction for *Lactuca sativa* L. seedlings using chlorophyll fluorescence in a plant factory with artificial lighting. Front Plant Sci 7: 394 (1-8)

Nichol CJ, Pieruschka R, Takayama K, Foörster B, Kolber Z, Rascher U, Grace J, Robinson SA, Pogson B, Osmond B (2012) Canopy conundrums: building on the biosphere 2 experience to scale measurements of inner and outer canopy photoprotection from the leaf to the landscape. Funct Plant Biol 39 (1): 1-24

Omasa K, Shimazaki K, Aiga I, Larcher W, Onoe M (1987) Image analysis of chlorophyll fluorescence transients for diagnosing the photosynthetic system of attached leaves. Plant Physiol 84 (3): 748-752

Rifkin SA, Kim J, White KP (2003) Evolution of gene expression in the Drosophila melanogaster subgroup. Nat Genet 33 (2): 138-144

Scherf U, Ross D, Waltham M, Smith L, Lee J, Tanabe L, Kohn K, Reinhold W, Myers T, Andrews D, Scudiero D, Eisen M, Sausville E, Pommier Y, Botstein D, Brown P, Weinstein J (2000) A gene expression database for the molecular pharmacology of cancer. Nat Genet 24 (3): 236-244

Seki N, UkAi K, Higashi T, Fukuda H (2015) Entrainment of cellular circadian rhythms in *Lactuca sativa* L. leaf by spatially controlled illuminations. J Biosens Bioelectron 6 (4): 186

Takayama K, Hirota R, Takahashi N, Nishina H, Arima S, Yamamoto K, SakAi Y, Okada H (2014) Development of chlorophyll fluorescence imaging robot for practical use in commercial green- house. Acta Hort (1037): 671-676

Takayama K, Nishina H (2009) Chlorophyll fluorescence imaging of the chlorophyll fluorescence induction phenomenon for plant health monitoring. Environ Control Biol 47 (2): 101-109

Takayama K, Nishina H, Arima S, Hatou K, Ueka Y, Miyoshi Y (2011) Early detection of drought stress in tomato plants with chlorophyll fluorescence imaging——practical application of the speaking plant approach in a greenhouse. Preprints of the 18th IFAC World Congress, pp 1785-1790

Takayama K, Sakai Y, Oizumi T, Nishina H (2010) Assessment of photosynthetic dysfunction in a whole tomato plant with chlorophyll fluorescence induction imaging. Environ Control Biol 48 (4): 151-159

Tanigaki Y, Higashi T, Takayama K, Nagano AJ, Honjo MN, Fukuda H (2015) Transcriptome analysis of plant hormone-related tomato (*Solanum lycopersicum*) genes in a sunlight-type plant factory. PLoS One 10 (12): e0143412

Tanigaki Y, Higashi T, Takayama K, Nagano AJ, Honjo MN, Fukuda H (2017) Transcriptome analysis of a cultivar of green perilla (*Perilla frutescens*) using genetic similarity with other plants via public databases. Environ Control Biol 55 (2): 77-83

Ueda HR, Chen W, Minami Y, Honma S, Honma K, Iino M, Hashimoto S (2004) Molecular-timetable methods for detection of body time and rhythm disorders from single-time-point genome-wide expression profiles. Proc Natl Acad Sci USA 101 (31): 11227-11232

UkAi K, InAi K, Nakamichi N, Ashida H, Yokota A, Hendrawan Y, Murase H, Fukuda H (2012) Traveling waves of circadian gene expression in lettuce. Environ Control Biol 50 (3): 237-246

UrAiri C, Shimizu H, Nakashima H, Miyasaka J, Ohodoi K (2017) Optimization of light-dark cycles of *Lactuca sativa* L. in plant factory. Environ Control Biol 55 (2): 85-91

第 **23** 章
利用 **RGB** 图像自动监测植物生长和开花动态

Wei Guo　著

梁　莹，韦坤华，秦双双，郭晓云　译

摘　要： 在农业领域中，利用计算机视觉技术对植物表型特征进行监测以了解其生长情况的重要性日益突出。该技术有望取代具有破坏性和高劳动强度的传统植物调查方法。本章首先介绍几种用于监测室外条件下植物生长动态的计算机视觉技术，探索基因型与环境互作下植物的生长发育过程。随后讨论将这些技术应用于植物工厂以达到最大化生产率的可能性。

关键词： 植物表型；图像处理；机器学习

23.1　引　　言

作为一种高效、无损的测量方法，计算机视觉技术正逐渐应用于农艺观察，尤其是作为育种行业中高通量植物表型分析的有力工具（Houle et al.，2010；Furbank and Tester，2011；Minervini et al.，2015），为了进一步了解植物遗传资源的特征，研究人员提出了使用图像的方法提取和评估植物表型特征，如冠层覆盖率、叶面积指数、植株高度（Guo et al.，2013；Yeh et al.，2014；Jiang et al.，2015；Liu et al.，2015）和特定的植物器官如叶、果、花和种子（Yoshioka et al.，2004；Remmler and Rolland-Lagan，2012；Yamamoto et al.，2014，2015；Guo et al.，2015；Lu et al.，2017）。在计算机视觉技术的应用中，室外条件下对植物进行表型分析比在室内条件下更具挑战性，这是因为即使对于相同的感兴趣区域（region of interest，ROI），如一种植物或植物的器官，在室外条件下数码相机获取的图像受到阳光、风、雨等各种环境参数的影响。因此，开发适用于室外环境下的三基色（red green blue，RGB，红绿蓝）图像处理技术，需要具备高度专业化的农艺和工程领域知识。开发室外环境下植物分析技术，同样适用于室内，如在植物工厂的环境中使用。

本章中，首先介绍几种新的图像分析技术和应用，使用 RGB 图像监测和量化自然条件下植物的动态。然后，讨论将这些技术应用于未来植物工厂行业的可能性。

23.2　室外条件下的计算机视觉技术

为植物研究开发成熟的计算机视觉技术，需要考虑 4 个基本步骤：图像预处理、图像分割、ROI 检测和表型特征提取，如图 23.1 所示。与室内条件下拍摄的图像相比，室外条件下拍摄的图像，由于光照变化、阴影和背景等因素不受控制，难以具备良好的"图像分割"和"ROI 检测"性能。

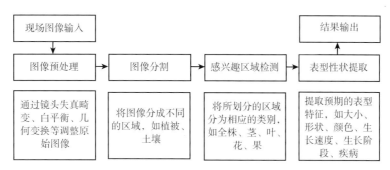

图 **23.1**　基于计算机视觉技术的植物研究工作流程

23.2.1　图像分割

图像分割是几乎所有计算机视觉技术中的基本步骤。在该步骤中，图像被分成若干关于某些特征（如颜色特征或纹理特征）均匀的区域。分割有助于目标检测，如识别 ROI。在室外条件下进行植物的相关研究中，植被区域分割也是一个重要的目标，包括传统的基于颜色空间的图像分割法（Philipp and Rath，2002；Panneton and Brouillard，2009；Liu et al.，2012）和新的基于颜色空间的图像分割法（Woebbecke et al.，1995；Meyer and Neto，2008）。然而，大多数的方法需要对每个图像进行阈值处理，这对于大量的图像时间序列来说效率太低。目前，一种强大的基于机器学习的新方法已经出现，该方法利用不同光照条件下一系列自动拍摄的图像，能够有效从室外拍摄的图像背景中将植物分割出来。该方法被称为"基于光照不变决策树的植被分割模型（decision tree based vegetation segmentation model，DTSM）"（Guo et al.，2013），在室外不同的光照条件下对小麦表现出很强的分割性能。此外，其分割精度，特别是在阳光充足的条件下，比之前的分割方法好得多。图 23.2 显示了在复杂室外条件下"DTSM"植被分割方法的性能示例。

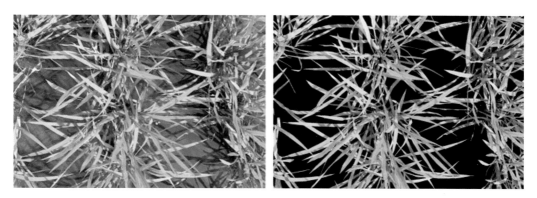

图 **23.2**　复杂室外条件下"DTSM"植被分割方法的性能示例

23.2.2　通过冠层覆盖估算植物生长特征

众所周知，植物冠层覆盖率是指示植物生长的参数，通常被定义为正交投影区域相对于水平面中植物叶面积的百分比。据报道，该比率与叶面积指数（LAI）、冠层光截获、氮含量和作物产量密切相关（Fukushima et al.，2003；Campillo et al.，2008；Takahashi et al.，2012）。由于所提出的 DTSM 方法能够从室外各种条件下拍摄的图像中有效提取作物植被区域，因此可以通过将图像中植被部分的总像素数除以整个图像中的总像素数来轻松计算给定照片中的植物冠层覆盖率。基于 DTSM，用于测量在各种光照条件下拍摄的时间序列图像的冠层覆盖率的软件，称为"简易植物覆盖率计算工具（Easy Plant Coverage Calculation tool，EasyPCC）"（图23.3），同样供研究使用（Guo et al.，2017）。为了评估其估算植物覆盖率的能力，东京大学可持续农业生态系统服务研究所将EasyPCC应用于水稻，水稻移栽后20天至抽穗前1周，当地时间8：00～16：00每天采集图像数据并计算分析。图23.3显示，该工具的覆盖率估计精度为99%。通过使用该方法，可以很容易地生成作物的生长曲线。

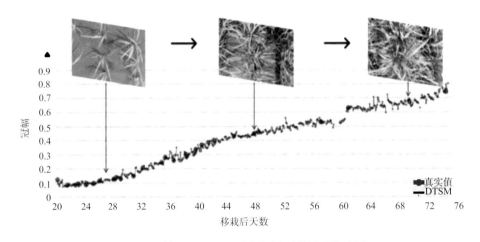

图 23.3　使用 EasyPCC 进行冠层覆盖评估的示例

23.2.3　水稻开花动态特征

开花是水稻最重要的表型特征之一，它决定了水稻的关键生长阶段。昼夜节律非常重要，热量会影响花粉的繁殖力和授粉效率，高热将导致产量降低和质量下降。目前虽然已经提出了在自然条件下识别花的方法，如用于雷斯克勒（一种油料作物）的基于颜色的方法和用于冬小麦的基于光谱反射的方法（Scotford and Miller，2004；Thorp and Dierig，2011），但这些方法对水稻开花期的辨识是不够的。因此，本文提出了一种算法，结合局部特征描述尺度不变特征变换（scale-invariant feature transform，SIFT）、视觉词袋模型（bag of visual words，BoVWs），以及机器学习模型之支持向量机（support vector machine，SVM）的算法来检测自然条件下拍摄的正常RGB图像中的水稻稻穗。该方法基于通用对象识别技术，在机器视觉中仍然具有挑战性。该方法的准确度约为80%，并且有效地估计了大田种植水稻的开花期和开花时间（Guo et al.，2015）。此外，它已经在一个新的数据集上得到了验证，该数据集收集自一种日本广泛种植的水稻品种'Koshihikari'，以不同的种植密度分为三种不同的种植方式，如图23.4和图23.5所示。

通过监测水稻在开花期的昼夜（逐日）开花模式和开花程度来评估该方法的性能（图23.4和图23.5）。

图 23.4　水稻功率检测和计数示例；红点表示检测到的开花穗数（种植密度：12 株·m^{-2}）

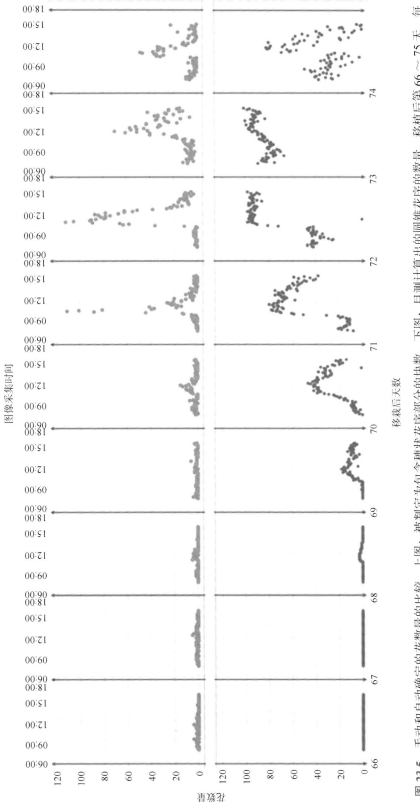

图 **23.5** 手动和自动确定的花数量的比较。上图：目测计算出的圆锥花序的数量。下图：被判定为包含穗状花序部分的块数。移植后第 66 ~ 75 天，每隔 5 min 在 08：00 ~ 16：00 采集一次图像

23.3　未来植物工厂可能使用的图像分析技术

23.3.1　叶类蔬菜生长动态特征

在植物工厂，尤其是在完全受控的生长环境中（包括人工照明、温度和湿度），易于获得高质量和稳定的图像，这有利于详细地测量诸如叶类蔬菜之类的植物。图 23.6 显示了对叶类蔬菜最初生长阶段的详细测量。每株植物都用几个参数测量，如面积、冠层覆盖率和其他形态特征，可以很容易地观察到每株幼苗的生长动态。

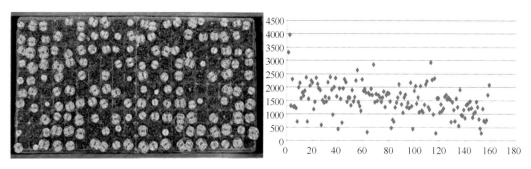

图 23.6　作物幼苗生长特性详细测量示例

23.3.2　果实的检测和计数

作物负载是一个定量参数，通常定义为每株果实的数量，是水果和蔬菜的一个非常重要的表型性状，它直接影响产品的质量和数量。育种学家和农民都在寻找自动测定作物负载量的方法，以降低与栽培管理、采收有关的劳动力成本，并优化生产物资，如肥料和农用化学品的使用量。前节讨论的开花识别方法可用于检测和计数在太阳光植物工厂中生长的成熟和未成熟果实，这将使长期预测产量波动成为可能（图 23.7）。

图 23.7　番茄检测计数示例（注：绿色、红色、重叠番茄均计数）

23.4　结论和讨论

本章中，介绍了几种计算机视觉技术，用于描述植物在自然条件下的生长动态。利用 RGB 图像及计算机视觉技术，降低植物生长的监测成本，实现农业自动化高效管理。在室外环境条件下开发的技术同样适用于植物工厂，尤其是光、空气和温度均可控的（Kozai and Niu，2015）人工光的植物工厂，人们可以通过图像实时自动监测其生长情况。然而，类似光合作用、叶绿素、胁迫和早期疾病等不可见的表型特征是无法从 RGB 图像中获得的，这些特征可以通过集成特殊光谱摄像机，如多光谱/高光谱、荧光和热成像仪获得，特别是在受控照明条件下，不可见但非常重要的植物生长动态可以相对统一地监测。在未来的植物工厂中，多摄像机系统有望实时采集可见和不可见的植物生长信息，这将有助于维持植物生长所需的最适资源，如光能、水、CO_2 和无机肥料（Kozai，2013），以最小的能量输入实现最大产量。

　　致谢： 本章介绍的部分方法，由 CREST 项目"通过构建农业数据进行知识发现"和 SICORP 项目"基于数据科学的气候变化下作物可持续生产的农业支持系统"资助，日本科学技术厅提供。

参 考 文 献

Campillo C，Prieto M，Daza C（2008）Using digital images to characterize canopy coverage and light interception in a processing tomato crop. Hortscience 43：1780-1786

Fukushima A，Kusuda O，Furuhata M（2003）Relationship of vegetation cover ratio to growth and yield in wheat. Rep Kyushu Branch Crop Sci Soc Japan：33-35

Furbank RT，Tester M（2011）Phenomics—technologies to relieve the phenotyping bottleneck. Trends Plant Sci 16：635-644. https://doi.org/10.1016/j.tplants.2011.09.005

Guo W，Fukatsu T，Ninomiya S（2015）Automated characterization of flowering dynamics in rice using field-acquired time-series RGB images. Plant Methods 11：7. https://doi.org/10.1186/ s13007-015-0047-9

Guo W，Rage UK，Ninomiya S（2013）Illumination invariant segmentation of vegetation for time series wheat images based on decision tree model. Comput Electron Agric 96：58-66. https://doi. org/10.1016/j.compag.2013.04.010

Guo W，Zheng B，Duan T et al（2017）EasyPCC：benchmark datasets and tools for high-throughput measurement of the plant canopy coverage ratio under field conditions. Sensors（Switzerland）17：1-13. https://doi.org/10.3390/s17040798

Houle D，Govindaraju DR，Omholt S（2010）Phenomics：the next challenge. Nat Rev Genet 11：855-866. https://doi. org/10.1038/nrg2897

Jiang N，Yang W，Duan L et al（2015）A nondestructive method for estimating the total green leaf area of individual rice plants using multi-angle color images. J Innov Opt Health Sci 8：1550002. https://doi.org/10.1142/S1793545815500029

Kozai T（2013）Resource use efficiency of closed plant production system with artificial light：concept，estimation and application to plant factory. Proc Jpn Acad Ser B Phys Biol Sci 89：447-461. https://doi.org/10.2183/pjab.89.447

Kozai T，Niu G（2015）Plant factory as a resource-efficient closed plant production system. Elsevier Inc

Liu T，Wu W，Chen W et al（2015）Automated image-processing for counting seedlings in a wheat field. Precis Agric 17：392. https://doi.org/10.1007/s11119-015-9425-6

Liu Y，Mu X，Wang H，Yan G（2012）A novel method for extracting green fractional vegetation cover from digital images. J Veg Sci 23：406-418. https://doi.org/10.1111/j.1654-1103.2011. 01373.x

Lu H，Cao Z，Xiao Y et al（2017）Towards fine-grained maize tassel flowering status recognition：dataset，theory and practice. Appl Soft Comput 56：34-45. https://doi.org/10.1016/j.asoc.2017. 02.026

Meyer GE，Neto JC（2008）Verification of color vegetation indices for automated crop imaging applications. Comput Electron Agric 63：282-293

Minervini M，Scharr H，Tsaftaris SA（2015）Image analysis：the new bottleneck in plant phenotyping［applications corner］. IEEE Signal Process Mag 32：126-131. https://doi.org/10. 1109/MSP.2015.2405111

Panneton B，Brouillard M（2009）Colour representation methods for segmentation of vegetation in photographs. Biosyst Eng 102：365-378. https://doi.org/10.1016/j.biosystemseng.2009.01.003

Philipp I，Rath T（2002）Improving plant discrimination in image processing by use of different colour space transformations. Comput Electron Agric 35：1-15. https://doi.org/10.1016/S0168- 1699（02）00050-9

Remmler L，Rolland-Lagan AG（2012）Computational method for quantifying growth patterns at the adaxial leaf surface in three dimensions. Plant Physiol 159：27-39. https://doi.org/10.1104/ pp.112.194662

Scotford IM，Miller PCH（2004）Estimating tiller density and leaf area index of winter wheat using spectral reflectance and ultrasonic sensing techniques. Biosyst Eng 89：395-408. https://doi.org/ 10.1016/j.biosystemseng.2004.08.019

Takahashi K，Rikimaru A，Sakata K，Endou S（2012）A study of the characteristic of the observation angle on the terrestrial image measurement of paddy vegetation cover. Japan Soc Photogramm Remote Sens 50：367-371（In Japanese）

Thorp KR，Dierig DA（2011）Color image segmentation approach to monitor flowering in lesquerella. Ind Crop Prod 34：1150-1159. https://doi.org/10.1016/j.indcrop.2011.04.002

Woebbecke DM，Meyer GE，Von BK，Mortensen DA（1995）Color indices for weed identification under various soil，residue，and lighting conditions. Trans ASAE 38：259-269. https://doi.org/ 10.13031/2013.27838

Yamamoto K，Guo W，Yoshioka Y，Ninomiya S（2014）On plant detection of intact tomato fruits using image analysis and machine learning methods. Sensors（Basel）14：12191-12206. https:// doi.org/10.3390/s140712191

Yamamoto K，Ninomiya S，Kimura Y et al（2015）Strawberry cultivar identification and quality evaluation on the basis of multiple fruit appearance features. Comput Electron Agric 110：233-240. https://doi.org/10.1016/j.compag.2014.11.018

Yeh YHF，Lai TC，Liu TY et al（2014）An automated growth measurement system for leafy vegetables. Biosyst Eng 117：43-50. https://doi.org/10.1016/j.biosystemseng.2013.08.011

Yoshioka Y，Iwata H，Ohsawa R，Ninomiya S（2004）Quantitative evaluation of flower colour pattern by image analysis and principal component analysis of Primula sieboldii E. Morren. Euphytica 139：179-186. https://doi.org/10.1007/s10681-004-3031-4

第 **24** 章

水培系统中营养液成分的控制

Toyoki Kozai，Satoru Tsukagoshi，Shunsuke Sakaguchi　著

郭晓云，韦坤华，缪剑华　译

摘　要： 本章提出了基于栽培床中水和离子平衡估算水培植物对水和离子吸收速率的概念和方法，该方法还可用于估算蒸腾速率和植物鲜重的增长；提出了使用其他离子测量数据估算某种或某几种离子浓度的概念和方法，如使用 NO_3^-、K^+、Ca^{2+}、Na^+、EC（电导率）和 pH 的测量数据估算 NH_4^+、Mg^{2+}、Cl^-、PO_4^{3-}（$H_2PO_4^-$）和 SO_4^{2-} 的离子浓度，其中营养液的 EC 与所有类型离子的 Eq（当量）浓度的总和有相关性。

关键词： EC；当量；离子选择性传感器；离子平衡；呼吸速率；效价；水平衡

24.1　引　言

自从 20 世纪 40 年代首次开发出蔬菜商业规模化生产的无土栽培开始，营养液的主要控制变量是电导率（electric conductivity，EC）、pH（表示溶液的酸度或碱度）、温度和进入栽培床的流速。EC 作为营养液离子当量浓度（$Eq \cdot kg^{-1}$）总和的指标详见第 12 章。

本章讨论了新一代水培营养液的控制计算方法，并提出了基于无土栽培栽培床水分和离子平衡的基本控制方法。本章讨论的无土栽培形式主要为营养液膜栽培（NFT）和深液流栽培（DFT）（Son et al.，2015）两种水耕栽培，因为这两种水培方式结构相对简单，是许多国家人工光植物工厂中最常用的系统，且在这两种水培方式中，栽培床的蒸发通常可以忽略不计。本章讨论的概念和方法可以在修改之后应用于其他类型的无土栽培系统，如滴灌灌溉系统和潮汐灌溉系统。

24.2　目前水培营养液控制的不足

水培法的一个优点是能够控制原水（地下水、雨水或城市用水等）、营养液母液和 pH 调节剂对营养液罐的供应速率，在许多水培系统中，还可以控制或监测溶解氧浓度（dissolved oxygen concentration，DO）和营养液的温度。控制原水、母液和 pH 调节剂的供应速率可以维持营养液罐中 EC、pH 和营养液水平的设定值，达到控制水和矿质元素吸收、蒸腾作用、光合作用的速率的目的，从而控制植物生长和产品质量。

采用这种控制方法，营养液罐中每种离子的浓度在不同时间会产生波动，即使 EC 和 pH 在其设定值

处得到良好控制，也很难稳定营养成分组成及浓度。在恒定的 EC 和 pH 下，离子浓度波动的主要原因如下：

（1）配方（营养元素组成和浓度）不适合特定环境下的植物；

（2）由于使用原水的离子组成和浓度，该配方不适合使用现有原水配制；

（3）由于离子供应和摄取速率之间的不平衡，导致 Cl^-、Na^+、SO_4^{2-} 和 / 或其他离子倾向于在营养液中累积，从而影响 EC 和 pH；

（4）pH 调节剂（如用于降低 pH 的 H_3PO_4、HNO_3 和 H_2SO_4，用于提高 pH 的 K_2CO_3 和 K_2SiO_3）的化学组成在一定程度上影响营养液的组成，但在 EC 控制系统中未考虑；

（5）植物的离子吸收特性取决于生长阶段、植物种类及植物生物量密度（$kg \cdot m^{-2}$）等，但这些特征未在营养液的配方中考虑；

（6）特定营养离子摄取速率与水分摄取速率［通常称为 n/w（营养离子 / 水）］的比率与其他营养离子的比率不同，导致营养物溶液的组成发生变化。

影响营养液性质的其他因素包括：①藻类（光合自养）的生长繁殖吸收溶液中的营养元素；②营养液中存在死亡的藻类和植物根；③微生物（异养）通过分解死亡藻类和植物根系生长繁殖；④从植物根系产生的有机酸和 / 或挥发性（化感性）气体的流出；⑤栽培床中病原微生物的存在和繁殖。目前，对于以上这些受栽培床中的生态过程影响的营养液特性知之甚少。

作为传统方法，已有大量研究用以开发适用于所有或大多数类型营养离子的离子选择性传感器（如 Sonand Takakura，1987；Sonand Okuya，1991；Shin and Son，2016；Jung et al.，2016；Chen，2017；Son et al.，2015），但无法克服上述问题，因此，有必要开发一种新的方法和系统。

而本章下面描述的方法采用不同以往的、独特的方法，使用廉价的离子浓度传感器获得 NO_3^-、K^+、Ca^{2+}、Na^+、EC 和 pH 的测量数据，并基于这些数据估算 NH_4^+、Mg^{2+}、Cl^-、PO_4^{3-} 和 SO_4^{2-} 的离子浓度。

24.3　水培营养液中的离子特异性控制

24.3.1　水和离子的平衡特性

通过管道进出栽培床的营养液流速可以使用流量计相对容易地测量（图 24.1），根据栽培床中的水分平衡可以估算其中植物的水分吸收和蒸腾速率。

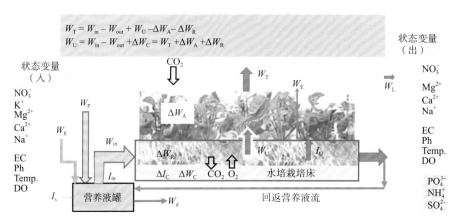

图 24.1　估算水培营养液中的水分吸收（W_U）、蒸腾（W_T）、营养元素吸收（I_U）和植物生长（$\Delta W_A + \Delta W_R$）的速率。图中未考虑培养床中的蒸发（DO：溶解氧浓度。有关符号的含义，请参见表 13.1）

由于水培栽培床与地面土壤隔离，形成独立的系统，人们可以基于水和离子的平衡，使用下面描述的方法估算植物的鲜重和干重的增加速率及离子吸收速率。采用这种方法可以实现产品产量和质量的稳定提高，尤其是在通过连续测量植物生长数据并找到环境数据和植物生长数据之间的关系时。在新一代人工光植物工厂中应充分利用数值清晰准确的优势，通过估算人工光植物工厂中水和离子的流量，并合理利用这些数据提高产品的产量、质量及水培的成本绩效。

如图 24.2 所示，营养液控制的计算方法包含三个基本步骤：①水平衡；②离子平衡；③参数估计（有关符号的含义和图中变量的单位，请参见表 24.1）。上述基本程序看似简单，但每个基本程序都包含许多子程序。在不久的将来，所有子程序都将在配备或不配备相关传感器的情况下作为廉价且便利的商业产品进行编程和销售。如要了解更多信息，请参阅 Kozai 等（2015）的相关文献。

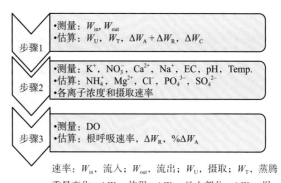

速率：W_{in}，流入；W_{out}，流出；W_U，摄取；W_T，蒸腾
重量变化：ΔW_C，体积；ΔW_A，地上部分；ΔW_R，根

图 24.2　估算水培栽培床中的主要变量（有关符号的含义，请参见表 13.1）

表 24.1　变量的符号、意义和单位

序号	符号	意义	单位
1	Δt	估算时间间隔	h
2	ΔW_A	植物地上部分重量变化速率	$kg \cdot h^{-1}$
3	ΔW_C	栽培床中营养液重量变化速率	$kg \cdot h^{-1}$
4	ΔW_D	栽培床中植物干重变化速率	$kg \cdot h^{-1}$
5	ΔW_R	植物根部重量变化速率	$kg \cdot h^{-1}$
6	ΔX_{in}	栽培室空气中水蒸气占比变化速率	$kg \cdot m^{-3} \cdot h^{-1}$
7	C_{in}	栽培室中 CO_2 浓度	$\mu mol \cdot mol^{-1}$
8	C_{out}	栽培室外 CO_2 浓度	$\mu mol \cdot mol^{-1}$
9	DO	溶解氧浓度	$mg \cdot kg^{-1}$
10	EC	电导率	$dS \cdot m^{-1}$
11	I_{in}	栽培床进水管中 i 离子（$i = 1, \cdots, k$）的流入速率	$\mu mol \cdot h^{-1}$
12	I_{out}	栽培床出水管中 i 离子（$i = 1, \cdots, k$）的流出速率	$\mu mol \cdot h^{-1}$
13	I_U	栽培床中植物对 i 离子（$i = 1, \cdots, k$）的吸收速率	$\mu mol \cdot h^{-1}$
14	k_C	重量容积转换系数（1.964）	$kg \cdot m^{-3}$
15	N	栽培室中空气交换次数	h^{-1}
16	pH	H^+ 浓度（酸度／碱度）	—
17	R_R	栽培床中根系呼吸（氧气吸收）速率	$kg \cdot h^{-1}$
18	Temp.	进出管中营养液温度	℃
19	V_R	栽培室中空气体积	m^3
20	W_E	栽培床蒸发速率	$kg \cdot h^{-1}$
21	W_g	营养液罐中原料水的供应速率	$kg \cdot h^{-1}$
22	W_L	通过间隙向外的水汽损失速率	$kg \cdot h^{-1}$
23	W_{in}	栽培床进水管中营养液流入速率	$kg \cdot h^{-1}$
24	W_{out}	栽培床出水管中营养液流出速率	$kg \cdot h^{-1}$
25	W_P	空调冷却板处的水蒸气冷凝速率	$kg \cdot h^{-1}$

序号	符号	意义	单位
26	W_C	保持 CO_2 浓度在设定值的供应速率	$kg \cdot h^{-1}$
27	W_{CL}	空气交换导致的 CO_2 损失速率	$kg \cdot h^{-1}$
28	W_{WL}	空气交换导致的水蒸气损失速率	$kg \cdot h^{-1}$
29	W_T	植物蒸腾速率	$kg \cdot h^{-1}$
30	W_U	植物水分吸收速率	$kg \cdot h^{-1}$
31	X_{in}	栽培室空气中的水蒸气密度	$kg \cdot m^{-3}$
32	X_{out}	栽培室外空气中的水蒸气密度	$kg \cdot m^{-3}$

24.3.2　水平衡

可以使用下面给出的程序分析栽培床中的水平衡。

这些程序 1 h 左右进行一次。

（1）栽培床入口处营养液的流入速率 W_{in}，栽培床出口处的和流出（排出）速率 W_{out}，以及原水进入营养液罐的供应速率 W_g，使用流量计单独测量。

（2）通过公式 $W_u = (W_{in} - W_{out} + \Delta W_C)$ 估算每个栽培床和 / 或栽培床组中植物的水分吸收速率 W_u。有关变量的含义，请参见表 24.1。

（3）蒸腾速率 W_T 估算为"空调冷却板处的水蒸气冷凝速率" W_P 与"空气交换导致的水蒸气向外部损失率" W_{WL} 的总和，$W_T = W_P + W_{WL}$。

（4）W_{WL} 通过等式 $W_{WL} = k \times N \times V_R \times (X_{in} - X_{out})$ 估算，式中，k 为转换因子；N 为栽培室中每小时的空气交换次数；V_R 为栽培室中的空气量（m^3）；$(X_{in} - X_{out})$ 为栽培室内外空气中水蒸气浓度的差异。

（5）每个栽培床或栽培床组中植物中水分的增加通过鲜重减去干重（$W_U - W_T$）来计算。

（6）基于栽培室中的 CO_2 平衡（Kozai et al., 2015），使用植物净光合速率的数据估算植物中碳水化合物如淀粉（$C_6H_{10}O_5$）$_n$ 的重量增加。碳水化合物的重量增加几乎等于（或略低于）其干重增加。

（7）栽培室中植物的净光合速率 P_n 估算为 $P_n = (W_C - W_{CL} + \Delta C_{in} \times V_R)$，其中 $W_{CL} = k_C \times V_R \times N \times (C_{in} - C_{out}) / 10^6$。

（8）植物总鲜重（水和碳水化合物）的增加估算为水和碳水化合物重量（或干重）增加的总和。例如，叶菜，地上部分的干物质重量百分比是其总鲜重的 4% ～ 5%，而根部的干物质重量百分比为 5% ～ 6%。

（9）由于在收获后使用电子天平分别测量地上部分和根部的总鲜重，可以将鲜重的估计数据与测量数据进行比较。在实际生产中，在将根部与植物物理分离之后，去除受损和 / 或变黄的叶片，将适销部分包装在袋子或盒子中，因此，可以计算地上部分的重量百分比及可销售部分占总鲜重的百分比。

（10）估算每个培养床或培养床组中营养液的重量（或体积）变化可通过公式 $\Delta W_c = (W_{in} - W_{out} - W_U + \Delta W_C)$ 计算。ΔW_c 也可以通过营养液深度（m）和栽培床表面积（m^2）的乘积计算。

（11）使用流量计测量进入营养液罐的原水的供应速率 W_g。

（12）水分利用效率（WUE）可通过以下等式估算（Kozai et al., 2015）：WUE = $(W_P + \Delta W_A + \Delta W_R) / W_g = (W_g - W_L) / W_g$。

用于清洁地板和栽培板的水不在上面的等式中考虑。

速率变量（如蒸腾作用，W_T 和吸水量及 W_U）的值与植物的环境变量和状态变量（如鲜重，ΔW_A 和 ΔW_R）在统计学上相关。

24.3.3 离子平衡

可以使用下述步骤每小时分析一次栽培床中的离子平衡。

（1）测量添加到原水中用于制备营养液的储备溶液的供应速率、添加到营养液罐的 pH 控制剂的供应速率，这些速率转换为离子 i（$i = 1$，$\cdots$，k）和水（$kg \cdot h^{-1}$）的供给速率（$\mu mol \cdot h^{-1}$）。

（2）每小时自动测量栽培床入口和出口处的 K^+、NO_3^-、Ca^{2+} 和 Na^+ 的离子浓度，或者每天至少手动测量一次。使用离子选择性电极或特定离子电极传感器可以相对容易地测量这些离子浓度。

（3）使用相应的传感器测量营养液罐（或其入口处）和栽培床出口处的营养液 EC、pH 和温度。

（4）使用以下任一方法，基于 NO_3^-、K^+、Ca^{2+}、Na^+、EC、pH 和温度数据，每小时或连续（至少每天一次手动）估算出口处 NH_4^+、Mg^{2+}、Cl^-、PO_4^{3-} 和 SO_4^{2-} 的离子浓度：①多元统计分析含贡献因子的多元回归线，②考虑每个离子的活度系数（Son and Takakura，1987），建立营养液的离子平衡联立方程组。这种估算目前是必需的，因为使用相对便宜且方便的离子选择性传感器难以测量 NH_4^+、Mg^{2+}、Cl^-、PO_4^{3-} 和 SO_4^{2-} 的离子浓度。

（5）离子 i（$i = 1$，$\cdots$，k）的吸收速率 I_u 通过水和离子平衡方程式估算：$I_u = W_{in} \times I_{out} - W_{out} \times I_{out} + \Delta I_c \times \Delta V$。营养元素摄取的速率变量值与植物的环境变量和状态变量在统计学上相关。

（6）每种营养元素 I 的离子利用效率（ion use efficiency，IUE）通过公式 $IUE_I = I_u / I_s$ 计算，式中 I_u 表示植物对离子 i 的摄取速率，I_s 表示离子 i 对栽培床的供应速率。

（7）计算所有离子的总离子交换容量 [$mEq \cdot kg^{-1}$（或 L^{-1}）] 和每种离子的离子交换容量（$mEq \cdot kg^{-1}$），并调整储备溶液组成以保持总离子和每种离子的 $mEq \cdot kg^{-1}$ 值。

（8）如果可能，使用栽培床中 H^+ 离子平衡的数据估计 pH 的变化。将估计的 pH 与测量的 pH 进行比较。营养液 pH 随时在变动，当阳性离子如 NH_4^+ 被植物吸收时 pH 降低，而 H^+ 被植物吸收时 pH 增加。

当使用廉价的离子浓度计时，有必要使用几种具有已知成分和浓度的营养液每月进行校准。校准时使用未使用的营养液，以便事先确认每种离子浓度的正确值。校准曲线的系数值可以存储在 Excel 文件中，以便通过输入测量值在文件中自动计算校准浓度。

24.4 根系呼吸速率和根鲜重

（1）测量栽培床的入口处溶解氧浓度 DO_{in} 和出口处溶解氧浓度 DO_{out}。

（2）在水培中，栽培板漂浮在栽培床的营养液中，栽培床中植物根系的氧吸收速率或根系呼吸（CO_2 排放）速率 R_R 通过公式 $R_R = [DO_{in} \times W_{in} - DO_{out} \times W_{out} + \Delta W_C \times (DO_{in} + DO_{out})] / 2$ 计算。在栽培板和营养液表面之间有气隙层的情况下，有必要考虑空气中的 O_2 溶解到营养液中。

（3）计算入口和出口处溶解氧浓度占饱和氧浓度的百分比。注意，饱和溶解氧随着营养液温度的升高呈指数下降。

（4）假设根呼吸速率与根干/鲜重近似成正比并且随着根温度的增加呈指数增加，可以使用上述计算的根呼吸速率 R_R 估算根干重或鲜重。一般来说，根部的干物质百分比比地上部分（4%～5%）高 1%～2%。

（5）每隔单位时间 Δt，植物地上部分的鲜重增加 ΔW_A 通过公式 $\Delta W_A = (W_T - W_U) - \Delta W_R$ 估算。

（6）当栽培床没有热绝缘和/或营养液被安装在栽培床上方或下方的灯具产生的热量加热时，栽培床的热能平衡使用营养液的流速、栽培床入口和出口之间的温差等数据进行分析。

24.5 结　论

目前，水培被认为是一种具有高度可控性的高级培养系统，然而仍有不足，在新一代水培中，需要分别测量每种离子的浓度，用于水培的控制软件也需要质的提升。此外，需要可视化所收集数据和显示系统性能的计算指数，以持续增强系统性能。对于具有良好环境控制的人工光植物工厂中的水培系统，这些改进可以相对容易地实现。

尽管本章未讨论，但是水培的硬件也需要改进，如尽量减少水培中营养液的总体积，以提高其可控性并降低硬件成本；应根据栽培床中根系的体积/重量来控制营养液的流速；尽量减少维持栽培床、营养液罐和管道清洁的人力；新旧营养液的替代率也应尽量减少。

致谢： 感谢水培解决方案控制委员会的所有成员（主席：Shuthara Yutaka）。本章中描述的一些重要思想，尤其是基于 NO_3^-、K^+、Ca^{2+}、Na^+、EC、pH 和温度数据，每小时或连续（至少每天一次手动）估算出口处 NH_4^+、Mg^{2+}、Cl^-、PO_4^{3-} 和 SO_4^{2-} 的离子浓度的想法，是在委员会会议讨论期间获得的。

参 考 文 献

Chen L-C（2017）Next-generation ion-sensing technology for nutrient element monitoring in hydroponics. In：Proceeding for the international forum for advanced protected horticulture，Taipei，Taiwan，pp 53-62

Jung DH，Kim HJ，Choi GL，Ahn TI，Son JE，Sudduth KA（2016）Automated lettuce nutrient solution management using an array of ion-selective electrodes. Trans ASABE 58（5）：1309-1319

Kozai T，Niu G，Takagaki M（eds）（2015）Plant factory：an indoor vertical farming system for efficient quality food production. Academic，Amsterdam，p 405

Shin JH，Son JE（2016）Changes in electrical conductivity and moisture content of substrate and their subsequent effects on transpiration rate，water use efficiency，and plant growth in the soilless culture of paprika（*Capsicum annuum* L.）. Hort Environ Biotechnol 56（2）：178-185

Son JE，Kim HJ，Ahn T（2015）Chapter 17：hydroponic systems. In：Kozai T，Niu G，Takagaki M（eds）Plant factory：an indoor vertical farming system for efficient quality food production. Academic，Amsterdam，pp 213-222

Son JE，Okuya T（1991）Prediction of electrical conductivity of nutrient solution. J Agr Met 47（3）：159-163（in Japanese with English summary captions）

Son JE，Takakura T（1987）A study on automatic control of nutrient solution in hydroponics. J Agr Met 43（2）：147-151（in Japanese with English summary captions）

第25章

人工光植物工厂中基于表型与人工智能的环境控制与育种

Eri Hayashi and Toyoki Kozai　著

许武军，郁进明，缪剑华，黄燕芬　译

摘　要： 国家合作研究项目"基于表型与人工智能（AI）的人工光植物工厂（PFAL）"已于 2017 年 9 月在日本柏叶启动。本章首先描述了这个项目的研究目标和研究主题。之后讨论研究成果的开发，基于表型与人工智能的环境控制与育种，以及研究成果的产业化，介绍了基于表型和人工智能的人工光植物工厂的可持续发展的未来前景。

关键词： 表型；人工智能；环境控制；育种；栽培系统模块（CSM）；植物工厂；开放数据

25.1　引言：项目背景

2017 年 9 月日本植物工厂协会（Japan Plant Factory Association，JPFA）与日本国家先进工业科学技术研究所（the National Institute of Advanced Industrial Science and Technology，AIST）、鹿岛公司及千叶大学合作，启动国家合作研究项目"基于表型与人工智能（AI）的人工光植物工厂（PFAL）环境控制与育种"。

上述项目是日本新能源与产业技术开发组织（the New Energy and Industrial Technology Development Organization，NEDO）委托的国家人工智能与机器人项目"多用途超人类机器人与人工智能技术（Strategic Advancement of Multi-Purpose Ultra-Human Robot and Artificial Intelligence Technologies，SamuRAI）战略推进项目"的一部分。该 NEDO 研究项目瞄准 AI 的社会实施及通过加速融合其他领域如机器人学、材料学及装备技术保持 AI 技术可持续发展，以应对社会挑战。这是个研究与开发试点项目，与即将在日本大阪辖区的智慧城市柏叶设立的日本国家先进工业科学技术研究所（AIST）的国家人工智能中心合作，在 2019 年 3 月全面启动项目之前实施。

立足于千叶大学柏叶校区与日本植物工厂协会（JPFA）多年的研究历史、专业知识及多年积累的环境数据集，基于表型与人工智能（AI）的人工光植物工厂（PFAL）环境控制与育种的合作研究主要在千叶大学柏叶校区（图 25.1）的 PFAL 设施内进行。

图 25.1　日本植物工厂协会（JPFA）、千叶大学柏叶校区，以及即将设立的 AIST 国家人工智能研究中心。

25.2　研究目标

尽管当前和过去的植物表型组学主要关注大尺度的田间表型，这个基于表型与人工智能的智能人工光植物工厂（PFAL）项目的理念是将 PFAL 作为表型实验室，兼作植物产业化生产设施。正如前面其他章节讨论的，人工光植物工厂（PFAL）拥有控制任一植物生产所需环境因素的能力，并以最小资源输入获取最大资源输出。此外，由于 PFAL 装备隔热密封的栽培室，可在外部气候干扰最低的情况下测量资源利用率（RUE），即可在受控环境下表型分析时降噪，因此，可在 PFAL 内获取作物每日产量的大数据。

尽管相对其他植物生产方式，PFAL 能够更好地控制任何环境因素，但仍然存在很大的改善空间来发挥其潜力。当前的挑战之一是根据植物的动态行为（表型性状动态），资源输入 / 输出，或者市场需求来更加精确、及时地控制环境。此外，整个栽培过程中，除环境数据外，自动获取表型数据也是迫切需要的。

目前仍然不确定需要建立多少植物配方或生产方法。这是因为表型性状会根据环境、基因型及植物管理而异。为了成功实现基于表型的环境控制，人工智能（AI）将起到显著作用，特别是在确定定制生产的最优植物配方方面。设计植物配方需要考虑的因素包括但不限于：作物或栽培品种、各种环境因素的设定值、植物表型性状、市场驱动的植物设计目标（如营养、风味、形状等）、根据市场需求的收获时间安排、植物应用目标（如食品、功能食品、药物等）、生产目标及过程管理。

为推进这项研究活动，基于表型与人工智能的智能人工光植物工厂项目充分利用早先由千叶大学柏叶校区开发的机理模型的优势，除了像温度和二氧化碳（CO_2）浓度等无时间单位的状态变量以外，还对速率变量与环境时间单位的关系，以及像净光合速率、蒸腾速率、吸水率等表型数据进行分析（Kozai et al. 2015）。这些机理模型包含质量与能量平衡模型，以及植物生长与发育模型。除了机理、多元统计与行为（或替代）模型以外，还应有效利用使用神经网络或深度学习的人工智能模型，尤其是图像分析和其他处理表型性状（包括风味、纹理，以及其他因素）的分析，这些表型性状迄今为止尚未使用现有的机理模型加以检验（Kozai，2018）（图 25.2）。

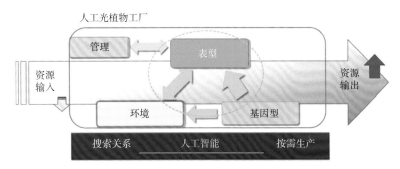

图 25.2　基于表型与人工智能的环境控制：表型、环境和基因型的大数据分析，资源的输入 / 输出，以及管理

25.3　基于表型与 AI 的智能人工光植物工厂的主要研究主题

　　正在执行中的基于表型与人工智能（AI）的智能人工光植物工厂（PFAL）项目，由两个主要子课题和一个次要子课题组成：① PFAL 中基于人工智能的植物表型研究；② PFAL 栽培系统模块（CSM）开发；③叶用生菜及其他适合 PFAL 的蔬菜的育种。

　　关于①基于人工智能的植物表型研究，主要开展（a）植物表型单元的研发和（b）基于人工智能的表型分析技术的研究与开发。主要的挑战是开发无创、自动、连续的表型分析方法，以适应在整个栽培过程中的极端空间限制。

　　关于②和③，对智能人工光植物工厂（PFAL）中栽培系统模块（CSM）的研究，主要任务为开发（c）栽培系统模块（CSM）和（d）基于表型与人工智能的环境控制技术。为应对从实验室到研究结果不同商业生产地点的可重复性的挑战，采用 CSM 的智能人工光植物工厂将实现可扩展性、可控性及适应性。在整个研究项目中，需要研发分析表型和环境数据关系的方法并在智能人工光植物工厂中使用（表 25.1）。

表 25.1　项目研究概述

①人工光植物工厂（PFAL）中基于人工智能（AI）的表型研究
（a）开发植物表型分析单元
（b）开发基于人工智能（AI）的表型分析技术
②开发具备栽培系统模块（CSM）的人工光植物工厂（PFAL）
（c）开发智能人工光植物工厂（PFAL）的栽培系统模块（CSM）
（d）开发基于表型与人工智能（AI）的环境控制技术

25.4　研究成果的开发

25.4.1　基于表型与人工智能的环境控制和育种

　　基于表型与人工智能的智能人工光植物工厂（PFAL）可作为 PFAL 和非 PFAL（温室和开放田地）的植物育种工具。借助可控环境，育种过程可能变得更加高效，且育种速度将有极大提高。再者，育种产业在育种者和栽培品种上变得多样化。集中种植 / 育种产业可能向分散种植 / 育种产业转变，任何农场主和任何 PFAL 系统均可参与育种过程。需要注意的是，借助分析表型组学、基因组学、环境、资源输入 / 输出及管理间的关系，基于表型与人工智能的环境控制将从 PFAL 的植物生产中生成大数据，可加速开发多样化的作物种类，为每个农场主定制品种提供可能性。

25.4.2 研究成果的商业化

此研究项目着眼于研究成果的商业化。此商业化将包含基于人工智能（AI）的表型单元（硬件和软件）及由栽培系统模块构成的基于表型与人工智能的人工光植物工厂（PFAL）。此外，在不久的将来很可能发布由基于表型与人工智能的 PFAL 开发的新品种，如耐顶烧病、快速生长的生菜。

随着项目研究数据的积累，将开放数据库以便连接多地点的每个生产系统，并共享包含多种植物配方在内的相关数据。这将不仅促进多层面的学术研究和人工光植物工厂（PFAL）的产业开发，也有利于促进育种的发展、植物的生产和人们生活的可持续性等。可以确定的是，开放数据库将使得该产业以技术和经济上的可持续方式发展（Kozai et al., 2016）。开放数据库，结合多个植物数据服务业务、PFAL 应用软件行业用户或消费者、娱乐业、教育业等，将创建一个智能 PFAL 生态系统。（图 25.3）。

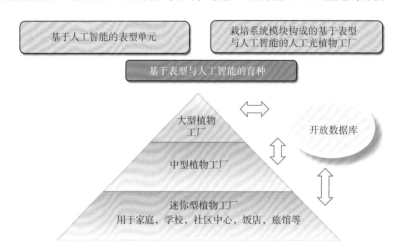

图 25.3 研究成果的商业化：基于人工智能的表型单元（硬件和软件），栽培系统模块（CSM）构成的基于表型与人工智能的人工光植物工厂（PFAL），由基于表型与人工智能的 PFAL 培育开发新品种、开放数据库

25.5 结论：基于表型与人工智能的人工光植物工厂的可持续发展的未来展望

全球面临食物、能源及资源问题的挑战，我们生活的时代正在寻求创造性的解决方案。我们应该尽可能建立有效的方法和工具积极处理这些问题，而不是被动接受全球气候变化导致的爆炸性危害。全球人口的快速增长，可耕种陆地面积的减少，水资源短缺，人口老龄化，以及农业人口的缺乏，迫使我们建立尽可能稳定高效生产植物的有效方法。

通过基于表型与人工智能的智能人工光植物工厂的开发，我们正朝着高效稳定地优质植物生产、多种植物配方开发、高速多样化育种、建立可持续的植物生产系统和技术，以及植物按需生产等方向前进。

　　未来，基于人工光植物工厂（PFAL）的表型、基因组、环境、资源输入/输出，以及管理的大数据分析，将实现众多作物的按需生产的研发。据预测，所有的消费者、餐馆、零售商及 PFAL 农场主将通过柏叶智慧农业城市由基于人工智能的农业数据科学而彼此互联，更进一步扩展连接到全世界（图 25.4 和图 25.5）。

图 25.4　柏叶（Kashiwanoha），智慧农业城市

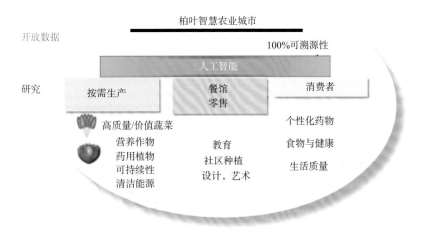

图 25.5　基于人工智能的农业数据科学：基于表型组、基因组、环境、资源输入/输出及管理的大数据分析，多种作物按需生产

　　致谢：本章是基于人工智能的人工光植物工厂（PFAL）中植物表型学项目的成果，由新能源与工业技术开发组织（NEDO）资助。感谢千叶大学的 Toru Maruo 和 Na Lu；日本国家先进工业科学技术研究所（AIST）的 Takeshi Nagami，Tamio Tanikawa，Yoshihiro Nakabo，Takeshi Masuda，Kiyoshi

Fujiwara 和 Takumi Kobayashi；日本鹿岛建设公司的 Masashi Fukui，Hiroki Sawada，Mariko Hayakumo 和 Ryoji Sheena；以及日本植物工厂协会（JPFA）的 Toshiji Ichinosawa，Toshitaka Yamaguchi 和 Nozomi Hiramatsu。同时对许多其他项目成员，以及作为技术和行政管理支持的顾问表示谢意。

参 考 文 献

Kozai T（2018）Benefits，problems and challenges of plant factories with artificial lighting（PFALs）. Acta Hort.（GreenSys 2017，Beijing，China）（in press）

Kozai T，Fujiwara K，Runkle E（eds）（2016）LED lighting for urban agriculture. Springer. Singapore，p 454

Kozai T，Niu G，Takagaki M（eds）（2015）Plant factory：an indoor vertical farming system for efficient quality food production. Academic，p 405

第26章
队列研究在植物工厂中的应用

Toyoki Kozai，Na Lu，Rikuo Hasegawa，Osamu Nunomura，Tomomi Nozaki，Yumiko Amagai，Eri Hayashi 著

乔　柱，韦坤华，缪剑华，郭晓云 译

摘　要： 本章讨论了队列研究的概念与方法，队列研究在人工光植物工厂生产中有着重要的作用。在队列研究中，需要分析大量关于植物生长的数据，这些数据包括植物性状（表型组）的时间变化、环境变化、人类与机器活动及资源的输入与输出。人工光植物工厂的队列研究对应着一套栽培系统模块（CSM）、表型获取单位、数据库或数据仓库及数据采集、分析与可视化的专用处理软件。它们都是植物工厂中队列研究系统的组成部分，针对这个系统的一系列应用将在本章进行详细的讨论。

关键词： 育种；队列研究；数据共享；物联网；纵向研究；表型；社会化；透明化；变异

26.1 引　言

本章主要讨论队列研究的概念与方法，及其在人工光植物工厂中的具体应用，说明队列研究是如何改进植物工厂的生产效率并控制生产成本。队列研究需要由一系列专用的工具与软件构成的系统才能完成。这些工具包括栽培系统模块（CSM），这个模块由一套能实时获取植物表型的照相系统及与之相应的人工智能图像处理设备（在第5章有所描述）构成。图26.1所示为一个典型的植物工厂队列研究系统组成。图中，表型获取单位主要用于自动获取植物的一系列性状并尽量排除性状获取过程中对植物的干扰。2017年9月，日本植物工厂协会与千叶大学合作开展了植物工厂中的植物生产队列研究，本研究是人工光植物工厂中人工智能环境控制与表型研究的子项目（详见第25章）。在人工光植物工厂中，队列研究的最重要特征是对每个植物个体在其生命周期中的表型进行持续的监测与分析。

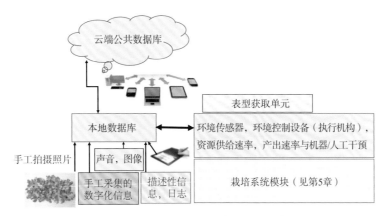

图 26.1　栽培系统模块图示，由表型采集单位连接到云端共用数据库，方便应用于植物的生产与育种

26.2　人工光植物工厂数据的透明化、共享化与社会化

植物工厂中的每一个 CSM 将产生大量与植物生长有关的动力学数据，这些数据包括植物生长中的环境变化、资源的输入 / 输出，人类 / 机器对植物生长的干预活动，这些数据详细地刻画了一个 CSM 中植物生长的动力学行为。这些数据将 CSM 变成一个透明化的白箱而取代了传统研究中将大部分时间植物生长行为视为一个灰箱或黑箱的做法，这样确保植物工厂中植物产品生产过程的可追溯性接近 100%。

图 26.2　由栽培系统模块组成的人工光植物工厂，通过对其数据的透明化、共享化与社会化实现有关知识的教育与终身学习，解决全球和部分地区所存在的食物 - 资源 - 环境三大难题。

不久后的将来，我们计划从透明化的 CSM 中所获取的数据存入开放的数据库中并实现全世界公众共享。数据的共享将加速人工光植物工厂生产方式在世界的推广，从而实现植物资源生产过程中的效率最大化与污染物排放的最小化，最终有助于解决全球和部分地区所存在的食物 - 资源 - 环境三大难题。总而言之，这些数据的共享化、社会化将加快人工光植物工厂的应用（Harper and Siller，2015；Floridi，2014）（图 26.2）。

26.3　社会科学中的队列或纵向研究

在队列研究中，队列通常是指一组具有相同统计因子的个体组成的一个集合，比如在人口统计中由相同年龄个体组成的群体。队列研究或纵向研究是研究者将观察对象按不同暴露状态分成不同的队列，通过对这些队列的数据跟踪，统计经长期暴露后（通常是几年或几十年）特定结果在不同队列中的发生率，并与零暴露状态的队列进行比较从而判定暴露因素与特定结果之间有无因果关联及关联程度的一种观察性研究方法（Shen et al.，2017）。

生物组学（基因组、蛋白质组、代谢组、转录组等）通过采集单个或多个生物体的大量生物分子特征，从而实现对生物体更加精确地定性与定量分析。这一新的技术手段也被用于队列研究中，尤其是近期在流行病学研究中通过鼓励交换不同的队列研究组学数据，极大地促进了学科的发展，改善了人类对多种疾病病因的认知。

队列研究被公认为是填补微观与宏观研究的桥梁，它在医学、护理学、心理学、保险计算学、商业分析、生态学等研究中发挥着重大作用。在预防医学研究中，综合了多种因素和长期跟踪的大规模队列分析将有助于应对复杂疾病所带来的挑战（Shen et al.，2017）。

26.4　队列研究中的植物：关注生长周期中的每个植物个体

26.4.1　概述

在人工光植物工厂中，可以对每个 CSM 中的植物群体进行队列研究。利用当前队列研究中所涉及的

表型分析与大数据挖掘可以指导这些植物的生产与育种。植物工厂中的队列研究意味着要采集植物群体中个体的统计数据（包括品种、种植密度和栽培系统），这些数据可用于植物工厂的商品化植物产品生产和育种。植物工厂中的队列研究可以实现多个目的，如寻求最佳的环境参数从而提高植物产量与质量，也可以用这些大数据来指导植物的育种。

26.4.2　植物生长阶段

以一个典型的大规模商业化植物工厂为例，一年内的每一天都有 10 000 ～ 50 000 粒种子播种。在植物工厂中，它们经过 1 ～ 2 个月的生长，最终生长成的植物产品即可开始作为产品进行采收（图 26.3）。植物的营养生长过程按叶片的表型可分为 3 个阶段（表 26.1）。

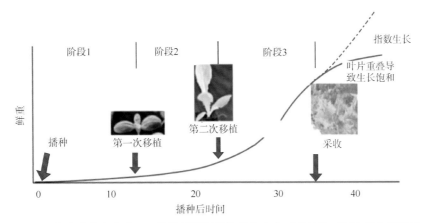

图 26.3　按叶片状态和人工 / 机器干预划分的植物在人工光植物工厂中的生长阶段

表 26.1　按叶片状态和人工 / 机器干预划分的植物在人工光植物工厂中的生长阶段

	天数	生态与生理状况	人工 / 机器干预
生长阶段 1	0		播种
	1 ～ 2	种子萌发（黑暗条件下）	
	2 ～ 3		提供照明促使叶片绿化
	7	子叶在光下展开并开始光合生长	控制环境促使光合生长
	10	出现一些真叶	
生长阶段 2	14		开始第一次移植以扩展生长空间
	16 ～ 24	真叶数目不断增加并持续生长	
		邻近植株间叶片开始重叠	
生长阶段 3	25		开始第二次移植以扩展生长空间
	26	指数生长开始	
	27	邻近植株间叶片开始再次重叠	
	30	邻近植株间叶片重叠程度更高	开始控制环境以提高最终产品质量
	32	随着叶片的重叠对光合作用的限制，指数生长终止	
	35		采收

26.4.3 植物性状与资源的输入／输出

表 26.2 中列出了植物的代表性状（有些性状数据当前还不能在不干扰植物生长的情况下获取）。在植物工厂的队列研究中，植物每个个体在从种子到成株的过程中各个性状主要都由不同型号的照相机采集，同时整个周期中的环境数据与人工／机器干预信息也是队列研究中的重要数据之一。请注意与采集这些数据有关的可见光与热量传感器、显微照相设备、鱼眼镜头和叶绿素荧光照相机、内存、微处理器的价格和体积在不断的降低，这为植物工厂中队列研究的数据采集带来了极大的方便。

表 26.2　队列研究所需的植物代表性性状

状态变量（不含时间单位）	
生理	植物叶冠的三维结构，包括高度、叶面积、叶片数量、叶片形态
	植物地上部分与根部的鲜重与干重，植物叶片发黄、萎蔫和破损状态
	颜色、特定的反射／透射光谱，生理异常情况，如叶烧病
化学	叶绿体 a/b 浓度、含氮量、含糖量、花青苷浓度、酚类物质含量
	维生素（抗坏血酸）含量、抗氧化物质含量
	味道（甜、苦、软）、口感、脆度、风味（挥发性气体）
速度变化（含时间单位）	
动力学	萌发速率、叶面积增长速率、叶片数目增加速率
	总光合速率、暗呼吸速率、水吸收速率、蒸腾速率、溶解氧吸收速率
	营养元素吸收速率（包括氮、磷、钾、钙、镁等）
	植物叶片周期与非周期的运动，这些运动由叶片水势的变化及外界气流流动引起

大量的数据记录有助于改善植物的生长状况，并为选育具有极端性状的品种带来了极大的方便。这些数据可以以二维分布的形式表现环境因子的差异，从而方便分析，如由整个生命周期中定期记录的光合有效光量子通量密度（PPFD）和气温组成的分布图。植物每个个体的三维位置信息（x-y-z 坐标数据）则可反映植株经过移植后的位置变化。

表 26.3 列出了与资源输入和输出相关的变量。虽然过去大量植物表型与环境关系的数据得到了分析，但是这种分析相对于人工光植物工厂的应用仍然十分粗略。商业化的人工光植物工厂要求在植物的整个生长周期内更为精确地评估植物表型，环境、基因组（基因型）与资源的输入／输出，这些对于确保植物工厂生产的经济可行性、实现环境友好的生产目的至关重要。

表 26.3　队列研究要求测量的资源输入与输出变量

	资源供给速率	单位
1	电能供给速率（单位时间内供给的电能）	kW（千瓦）
2	日供给电能速率	$kW \cdot h \cdot d^{-1}$（千瓦时·天$^{-1}$）
3	光合作用中光子的供给速率	$mol \cdot d^{-1}$（摩尔·天$^{-1}$）
4	水供给速率（包括植物灌溉与地板／培养板的清洗）	$kg \cdot h^{-1}$（千克·小时$^{-1}$）
5	CO_2 供给速率（植物光合作用中要吸收 CO_2）	$kg \cdot h^{-1}$（千克·小时$^{-1}$）
6	种子供给速率	d^{-1}（每天）
7	营养供给速率（氮、磷、钾、钙、镁等）	$mol \cdot d^{-1}$（摩尔·天$^{-1}$）
8	劳动力（人·小时$^{-1}$）	$h \cdot d^{-1}$（小时·天$^{-1}$）
9	手套、口罩、帽子、衣服等耗材供给速率	d^{-1}（天$^{-1}$）
10	包装用塑料袋与包装盒供给速率	d^{-1}（天$^{-1}$）

	资源供给速率	单位
1	植物适销部分的生产速率	kg·d⁻¹（千克·天⁻¹）
2	植物垃圾部分的积累速率（不适销部分）	kg·d⁻¹（千克·天⁻¹）
3	暗呼吸中 CO_2 的产生速率	mol·d⁻¹（摩尔·天⁻¹）
4	外界空气过滤后进入车间所释入的 CO_2 速率	mol·d⁻¹（摩尔·天⁻¹）
5	光合作用产生 O_2 的速率	mol·d⁻¹（摩尔·天⁻¹）
6	空调所导致的培养板冷凝所回收的水气速率	kg·h⁻¹（千克·小时⁻¹）
7	废水积累速率（清洗培养板／地板导致）	kg·h⁻¹（千克·小时⁻¹）
8	手套、口罩、帽子、衣服等废弃耗材的产出速率	d⁻¹（天⁻¹）
9	灯光与仪器所产生的热量	kW 或 kW·h·d⁻¹（千瓦）或（千瓦时·天⁻¹）

26.5　植物性状变化的原因和对这些原因的分析

26.5.1　植物生长速率变化的原因

在相同地点、相同生长阶段下植物的性状受如下几个因素影响从而发生变化：①环境（表 26.4），②基因组（种或品种的特异性），③人工干预，④机器干预，⑤不可避免的边际误差。人工与／或机器干预可能对植物的性状产生正面或负面的改变，这些干预包括种子的引发、种子包衣、种子的选择、播种、移栽或间隔（株距、行距）、采收、清洗和维护。在植物工厂中，不正常的性状归为生长状态的变化而非病害。

表 26.4　队列研究要求测量的环境因子

地上部分的环境因子		
1	状态变量：气温、叶片温度	
2	状态变量：CO_2 浓度、VPD	
3	状态变量：光谱分布、光向、光周期	
4	速率变量：空气流量、空气流速	
5	速率变量：光合有效光量子通量密度（PPFD），FR/UV 通量密度	
营养液有关因子		
6	状态变量：pH、EC、温度、溶解氧含量、栽培床中营养液深度、绿藻量、微生物、死根	
7	状态变量：NO_3^-、PO_4^{3-}、K^+、Ca^{2+}、Mg^+、Na^+、有机酸的浓度	
8	速率变量：营养液流速	

VPD：饱和水汽压差，FR：远红光，UV：紫外光，EC：电导率

那些不能归因于环境变化或人工／机器干预的性状变异很可能是种子的遗传变异导致的，这些变异应该是在不同的培养盘中随机出现的并且与培养位置无关。如果植物性状中有极端的遗传变异情况，那么这些性状可以考虑用于选育特定的品种。

26.5.2　种子萌发后第一阶段内植物生长的初始速率

植物工厂中种子的高萌发率和一致的萌发速率是保证高质量幼苗的一致性所必需的，也是保障最终产品高产量与高质量的必要条件。萌发种子的生理状况对植物生长的初始速率或者说初始鲜重与叶面积比值的增长速度有着重要的决定作用，并且影响随后的植物生长状况。

举例来说，一些生菜的种子在播种后的 24 h 内萌发，然而也存在播种后经过 40 ～ 50 h 后才开始萌发的种子。如果要确保最终产品的一致性，就要首先寻找到种子萌发速率变化的原因，然后除去这些影响萌发一致性的因素才能保证植物工厂生产的一致性。

26.5.3　种子的发芽率与累积发芽率

图 26.4 显示了一般情况下种子在播种后的发芽率与累积发芽率的时间变化过程。曲线 E 是人工光植物工厂中种子萌发最理想的状态，这个状态通常在实际情况下不会发生。现实中插播盘或塑料盘（此后统称为培养盘）（30 cm×60 cm× ～ 3 cm）中种子的萌发状态如图 26.5 所示，图中记录了播种后的第 3 天、第 5 天、第 7 天和第 10 天的种子萌发与幼苗生长状态。从图中可以看出在第 3 天就能明确地分辨萌发与未萌发的种子，在萌发的种子中可以看出冲破种皮的胚根与下胚轴。表 26.5 列出了实际情况下影响种子发芽率的各种因素。

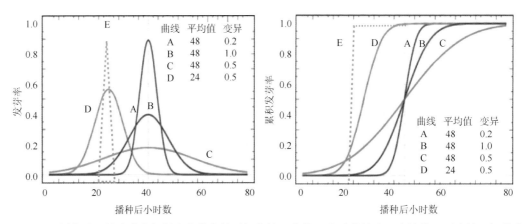

图 26.4　不同变异下的发芽率与累积发芽率的时间曲线，曲线 E 表示的是人工光植物工厂中的理想状态

表 26.5　人工光植物工厂中，影响种子萌发率的各种因素

序号	因素
1	品种变异、生产数量、生产批次、种子购买年份 / 日期
2	播种人的身份
3	种子类型：包衣种子、裸种子、种子的前处理方式
4	播种的年、月、日和时间
5	种子在苗床上出根处的取向：是随机取向还是每粒种子都是一致取向
6	自动化播种还是人工播种，培养盘的运输方式
7	种子大小、形状、颜色、重量、比重和是否有所损伤
8	培养盘的覆盖物：塑料膜、薄板、纸或无覆盖

续表

序号	因素
9	水质、水量、营养液配方
10	种子所受到的上方薄板的压力或者不受压力
11	自动化还是人工浇灌供水或是采用培养盘覆盖保持高湿环境
12	生产用耗材的生产批号，耗材生产厂家
13	种子基底表面的干湿程度
14	萌发时的光照条件（光周期和 PPFD）或是在黑暗条件下萌发
15	种子、基底或营养液的温度
16	种子培养基底中绿藻／真菌的密度

26.5.4　培养盘中萌发种子的表型采集

在人工光植物工厂中，每天可以产出 10 000 棵生菜，因此要求每天播种不少于 10 000 粒的生菜种子。这些种子放在培养盘上，每粒种子都放在培养盘中一个湿润的发泡聚氨酯小块（海绵块）上，一个培养盘共有 300 个这样的小块（＝ 25×12，如图 26.5 所示）。这意味着每天至少需要播种 35 个培养盘（＝ 10 500/300）。柱状图 26.6 清楚地显示了植物工厂中采收期时植物鲜重的分布。

按上述的生产规模，表型采集系统每天对植物照相 4 次，则在植物的生长第一个阶段（从播种到第一次移栽）的 14 天内一共会产生 1 960 张照片（35×4×14）。每张照片都对应着一个培养盘中的 300 粒种子的萌发情况，每个幼苗的子叶状况。按时间排布这些照片，通过与上一拍摄时间指标相减，是统计种子发芽率与植株生长速率最简单的办法。

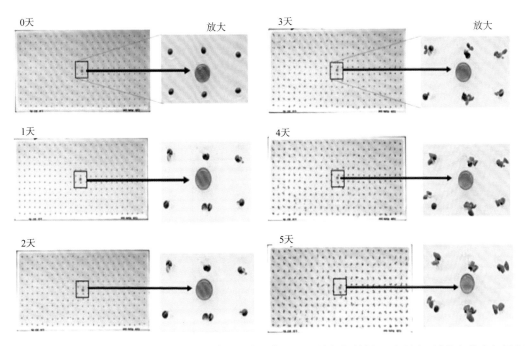

图 26.5　不同时期培养盘上 300 粒生菜种子照片，来源于盘上部 50 cm 处相机拍摄。照片用于计算发芽率与累积发芽率的时间变化过程

通过分析上述 1 960 张照片，可以得到发芽率与累积发芽率按时间变化的分布图片。按照在第一个生长阶段对每个托盘每天拍照 4 次，持续 14 天的时间，按照每年 350 天的持续生产安排，1 年内可采集到 686 000（=1 960×350）张照片用于分析。

这些照片数据与表 26.5 所列出的各个因素进行联合分析，采用人工智能和 / 或多变量统计分析的方法能科学地预测各生产批次下的发芽率与累积发芽率，并可以通过控制各个因素降低不同批次的种子萌发与幼苗生长的变异，保证各批次生产的产品质量、成本的一致性。

上述所提的照片数据不是仅限于可见光照片，还可以通过热力成像照相机获取叶片的表面温度情况，此外还可以通过叶绿体荧光照相机、氮含量照相机、叶绿体含量照相机、叶片反色光谱照相机、X 射线照相机等设备获取其他性状数据。这些不同类型的照相机在分析一些特定的性状中有着更好的应用，如叶绿体荧光照相机、氮含量照相机、叶绿体含量照相机能实现无损的植物生理状态数据采集，在分析和寻找影响植物的生理状况的因素中有着明显的优势。

26.5.5　生长阶段 2 和生长阶段 3 中，影响植物鲜重的环境因素

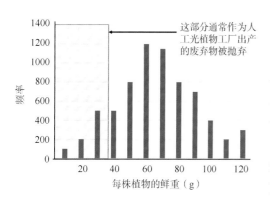

图 26.6　人工光植物工厂中植物鲜重分布的柱状图，鲜重变异主要由环境、遗传与人工 / 机器干预导致

通过照片肉眼看起来，培养盘中的植物生长似乎整齐一致；然而实际上通过对每株植物的鲜重进行统计，发现存在着较大的变异（图 26.6）。在这种情况下，商业化的人工光植物工厂会丢弃那些不符合要求的植株。除鲜重这个指标外，对产品的类似要求如植株高度、形态、次生代谢产物含量等也可能有上述状况。

在一个培养盘内植株的位置分布对其鲜重有一定的影响，这种影响主要是培养盘上不同位置的微环境因子导致的。例如，光合有效光量子通量密度（PPFD）及培养盘上植株间和上方的空气流动速度。如图 26.7 所示，有时在培养盘中心区域的植株鲜重较高（中心效应），而培养盘的四角和边缘部位生长的植株其鲜重较低（角落与边缘效应）。

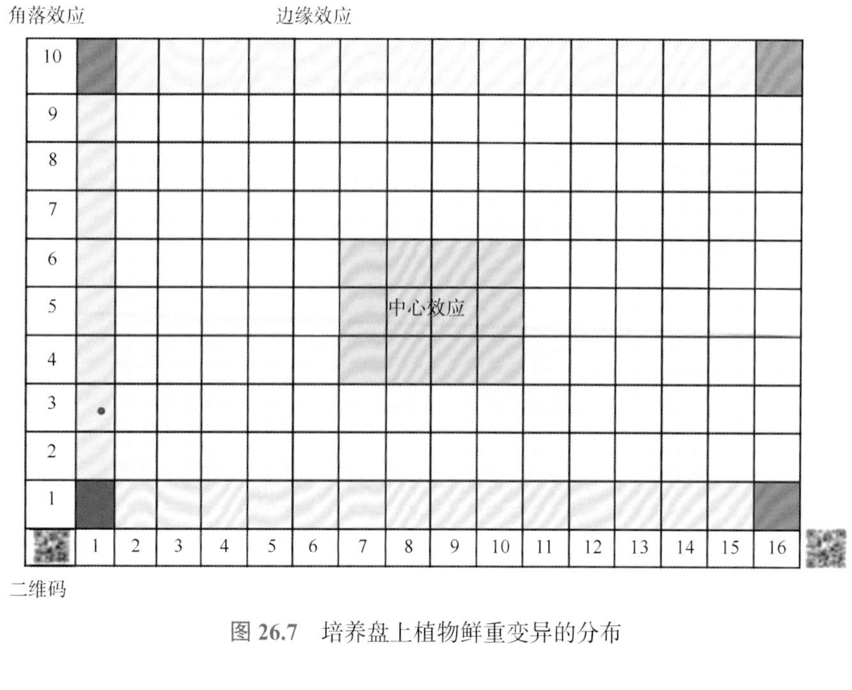

图 26.7　培养盘上植物鲜重变异的分布

通过比较培养盘植株的鲜重变异的位置分布，并与这些位置的 PPFD 和空气流动速度联合分析，最终得出 PPFD 与空气流动速度对鲜重影响的回归曲线（图 26.8）。这样就可以估计 PPFD 与空气流动速度对植株鲜重影响的具体大小，从而降低位置差异引起的鲜重变异。一旦通过分析寻找到了植物性状变异的因素，就可以采取措施降低这些因素对植物生长一致性的影响（图 26.9）。综上所述，鲜重只是作为植物性状的一个例子来说明如何控制植物性状，其他诸如植物株生理状态异常的、叶烧病等类似的性状也可通过上述的分析方法来寻找原因，从而针对性地解决这些生产问题。

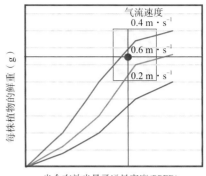

图 26.8　PPFD 与空气流动速度对鲜重影响的回归曲线，红色圆点表示在培养盘中心位置上特定的 PPFD 和空气流动速度下的植株

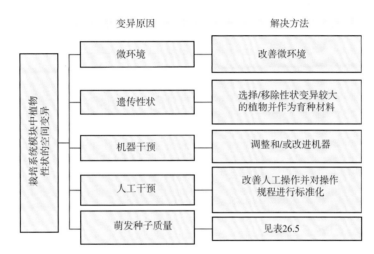

图 26.9　在栽培系统模块（CSM）中不同位置上植株性状变异的来源与解决办法

26.5.6　生长阶段 3 的表型

在生长阶段 3 中，植株高度、叶片数量与叶片面积开始快速增加，这导致培养盘上相邻的植株叶片出现了重叠。此时需要采集这些植株地上部分叶冠的三维结构。三维结构的采集需要除了具有广角镜头的小型可见光照相机外，还要带鱼眼镜头的照相机（5 mm×5 mm），以及有些情况下需要装备复眼照相机（附加或不附加激光发射装置）；因为这些设备通常安装在距离叶冠上方 5～30 cm 的空间内，会有大广角、高景深拍摄的需要。另外，三维结构的生成还需要对植株叶冠的侧面进行拍摄，此时还应在侧面墙上及培养盘周边配上小照相机以从叶冠侧边和底部进行图像采集。照相机还可通过与纤维光学镜相连，将镜头插入培养盘植株丛中以获取其中的光环境数据。最后可以采用深度学习的方法（Guo W，本书第 23 章所提）、多视角下剪影形状（SfS）（Golbach et al.，2016）、激光雷达（Omasa et al. 2006）和运动恢复结构（SfM）（Li et al.，2014）等工具，通过上述照相机所获取的多个图片来重建叶冠的三维立体结构。

26.5.7　在生长阶段 2 和生长阶段 3 中增加培养盘数量

随着人工光植物工厂中生菜的生长，培养盘的生菜在播种后的第 14 天（阶段 2）和第 24 天（阶段

3）都需要分别移植到含 25 个培养单位和含 6 个培养单位的培养盘中以满足后续植株的生长空间（图 26.10）（培养盘的培养单位数量受多个因素影响）。按照图 26.10 所示的培养方案，一个 300 粒种子培养盘在整个生长周期中所需要的培养盘数量为 63（＝ 1 ＋ 12 ＋ 50）个，所需要的培养面积为 630 个培养盘大小（＝ 1×10 ＋ 12×10+50×10）。由此可见阶段 3 所需的培养盘面积占整个培养过程所需面积的 80%（＝ 100×500/630），因此如果能在保证采收期鲜重不变的情况下，缩短生长阶段 3 的生长时间并尽量扩占生长阶段 1 的时间可以提高整个植物生产周期内的单位面积的产量。因此对 3 个生长阶段的最佳的时间安排需要依靠栽培系统模块（CSM）的数据分析来获得。

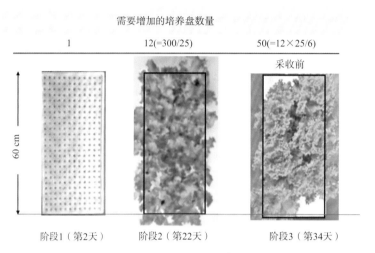

图 26.10　不同生长阶段移栽植株所要增加的培养盘数量与规格

26.5.8　每个培养盘的年产量

按照上述实例，按每株植物鲜重达 100 g 作为适销产品的标准，一年内至少可以采收 35 次（按生长阶段 3 需要 10 天时间计算）。每个培养盘估计可年产 21 kg 的生菜［＝（100 g×6 植株 ×35 次采收）/1 000］，即每平方米产量为 217 kg［＝ 21 kg·（0.3 m 宽 ×0.6 m 长）$^{-1}$］。当然受多种原因影响，实际产量会比上面的估计产量要低一些。

26.5.9　植株适销部分的比例

表 26.6 列出了在人工光植物工厂中在经过 34 天生长周期后 5 株长叶生菜的适销部分所占的比例。图 26.11 是表 26.6 中 5 号植株的照片。从中可以看出，在生菜生产中要尽可能地提高适销比例，这需要减少下部黄色叶片和干焦的烂叶片。因为对生菜的进一步修剪加工会降低适销部分占植株的百分比并增加劳动成本。实际上产品的修剪加工是植物机械化 / 自动化生产中最为困难的部分。

表 26.6　播种后 34 天，人工光植物工厂中采收的长叶生菜各部分鲜重（g）及比例

序号	适销部分	根	修剪掉部分	总重	适销部分所占百分比
1	82.7	9.8	3.3	95.8	86.3
2	75.2	8.4	2.9	86.5	86.9

续表

序号	适销部分	根	修剪掉部分	总重	适销部分所占百分比
3	76.8	8.8	2.7	88.3	87.0
4	95.0	9.0	5.0	109.0	87.2
5	72.5	7.8	2.5	82.8	87.6
平均数	80.4	8.8	3.3	92.5	87.0

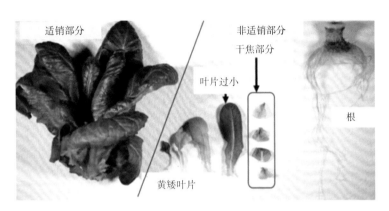

图 26.11　表 26.6 中的 5 号长叶生菜（*Lacutuca sativa* L. var. *longifolia*）的适销部分、根、修剪掉部分的照片

26.5.10　每个培养盘和 3 个生长阶段中所产生的照片数量

根据 26.5.4 节的表型采集所描述的，一年内 35 个生产周期中即在生长阶段 1（14 天）就能产生 686 000 张照片。在生长阶段 2（10 天）从 35 个培养盘变成 420 个培养盘（35×12），则要产生 5 880 000 张照片（686 000×12×10/14）。而在生长阶段 3（10 天）则又会产生 24 500 000（= 686 000×50×10/14）张照片。统计下来，一个日产 10 000 株植株的人工光植物工厂在一年内会产生 31 066 000 张照片（=686 000 + 5 880 000 + 24 500 000）。这些照片加上表 26.2，表 26.3 和表 26.4 所示的标识因素，照片数量足够用于后期数据挖掘和人工智能中的深度学习研究。

因此一个典型的日播种量达 10 000 粒，一年 350 天播种的植物工厂将记录接近有 350 万份种子个体生活史记录。这个数据的量足够用于植物的队列研究。

26.5.11　为人工光植物工厂构建的物联网与数据仓库

对植物工厂中的植物开展队列研究所需要的全部数据如图 26.12 所示，这些数据都存在专门的数据库中，其中数据库中公开的数据部分通过互联网组成了人工光植物工厂的物联网。这里的物联网中，"物"指的是表型数据、环境数据、基因组数据与人工 / 机器干预数据。

植物工厂中队列研究对数据库的要求相比传统的物联网与数据库平台有所不同，但已有的商业智能和机器学习的知识仍然可以用于队列研究中。在植物工厂中队列研究所要解决的问题中，有相当一部分是网络公司也会面临的，如数据存储、数据的可视化、接入控制（图 26.13）。我们可以直接利用网络公司针对这些问题已发展出的解决方案去解决队列研究中所面临的相同问题。

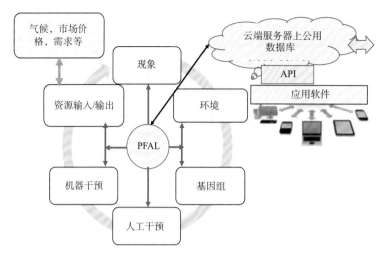

图 26.12　人工光植物工厂的物联网构造，所有数据存在开放的数据库中并共享给各个专家，API 表示应用软件接口

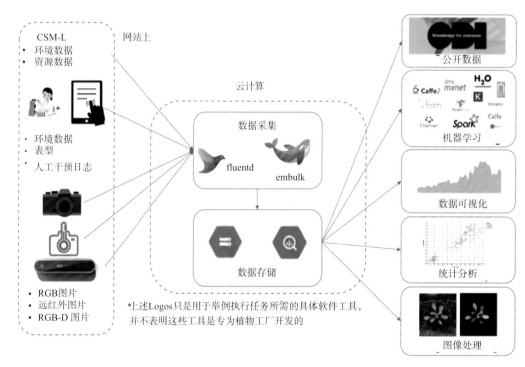

图 26.13　数据库结构

图像处理：https://www.plant-phenotyping.org/CVPPP2015-challenge，统计分析：https://www.datacamp.com/community/tutorials/machine-learning-in-r

　　大多数网络公司通过分析它们服务器上的日志，通过在数据的输入与日志层面上的补充来解决上述问题。但人工光植物工厂数据来源和数据流的类型完全不同于网络公司中传统的服务器日志数据。我们需要开发专门数据采集与记录方式，从而方便处理植物工厂中这些与环境条件、人类劳动、机器操作、资源利用及与表型有关的多类型和高度专业化的数据。

　　在一些关于植物的数据中，当前存在一些公开的植物信息数据库，但这些数据库绝大部分只是记录了特定实验下产生的少量类型低维度的数据信息。未来植物工厂有关的队列研究需要构建专门的含有多种类型高维度的数据库，以方便多个组织能基于这个数据库开展队列研究。为了实现上述目标，要求我们能尽量地采集每一个植物个体的信息或者高精度地采集一组植物的信息，比如说，如果在每一个栽培系统模块（CSM）中只有一个 CO_2 传感器，则要求必须提供整个 CSM 中 CO_2 的情况，并且测量精度也要达到与 CSM 相适应的水平。

一旦建立了专门的数据库,在此基础上就可以开展各种应用。例如,统计分析,仪表盘式的数据可视化,机器学习(深度学习,梯度迭代增强等),我们可以像 Kaggle 平台那样公开数据集,主办专门的机器学习竞赛。公开的数据库可以为专用于人工光植物工厂的操作与管理应用软件开发提供专门的基础数据平台。

26.6　栽培系统模块(CSM)所需的应用软件

为充分地利用栽培系统模块,需要操控表型采集单位和数据库等相关软件的开发,这些应用软件如表 26.7 所示。其中部分软件,如按时采集资源输入信息(提供资源输入速率)、成本和资源利用效率估计所需的软件(级别 1)已经成功地开发并在人工光植物工厂中得到了商业化的应用(图 26.14)(有关细节详见第 9 章)。

表 26.7　栽培系统模块(CSM)专用软件应用举例

级别	软件应用
1	植株叶冠的三维结构重建
1	计算叶面积,叶片数目,植物冠层 PPFD 的垂直分布
1	计算植物接受的参与光合作用的光量子占整个灯光发出光量子的比例
1	计算叶冠层中空气流量与空气扩散系数的垂直分布
1	计算光合速率与呼吸速率的垂直分布
1	功能故障、偶发事故、植株与相关仪器受损的报警系统
1	CSM 中个体植物位置的追踪
1	CSM 中个体植物生长状态的追踪
1	计算叶面积、高度、鲜重的增长速率与变异情况
1	绘制植株产品、修剪部分与根的鲜重分布柱状图,并分析鲜重影响因素
1	按小时记录资源输入(供给速率)、成本消耗并计算每小时资源利用效率
1	工人活动分析,提供设备与工具的移动方案以提高生产效率
2	植物叶片叶烧病发生位置的定位并对烧叶病进行归因和提供解决方案
2	不同条件下植物生长曲线的绘制
2	通过实际与预测的资源输入与输出速率,计算出人工智能模型,统计机理模型所需要的参数
2	确定第一次与第二次移植时间,实现人工光植物工厂利润的最大化
2	计算每小时资源输出(产出)速率,包括产品、垃圾、热量等
2	对植物生长中的生理异常、昆虫与微生物的扩散做出风险预测
3	特定次生代谢产物在植株上的垂直分布
3	不同生长曲线下成本与利润的关系
3	提供保证人工光植物工厂利润最大化的生产计划表
3	对植株的冠层结构及次生代谢产物做出预测

注:CSM,栽培系统模块(第五章);PPFD,光合有效光量子通量密度

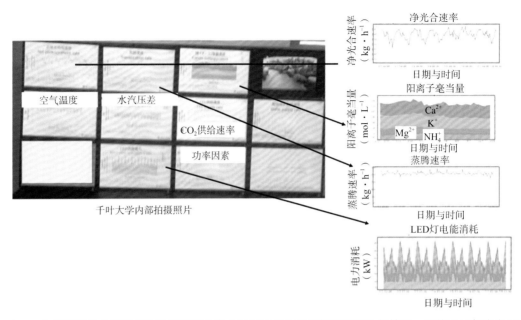

图 26.14 PlantX 公司开发的人工光植物工厂管理系统（SAIBAIX）在植物工厂的运行情况，系统通过仪表盘展示（12 个显示屏），图中标示功率因素的显示屏显示的是空调的电能利用效率

26.7 结 论

人工光植物工厂中的队列研究是一个崭新的研究领域，目前为止几乎还没有显著的研究成果，但队列研究的潜力巨大，是揭示植物表型与基因组性状，资源输入/输出、人工/机器干预所必需的研究手段。队列研究的结论可以促进新品种的培育，并通过对植物工厂中的电力、培养面积与劳动时间的调节提高植物产品的生产效率。本章内容将为下一代智能人工光植物工厂提供新的发展思路。

致谢： 本章所述内容基于日本新能源产业的技术综合开发机构（NEDO）资助项目的研究结果。在这里特别向 Alexander Feldman，Toshiji Ichinosawa，Nozomi Hiramatsu，Toyoichi Meguro，Fumihiro Tanaka，Toshitaka Yamaguchi，Shin Watanabe，和 Yu Zhang 致以深深的感谢，感谢他们作为日本植物工厂协会的成员给了我们技术与行政上的支持。

参 考 文 献

Floridi L（2014）The fourth revolution：how the infosphere is reshaping human reality. Oxford University Press，Oxford，248 pages

Golback F，Kootstra G，Damjanovic S，Otten G，van de Zedde R（2016）Validation of plant part measurements usign a 3D reconstruction method suitable for high-throughput seedling phenotyping. Mach Vis Appl 27：663-680

Harper C，Siller M（2015）OpenAG：a globally distributed network of food computing. IEEE Pervasive Comput 14（4）：24-27

Li L，Zhang Q，Huang D（2014）A review of imaging techniques for plant Phenotyping. Sensors 14（11）：20078-20111

Omasa K，Hosoi F，Konishi A（2006）3D lidar imaging for detecting and understanding plant responses and canopy structure. J Exp Bot 58（4）：881-898

Shen Y，Zhang S，Zhou J，Chen J（2017）Cohort research in "omics" and preventive medicine. Adv Exp Med Biol 1005：193-220. https://doi.org/10.1007/978-981-10-5717-5_9

第**27**章
结 束 语

Toyoki Kozai 著

曲 鹏，黄燕芬 译

摘 要：本文从人工光植物工厂的初期成本、运营成本、经济可行性、环境可持续性、对小规模种植户的作用、对郊区的作用及在育苗、种子繁殖和育种的适用性方面，简要阐述了作者对人工光植物工厂常见负面言论的观点。作者认为，人工光植物工厂有助于实现联合国制定的 17 个可持续发展目标（the Sustainable Development Goals，SDGs）中的部分目标。

关键词：初期成本；生产成本；可持续性；可持续发展目标（SDGs）

27.1 引 言

公众和商业人士对人工光植物工厂（PFAL）常见负面言论包括：①由于初期成本和运营成本较高，PFAL 不具备经济可行性；②除非是大规模运营或生产较高价值的作物，如药用植物，否则 PFAL 不具备商业可行性；③由于需要大量的电力能源，而不是免费的太阳光能，PFAL 不具备环境可持续性；④在 PFAL 中种植的植物不是天然的，那么生产的蔬菜既不够美味也不够营养。对于上述这些言论，作者在本章节中简要阐述了自己的观点。如需要了解更多内容，请见本书的前面章节，Kozai 等（2015，2016）。

27.2 人工光植物工厂的初期建造成本和运营成本非常高吗？

27.2.1 近期和将来成本的降低

正如本书第 5 章所讨论的，从技术层面上看，预计在 2022～2025 年许多人工光植物工厂（但不是全部）的初期成本和运营成本将比 2017 年的平均成本降低一半左右。事实上，在 2014～2017 年，日本的几个人工光植物工厂运营成本已经降低了 30%～40%。值得注意的是，每千克产出的成本已经有所降低，并且在将来会逐步减少。

27.2.2 单位土地面积的初期建造成本和单位产出的初期建造成本

对于初期成本，我们需要考虑单位土地面积的初期建造成本和单位产出（生产或产量）的初期建造成本。简单来说，一个人工光植物工厂的单位土地面积的初期建造成本是一块农田运营成本的100倍以上，是一间安装有环境控制装置的温室运营成本的10倍左右。农田的初期建造成本包括土地本身的成本、农田准备和土壤改良，以及用于灌溉、排水、耕作、播种或种植、收割、运输、分类或分级的机械设备的成本。在许多国家，这些成本通常部分或大部分由地方、国家和/或国际组织承担。许多情况下，政府已经收回开发有几十年的农田的初期投资。

人工光植物工厂的单位土地面积的生产力或产出是一块农田的100倍以上，是一间安装有环境控制装置的温室的10倍左右。因此，如果把初期建造成本与生产力相比，则实际上人工光植物工厂、农田和温室这三者之间没有任何区别。

27.2.3　需要更高效的运营和管理

目前，人工光植物工厂（PFAL）仅能实现60%～70%的产出，其中一个原因是许多PFAL都处在亏损运营状态。即使PFAL能够实现60%～70%的产出，其生产成本也不会以同样的比例下降。这些PFAL的低生产率，主要是由于设计和建造上的缺陷，其次是工厂管理人员缺乏生产管理经验，最后是缺少产品规划、商业运营和销售的统筹能力。

27.2.4　引进新技术

应注意的是：①最近越来越多的人工光植物工厂（PFAL）处于盈利状态，这些工厂应用的技术和商业模式将会在几年内迅速推广，②每年PFAL的技术一直在进步，每年都会出现新的商业模式。同时，伴随着发光二极管（LED）、人工智能（AI）、物联网（IoT）、虚拟现实（VR）、增强现实（AR）、大数据挖掘、作物表型分析、机器人和生物组学的运用，在未来几年还会产生新的商业模式。电力消耗、工作小时和栽培面积（或初期投资）的在线估算、可视化及生产力管理，将会进一步提高生产力和降低生产成本。越来越多的工程师和研究人员正在踏入这一领域，并且在几年内这些技术将会应用到更多PFAL中。

27.2.5　人工光植物工厂在能源和自然资源方面的可持续性有所改善吗？

在不久的将来，单位生产量使用更多自然资源的PFAL的数量将会逐步增加。从理论上讲，设计、建造和运营能够在能源和自然资源方面自我维持的PFAL是完全可能的。这需要行业、政府和学术界通力合作来实现这一目标。

27.3　人工光植物工厂对小规模种植户有用吗？

27.3.1　人工光植物工厂是用于生产功能性植物，不是用于生产主粮作物

在人工光植物工厂（PFAL）和温室中生产世界上主要的主粮作物如水稻、小麦和玉米（干物质百分

比为 80% ～ 85%），从经济上看不划算，因为主粮作物每千克干重的价格约为 PFAL 所种植的干物质百分比约为 5% 的生菜价格的 1/100。植物生产所需的光能与其干重成正比，而不是其鲜重。与叶类蔬菜相比较，主粮作物需要更高的光合有效光量子通量密度（PPFD），从播种到收割需要更久的栽培期，以及更低的种植密度。此外，谷粒与整棵植物的重量比（或采收指数）也比较低。

27.3.2 人工光植物工厂产品的市场与农田和温室产品的市场有所区别

人工光植物工厂（PFAL）生产的植物多数是如今温室已经在生产的种类，或者是药草及从野外采集的野花品种。但是，在 PFAL 种植的植物的栽培方法、单株重量、质量和外观必须与农田和温室种植的植物有所区别，否则将会在商业市场上与农田和温室种植的植物竞争。希望出现一个新的市场供 PFAL 种植的植物交易。

27.3.3 人工光植物工厂种植的蔬菜将会变得更美味和更有营养

蔬菜中的营养成分和／或功能成分的口味、结构和／或浓度会随着环境因素的变化而变化。因此，在田地里生长的蔬菜的口味、结构和／或浓度会随着土壤、气候和季节变化而发生变化。而在人工光植物工厂（PFAL）中生长的蔬菜则相对稳定，因为它们生长的环境，包括光照环境在内，均为受控环境。但这并不意味着在 PFAL 中生长的蔬菜始终比田地里生长的蔬菜口味更好，营养更高。这个道理同样适用于药用植物和其他功能性植物。

近期，环境因子对多种植物风味、质地和功能性与营养物质浓度的研究越来越多。一旦确定最适环境条件，就可以终年高产高品质植物。

27.3.4 需要开发出物美价廉的应用软件和培训项目

缺少合适并易于使用的培训软件、免费或廉价的应用软件和在线可供下载的开放式数据库是造成人工光植物工厂专门技术工人和管理人员不足的一个重要因素，这也是本行业当前面临的最大问题。缺乏克服这一问题的办法严重阻碍了人工光植物工厂的发展。在这方面，我们需要公众的支持。

27.3.5 人工光植物工厂技术可以应用在育苗或移栽生产、无性繁殖和微体繁殖

人们对人工光植物工厂生产果树、工业用树、块茎作物、无病移栽的植物及农田和温室作物种苗和移栽苗的需求增加。这是因为在农田和温室中，为了经济地培育高产优质的产品，需要用到高质量的种苗和低成本的无性繁殖体。

27.3.6 人工光植物工厂可以与其他生物系统结合

除香菇和松茸品种外，如今绝大部分的蘑菇品种都在工厂中生产。另外，近年来许多商品鱼类品种

也开始在农场饲养，这些在农场饲养的鱼类（水产品）的价值将会超过野生捕获的鱼类品种的价值。全生命周期水产养殖将会得到发展，从养殖和收集卵子到成熟的每一步都可以在工厂内进行。但是，随着水产养殖业的发展，生活在城市的人们对传统的农耕和捕鱼方式产生了怀旧之情，希望继续看到这些传统方式。对于这种希望，应当给予应有的尊重。

另外，这些传统做法和商业行为所提供的收入与它们所需要的艰苦和不稳定的工作性质不相称。这意味着我们必须正视今天的现实，即许多农民被迫放弃他们目前所从事的农业、林业或渔业，他们不愿将这些传给自己的孩子。同时，传统的种植植物、蘑菇和鱼类的生产方式需要作为当地的文化遗产加以保护。

27.3.7　人工光植物工厂可用于有效育种和种子繁殖

在人工光植物工厂中用于商业化生产的植物的优选特征包括：①在低光合有效光量子通量密度（PPFD）、高 CO_2 浓度和高种植密度下快速生长；②可忽略的生理障碍，如高生长速率下的顶烧病。

在人工光植物工厂中生长的植物不需要抵抗由病原体引起的疾病和环境胁迫，如干旱、低温 / 高温、暴雨和强风天气等，而这些抗性对于在农田中生长的植物是必须具备的。因此，人工光植物工厂生长的植物的育种目标与农田和温室植物的育种目标有着显著的区别。这对于我们所有人来说是一个巨大的挑战，因为人类在长达 10 000 年的农业历史中从未试图培育对害虫和环境压力无任何抗性的植物。

此外，人工光植物工厂可用于田间和温室作物的有效育种及这些作物的种子繁殖。在利用人工光植物工厂进行育种时，关键是要通过表型、组学、环境和人 / 机干扰获得植物性状数据，并对这些数据进行整合和分析。

27.4　人工光植物工厂在任何地区都有其自身的价值

27.4.1　撒哈拉沙漠以南非洲、亚洲、南美洲和其他地区

多年来，在各种政治、经济和社会环境下，几乎所有的发达国家都向这些地区提供过援助以解决当地粮食、资源和环境问题，这种援外方法取得了一定程度的成功。

如今，人们已经意识到在没有任何国外援助的情况下，智能手机在这些地区得到了广泛的普及。通过使用智能手机，当地的民众可以接受教育，如果他们愿意，可以接受正式教育或自学教育，越来越多的企业和社区正在建设之中。他们中的许多人从未接触过传统的固定电话形式。

即使在没有商用电源的地区，人们可以只使用小型（1 m² 或更小面积）的太阳能电池板为智能手机充电和操作。推动智能手机普及的是设备本身的低成本和易于使用的免费应用软件，这些软件可以在不需要任何媒介甚至手册的情况下使用。这意味着智能手机可以通过互联网成为人工光植物工厂（PFAL）的轻便终端设备。

这里应该指出的是，智能手机并没有破坏一个社区自有的独特文化。从某种意义上说，智能手机的普及实际上强化了当地文化。虽然全球智能手机的硬件和基本软件大体上相同，但任何智能手机上的应用程序和个人数据都是他们个人、他们的朋友、他们所在的国家或社区所独有的。同时，如果他们愿意，他们可以使用互联网与世界上任何地方的人联系。

PFAL 可设计成迷你大小，在任何可能的地方放置，如家里、学校、餐馆、办公室、社区福利中心和老年护理家庭，这个特征预示了 PFAL 不同于传统后院、阳台菜园或园艺治疗的潜在发展方向。

如果这些小型 PFAL 能够通过非政府组织（non-governmental organization，NGO）和非营利组织（nonprofit organization，NPO）提供给撒哈拉以南非洲、亚洲、南美洲和许多其他国家的社区成员，那么他们就能够从世界任何地方获得免费的应用程序，并研究出适合其社区的方法来使用这些程序。

虽然小型 PFAL 的蓝图是免费提供给公众的，但人们也可以自己起草蓝图。人们可以通过世界上任何地方的互联网来研究或下载已经开发出的应用程序。从这些积极参与起草蓝图的人们当中将会出现支持大型 PFAL 的管理人员、教育工作者、研究人员和当地支持者，这为 PFAL 带来了希望，既可以针对当地社区中食品、资源和环境问题找到创造性的解决方案，并在实施时根据当地条件进行调整。

27.4.2　人工光植物工厂对山区和 / 或偏远地区村庄的价值

在远离大城市的山区或偏远地区的村庄，虽然村民可以在庭院或设施中生产新鲜蔬菜供自己家庭食用，但往往很难生产出足够的蔬菜来销售。

然而，如果村民家中或附近有小型的人工光植物工厂（PFAL），他们可以以个人或家庭为单位种植作为日常膳食补充的植物，还可以种植传统草药，在收获后立即干燥并储存，然后每隔几个月左右就可发货给客户。这些个人和家庭可以通过互联网在线获得关于如何生产、干燥或储存等问题的建议，并运用太阳能、风能、水电、生物质能和地热能等自然能源来获得用于运营 PFAL 的电力。

这种生产模式可以引入到遭受大雪天气的山区和 / 或偏远地区、北极地区的小型定居点，甚至可以引入到极度炎热和 / 或干旱的地区。事实上，在南极洲过冬的研究团队已经使用过人工光植物工厂。最后，在世界任何地方发生灾害之后的 1 ～ 2 周内，可以通过超级节水的办法在灾区建造预制集装箱型 PFAL 来供应新鲜的蔬菜。此外，人们可以通过收集 PFAL 内置空调冷却板冷凝水来生产清洁的饮用水。

27.5　人工光植物工厂有助于实现联合国制定的可持续发展目标（SDGs）

人工光植物工厂的一个主要目标就是从各个方面为解决食品、资源和环境三大难题做出贡献，其中面临的一个挑战就是帮助实现多数可持续发展目标，或者至少促进部分可持续发展目标的实现。

可持续发展目标（SDGs）是联合国（2018 年）设定的 17 个全球目标的总称。尽管每个目标都有其自身实现的小目标，但总体上是相互关联的。小目标的总数为 169 个。可持续发展目标涉及广泛社会和经济发展问题，简单总结如下。

①消除贫困。②消除饥饿，实现粮食安全、改善营养和促进可持续农业。③确保健康的生活方式，促进各年龄段人群的福祉。④确保包容、公平的优质教育，促进全民享有终身学习机会。⑤实现性别平等，保护妇女、女童权益。⑥确保水和卫生设施的清洁和可持续管理。⑦确保人人获得可负担、可靠和可持续的现代能源。⑧促进持久、包容、可持续的经济增长，实现充分和生产性就业，确保人人有体面工作。⑨建设有风险抵御能力的基础设施、促进包容的可持续工业，并推动创新。⑩减少国家内部和国家之间的不平等。⑪建设包容、安全、有风险抵御能力和可持续的城市及人类居住区。⑫确保可持续消费和生产模式。⑬采取紧急行动应对气候变化及其影响。⑭保护和可持续利用海洋及海洋资源以促进可持续发展。⑮保护、恢复和促进可持续利用陆地生态系统、可持续森林管理、防治荒漠化、制止和扭转土地退化现象、遏制生物多样性的丧失。⑯促进有利于可持续发展的和平和包容社会，为所有人提供诉诸司法的机会，建立有效、负责和包容的机构。⑰加强执行手段、重振可持续发展全球伙伴关系。

27.6 结 论

本章阐述了作者对与人工光植物工厂（PFAL）有关的几个问题的看法。对 PFAL 的研究只是最近才开始的，并且目前这个领域的研究人员数量还非常少。PFAL 仅处于研发和商业应用的初始阶段。作者希望这一领域的研究人员能够具备更广阔的视野、更敏锐的洞察力及更丰富的创造力。与任何技术（包括人工光植物工厂）一样，开发和推广的人员的人生观、使命感、目标和方法将会影响人工光植物工厂的应用领域及其对社区的价值。这是一个需要人们以坚定不移的决心参与的领域。

参 考 文 献

Kozai T，Fujiwara K，Runkle E（eds）（2016）LED lighting for urban agriculture. Springer，Singapore，454 pages

Kozai T，Niu G，Takagaki M（eds）（2015）Plant factory：an indoor vertical farming system for efficient quality food production. Academic，405 pages

United Nations（2018）Sustainable development goals. https://sustainable development. un. Org /sdgs